中国城乡建设统计年鉴

China Urban – Rural Construction Statistical Yearbook

2010 年

中华人民共和国住房和城乡建设部 编

Ministry of Housing and Urban-Rural Development, P. R. CHINA

中 国 计 划 出 版 社

CHINA PLANNING PRESS

图书在版编目（ＣＩＰ）数据

中国城乡建设统计年鉴. 2010 年/中华人民共和国
住房和城乡建设部编. —北京：中国计划出版社，
2011.9

ISBN 978-7-80242-674-0

Ⅰ.①中… Ⅱ.①中… Ⅲ.①城乡建设 – 统计资料 –
中国 – 2010 – 年鉴 Ⅳ.①TU984.2 – 54

中国版本图书馆 CIP 数据核字（2011）第 176897 号

中国城乡建设统计年鉴 （2010 年）

中华人民共和国住房和城乡建设部 编

☆

中国计划出版社出版

（地址：北京市西城区木樨地北里甲 11 号国宏大厦 C 座 4 层）

（邮政编码：100038 电话：63906433 63906381）

新华书店北京发行所发行

三河富华印刷包装有限公司印刷

———————————————————————

880×1230 毫米 1/16 14.5 印张 449 千字

2011 年 9 月第 1 版 2011 年 9 月第 1 次印刷

印数 1—1000 册

☆

ISBN 978-7-80242-674-0

定价：62.00 元

编 者 语

一、为贯彻落实科学发展观和城乡统筹精神，全面反映我国城乡市政公用设施建设与发展状况，为方便国内外各界了解中国城乡建设全貌，我们编辑了《中国城乡建设统计年鉴》和《中国城市建设统计年鉴》中英文对照本，每年公开出版一次，供社会广大读者作为资料性书籍使用。

二、《中国城乡建设统计年鉴2010》根据各省、自治区和直辖市建设行政主管部门上报的2010年城乡建设统计数据编辑。全书分城市、县城和村镇三个部分。

三、本年鉴数据不包括香港特别行政区、澳门特别行政区以及台湾省。

四、为促进中国建设行业统计信息工作的发展，欢迎广大读者提出改进意见。

Editor's Note

Under the guideline of the Scientific Outlook on Development and in line with the efforts to promote the coordinated urban and rural development, *China Urban-Rural Construction Statistical Yearbook* and *China Urban Construction Statistical Yearbook* are published annually in both Chinese and English languages to provide comprehensive information on urban and rural service facilities development in China. Being the source of facts, the yearbooks help to facilitate the understanding of people from all walks of life at home and abroad on China's urban and rural development.

2010 China Urban-Rural Construction Statistical Yearbook is complied based on statistical data on urban construction in year 2010 that were reported by construction authorities of provinces, autonomous regions and municipalities directly under the central government. The yearbook is composed of statistics for three parts, namely statistics for cities, county seats, and villages and small towns.

This Yearbook does not include data of Hong Kong Special Administrative Region, Macao Special Administrative Region and Taiwan Province.

Any comments to improve the quality of the yearbook are welcomed to promote the advancement in statistics in China's construction industry.

《中国城乡建设统计年鉴—2010年》
编委会和编辑工作人员

一、编委会

主　任： 齐　骥

副主任： 何兴华　郑立均

编　委： （以地区排名为序）

刘福志　郑玉昕　刘翠乔　苏蕴山　闫晨曦　李锦生　李振东　张殿纯

邵　武　赵四海　杨春青　沈晓苏　顾小平　应柏平　盛大全　王知瑞

欧阳泉华　杨焕彩　张俊乾　陈海勤　王国清　张学峰　杨世元　杜　挺

严世明　李建飞　张其悦　江小群　张　鹏　杨跃光　罗应光　陈　锦

李子青　李　慧　匡　湧　刘慧芳　姚玉珍　刘　平

二、编辑工作人员

总　编　辑： 郑立均（兼）

副总编辑： 赵惠珍　郭巧洪　倪　稞

编辑人员： （以地区排名为序）

张　文　林　月　郭子华　苑海燕　王红梅　全　雷　赵晓阳　张晓萌

孙燕北　闫　萍　王志强　赵胜格　李延英　李成喜　于丽萍　陈辅强

邵丽峰　王文杰　温峻骅　边晓红　司　慧　郑　波　郭惠杰　孙　野

林　岩　于钟深　张艳春　刘海臣　李　丽　张广坤　刘继忠　朴秉用

姜执伟　王　青　路文龙　朱达祺　韩建忠　朱建芬　王佳剑　曲秀丽

何爱娟　沙　洋　陈小满　尹宗军　叶宋铃　刘　斌　虞文军　潘泽洪

熊春华　欧阳洪琴　蔡正杰　卢晓栋　徐启峰　汤　群　王　强　李一平

张　冰　吴学英　刘延中　金　涛　赵　俊　熊美玲　蒋红翠　陈　华

李鼎宇　李　亚　林　琳　冯育文　陈丽霞　吴伟权　蒋成雄　胡沛琪

赵文川　彭志辉　刘建民　邓正丕　袁晓玲　李昌耀　文技军　杨　科

刘明阳　罗孟军　许劲青　董小星　罗　伟　朱红星　汪　巡　刘永丽

张建军　路　佳　盛日杰　张高荣　张亚非　刘文娟　柳舒甫　慕　剑

张　琰　康海霞　朱燕敏　冯宁军　杨春波　张少艾　杜志坚　刘　振

英文编辑： 林晓南

China Urban-Rural Construction Statistical Yearbook-2010 Editorial Board and Editorial Staff

说　明

一、2010 年底中国大陆 31 个省、自治区、直辖市共有设市城市 657 个，县（含自治县、旗、自治旗、林区、特区）1633 个，建制镇 19410 个，乡 14571 个，村委会 59.5 万个。

二、本年鉴分三个部分：城市部分、县城部分和村镇部分。其中城市部分按 656 个城市汇总；县城部分按 1613 个县和 1 个县级市汇总，另外统计了 10 个特殊区域以及 148 个新疆生产建设兵团师团部驻地；村镇部分按 16774 个建制镇，13735 个乡，721 个镇乡级特殊区域，273 万个自然村（其中村民委员会所在地 56.4 万个）汇总。

三、本年鉴的统计范围

设市的城市的城区：市本级（1）街道办事处所辖地域；（2）城市公共设施、居住设施和市政公用设施等连接到的其他镇（乡）地域；（3）常住人口在 3000 人以上独立的工矿区、开发区、科研单位、大专院校等特殊区域。

县城：（1）县政府驻地的镇、乡或街道办事处地域（城关镇）；（2）县城公共设施、居住设施和市政公用设施等连接到的其他镇（乡）地域；（3）常住人口在 3000 人以上独立的工矿区、开发区、科研单位、大专院校等特殊区域。

村镇：政府驻地的公共设施和居住设施没有和城区（县城）连接的建制镇、乡和镇乡级特殊区域。

四、北京市的延庆县、密云县县城和镇区部分，上海市的崇明县县城部分的数字含在城市报表中，同时村镇部分也单独列出，因此两部分有重复，不能简单加总计算。河北省邯郸县、邢台县、宣化县、沧县，山西省泽州县，辽宁省抚顺县、盘山县、铁岭县、朝阳县，江西省九江县，河南省许昌县、安阳县，新疆乌鲁木齐县、和田县共 14 个县，因为和所在城市市县同城，因此县城部分数据含在所在城市报表中。江西省共青城市，因刚设市，暂仍统计在县城部分，城市部分未包含。福建省金门县，青海省玉树县、称多县暂无数据资料。

五、自 2009 年起，城市部分公共交通相关内容不再统计，增加城市轨道交通建设情况内容。

六、本年鉴中除人均住宅建筑面积、人均日生活用水外，所有人均指标、普及率指标均以户籍人口与暂住人口合计为分母计算。

七、本年鉴中"—"表示本数据不足本表最小单位数。

八、本年鉴中部分数据合计数或相对数由于单位取舍不同而产生的计算误差，均没有进行机械调整。

Explanatory Notes

1. There were a total of 657 cities, 1633 counties (including autonomous counties, banners, autonomous banners, forest districts, and special districts), 19410 towns, 14571 townships, and 595 thousand villagers committees in all the 31 provinces, autonomous regions and municipalities (excluding Taiwan Province) across Chinese Mainland by 2010.

2. The yearbook is composed of the following 3 parts: Cities, County Seats, and Small Villages and Towns. The census in the part of Cities is based on data collected from the 656 cities, while in the part of County Seats, data is from 1613 counties, 1 city at county level, 10 special regions and 148 stations of Xinjiang Production and Construction Corps, and in the Villages and Small Towns part, statistics is based on data from 16774 towns, 13735 townships, 721 farms, and 2.73 million natural villages among which 564 thousand villages accommodate villagers' committees.

3. Coverage of the statistics

Urban Areas: (1) areas under the jurisdiction of neighborhood administration; (2) other towns (townships) connected to urban public facilities, residential facilities and municipal utilities; (3) special areas like independent industrial and mining districts, development zones, research institutes, and universities and colleges with permanent residents of 3000 and above.

County Seat Areas: (1) towns and townships where county governments are situated and areas under the jurisdiction of neighborhood administration. (2) other towns (townships) connected to county seat public facilities, residential facilities and municipal utilities. (3) special areas like independent industrial and mining districts, development zones, research institutes, and universities and colleges with permanent residents of 3000 and above.

Villages and Small Towns Areas: towns, townships and special district at township level of which public facilities and residential facilities are not connected to those of cities (county seats).

4. Data from the county seats and towns of Yanqing and Miyun County in Beijing are included in the census for Beijing, and data from the county seat of Chongming County in Shanghai are included in the census for Shanghai, while data for towns and villages in these threee counties are listed separately, therefore, due to the overlapping coverage, the sum of these two parts of figures cannot be produced by simple addition. Data from the county seats of Handan, Xingtai, Xuanhua, and Cangxian County in Hebei Province, Zezhou County in Shanxi Province, Fushun, Panshan, Tieling, and Chaoyang County in Liaoning Province, Jiujiang County in Jiangxi Province, Xuchang and Anyang County in Henan Province, and Urumqi and Hetian County in Xinjiang Autonomous Region are included in the census for the respective cities administering the above 14 counties due to the identity of the location between the county seats and the cities. As Gongqingcheng City of Jiangxi Province was established only recently, its data are not included in this yearbook on cities, but still appear in that on county seats. No data are available for Jinmen County in Fujian Province, Yushu County and Chenduo County in Qinghai Province.

5. Starting from 2009, statistics on urban public transport have been removed, and relevant information on the construction of urban rail transport system has been added.

6. All the per capita and coverage rate data in this Yearbook, except the per capita residential floor area and per capita daily consumption of domestic water, are calculated using the sum of resident and non-resident population as a denominator.

7. In this yearbook, "—" indicates that the figure is not large enough to be measured with the smallest unit in the table.

8. The calculation errors of the total or relative value of some data in this Yearbook arising from the use of different measurement units have not been mechanically aligned.

目　录

CONTENTS

一、城市部分

Statistics for Cities

2010 年城市建设统计概述

概况 2010 年末，全国设市城市 657 个，城市城区人口 3.54 亿人，暂住人口 0.41 亿人，建成区面积 4 万平方公里。

城市市政公用设施固定资产投资 2010 年城市市政公用设施固定资产完成投资 14305.9 亿元，城市市政公用设施固定资产完成投资总额占同期全社会固定资产投资总额的 5.1% ，占同期城镇固定资产投资总额的 5.9% 。道路桥梁、园林绿化、轨道交通分别占城市市政公用设施固定资产投资的 46.8% 、16.1% 和 12.7% 。

全国城市市政公用设施投资新增固定资产 8814.7 亿元，固定资产投资交付使用率 61.6% 。主要新增生产能力（或效益）是：供水日综合生产能力 4230 万立方米，天然气储气能力 1481 万立方米，集中供热蒸汽能力 2972 吨/小时，热水能力 2.1 万兆瓦，道路长度 1.3 万公里，排水管道长度 2.2 万公里，城市污水处理厂日处理能力 726 万立方米，城市生活垃圾无害化日处理能力 2.4 万吨。

城市供水和节水 2010 年，城市供水总量 507.9 亿立方米，其中，生产运营用水 167.8 亿立方米，公共服务用水 66.3 亿立方米，居民家庭用水 170.8 亿立方米，用水人口 3.8 亿人，用水普及率 96.7% ，人均日生活用水量 171.43 升。2010 年，城市节约用水 40.7 亿立方米，节水措施总投资 17.3 亿元。

城市燃气和集中供热 2010 年，人工煤气供应总量 279.9 亿立方米，天然气供气总量 487.6 亿立方米，液化石油气供气总量 1268 万吨。用气人口 3.63 亿人，燃气普及率 92% 。2010 年末，蒸汽供热能力 10.5 万吨/小时，热水供热能力 31.6 万兆瓦，集中供热面积 43.6 亿平方米。

城市轨道交通 2010 年末，全国有 12 个城市已建成轨道交通线路，长度 1429 公里，车站数 931 个，其中换乘站 194 个，配置车辆数 7635 辆。全国在建轨道交通线路长度 1741 公里，车站数 1155 个，其中换乘站 287 个。

城市道路桥梁 2010 年末，城市道路长度 29.4 万公里，道路面积 52.1 亿平方米，其中人行道面积 11.5 亿平方米，人均城市道路面积 13.21 平方米。

城市排水与污水处理 2010 年末，全国城市共有污水处理厂 1444 座，污水厂日处理能力 10436 万立方米，排水管道长度 37 万公里。城市年污水处理总量 311.7 亿立方米，城市污水处理率 82.3% ，其中污水处理厂集中处理率 73.8% 。

城市园林绿化 2010 年末，城市建成区绿化覆盖面积 161.2 万公顷，建成区绿化覆盖率 38.6% ；建成区园林绿地面积 144.4 万公顷，建成区绿地率 34.5% ；公园绿地面积 44.1 万公顷，人均公园绿地面积 11.2 平方米。

国家级风景名胜区 2010 年末，全国共有 208 处国家级风景名胜区，统计了其中 201 处，风景名胜区面积 8.3 万平方公里，可游览面积 3.4 万平方公里，全年接待游人 5 亿人次。国家投入 47.4 亿元用于风景名胜区的维护和建设。

城市市容环境卫生 2010 年末，全国城市道路清扫保洁面积 48.5 亿平方米，其中机械清扫面积 16.5 亿平方米，机械清扫率 34% 。全年清运生活垃圾、粪便 1.78 亿吨。

Overview

General situation

There were 657 cities across the country at the end of 2010 with a total population of 354 million, among which 41 million were temporary population. The urban built areas amounted to 40 thousand square kilometers.

The fixed assets investment in municipal service facilities

In2010, the total fixed assets investment in the urban municipal service facilities reached 1430. 59 billion yuan, accounting for 5. 1% of the country's total fixed assets investment and 5. 9% of total urban fixed assets investment in the same period. The fixed assets investment in roads and bridges, landscaping and greening, and transit system accounted for 46. 8% , 16. 1% , and 12. 7% of the total fixed assets investment in municipal service facilities respectively.

This year saw the newly added fixed assets in the municipal service facilities amounting to 881. 47 billion yuan. The fixed assets delivery rate reached 61. 6% . The newly added production capacity or efficacy of major facilities were as follows: daily overall water production capacity was 42. 3 million cubic meters, natural gas storage capacity was 14. 81 million cubic meters, supply capacity of central heating from steam and hot water was 2972 tons per hour and 21 thousand megawatts respectively, length of urban roads totaled 13 thousand kilometers, drainage pipelines reached 22 thousand kilometers, daily urban wastewater treatment capacity was 7. 26 million cubic meters, and daily urban domestic garbage treatment capacity was 24 thousand tons.

Urban water supply and water conservation

In 2010, the urban water supply totaled 50. 79 billion cubic meters. 16. 78 billion cubic meters of water was consumed in production and operation, 6. 63 billion cubic meters in public service, and 17. 08 billion cubic meters was for domestic use. The water supply served a population of 380 million with coverage rate of 96. 7% and daily per capita consumption of domestic water being 171. 43 liter. 4. 07 billion cubic meters of urban water was saved in the year with total investment in water saving measures reaching 1. 73 billion yuan.

Urban gas and central heating supply

In 2010, the man-made coal gas, natural gas, and LPG supply totaled 27. 99 billion cubic meters, 48. 76 billion cubic meters, and 12. 68 million tons respectively, serving a population of 363 million and with coverage rate of 92. 0% . By the end of 2010, the supply capacity of heating from steam and hot water reached 105 thousand tons per hour and 316 thousand megawatts respectively. The centrally heated area extended to reach 4. 36 billion square meters.

Urban rail transit system

By the end of 2010, 1429 kilometers rail transit lines have been built in 12 cities across the country. The number of stations totaled 931, among which 194 were transfer stations, and the number of vehicles in service amounted to 7635. There were 1741 kilometers rail transit lines under construction. These projects involved the construction of 1155 stations, among which 287 were transitions.

Urban roads and Bridge

At the end of 2010, the country claimed a total length of urban road of 294 thousand kilometers covering an area of 5. 21 billion square meters with per capita area 13. 21 square meters.

Urban drainage and wastewater treatment

At the end of 2010, there were a total of 1444 wastewater treatment plants in cities with daily treatment capacity of 104. 36 million cubic meters. The length of drainage pipelines reached 370 thousand kilometers. The total quantity of urban wastewater treated within the year was 31. 17 billion cubic meters with treatment rate of 82.3% and central treatment rate of 73. 8% .

Urban landscaping

By the end of 2010, the area in urban built district covered by greenery totaled 1. 612 million hectares with coverage rate of 38. 6% . The total green space in built areas amounted to 1. 444 million hectares with coverage rate of 34. 5% . The total public green space in cities was 441 thousand hectares with per capita public green space 11. 2 square meters.

State-level Scenic Spots and Historic Sites

By the end of 2010, there were 208 state-level scenic spots and historic sites in China, data of 201 places have been collected, and they covered an area of 83 thousand square kilometers with 34 thousand square kilometers open to visitation which added up to 500 million people times for the whole year. The Central Government invested 4. 74 billion yuan in the development and maintenance of national parks.

The urban environmental sanitation

By the end of 2010, the total surface area of road cleaned and maintained was 4. 85 billion square meters, of which mechanically cleaned area was 1. 65 billion square meters with a mechanical cleaning rate of 34% . The yearly amount of domestic garbage and night soil cleared and transported totaled 178 million tons.

1-1-1 全国历年城市市政公用设施水平

1-1-1 Level of National Urban Service Facilities in Past Years

指标 Item / 年份 Year	用 水 普及率 （%） Water Coverage Rate （%）	燃 气 普及率 （%） Gas Coverage Rate （%）	每万人拥有 公共交通 车 辆 （标台） Motor Vehicle for Public Fransport Per 10,000 Persons （standard unit）	人均道路 面 积 （平方米） Road Surface Area Per Capita （m²）	污 水 处理率 （%） Wastewater Treatment Rate （%）	园林绿化 人均公园 绿地面积 （平方米） Public Recreational Green Space Per Capita （m²）	建成区 绿地率 （%） Green Space Rate of Built District （%）	建成区绿化 覆 盖 率 （%） Green Coverage Rate of Built District （%）	每 万 人 拥有公厕 （座） Number of Public Lavatories per 10,000 Persons （unit）
1978									
1979									
1980									
1981	53.7	11.6		1.81		1.50			3.77
1982	56.7	12.6		1.96		1.65			3.99
1983	52.5	12.3		1.88		1.71			3.95
1984	49.5	13.0		1.84		1.62			3.57
1985	45.1	13.0		1.72		1.57			3.28
1986	51.3	15.2	2.5	3.05		1.84		16.90	3.61
1987	50.4	16.7	2.4	3.10		1.90		17.10	3.54
1988	47.6	16.5	2.2	3.10		1.76		17.00	3.14
1989	47.4	17.8	2.1	3.22		1.69		17.80	3.09
1990	48.0	19.1	2.2	3.13		1.78		19.20	2.97
1991	54.8	23.7	2.7	3.35	14.86	2.07		20.10	3.38
1992	56.2	26.3	3.0	3.59	17.29	2.13		21.00	3.09
1993	55.2	27.9	3.0	3.70	20.02	2.16		21.30	2.89
1994	56.0	30.4	3.0	3.84	17.10	2.29		22.10	2.69
1995	58.7	34.3	3.6	4.36	19.69	2.49		23.90	3.00
1996	60.7	38.2	3.8	4.96	23.62	2.76	19.05	24.43	3.02
1997	61.2	40.0	4.5	5.22	25.84	2.93	20.57	25.53	2.95
1998	61.9	41.8	4.6	5.51	29.56	3.22	21.81	26.56	2.89
1999	63.5	43.8	5.0	5.91	31.93	3.51	23.03	27.58	2.85
2000	63.9	45.4	5.3	6.13	34.25	3.69	23.67	28.15	2.74
2001	72.26	60.42	6.10	6.98	36.43	4.56	24.26	28.38	3.01
2002	77.85	67.17	6.73	7.87	39.97	5.36	25.80	29.75	3.15
2003	86.15	76.74	7.66	9.34	42.39	6.49	27.26	31.15	3.18
2004	88.85	81.53	8.41	10.34	45.67	7.39	27.72	31.66	3.21
2005	91.09	82.08	8.62	10.92	51.95	7.89	28.51	32.54	3.20
2006	86.07 （97.04）	79.11 （88.58）	9.05 （10.13）	11.04 （12.36）	55.67	8.3 （9.3）	30.92	35.11	2.88 （3.22）
2007	93.83	87.40	10.23	11.43	62.87	8.98	31.30	35.29	3.04
2008	94.73	89.55	11.13	12.21	70.16	9.71	33.29	37.37	3.12
2009	96.12	91.41		12.79	75.25	10.66	34.17	38.22	3.15
2010	96.68	92.04		13.21	82.31	11.18	34.47	38.62	3.02

注：1. 自2006年起，人均和普及率指标按城区人口和城区暂住人口合计为分母计算，以公安部门的户籍统计和暂住人口统计为准。括号中的数据为与往年同口径数据。

2. "人均公园绿地面积"指标2005年及以前年份为"人均公共绿地面积"。

3. 从2009年起，城市公共交通内容不再统计，增加轨道交通建设情况内容。

Note：1. Since 2006, figure in terms of per capita and coverage rate have been calculated based on denominator which combines both permanent and temporary residents in urban areas. And the population should come from statistics of police. The data in brackets are same index calculated by the method of past years.

2. Since 2006, Public Green Space Per Capita is changed to be Public Recreational Green Space Per Capita.

3. Since 2009, statistics on urban public transport have been removed, and relevant information on the construction of rail transit system has been added.

1-1-2 全国历年城市数量及人口、面积情况

1-1-2 National Changes in Number of Cities，Urban Population and Urban Area in Past Years

面积计量单位：平方公里 Area Measurement Unit：Square Meter

人口计量单位：万人 Population Measurement Unit：10,000 persons

指标 Item / 年份 Year	城市个数 Number of Cities	地级 City at Prefecture Level	县级 City at County Level	县及其他个数 Number of Counties	城区人口 Urban Population	非农业人口 Non-Agricultural Population	城区暂住人口 Urban Temporary Population	城区面积 Urban Area	建成区面积 Area of Built District	城市建设用地面积 Area of Urban Construction Land
1978	193	98	92	2153	7682.0					
1979	216	104	109	2153	8451.0					
1980	223	107	113	2151	8940.5					
1981	226	110	113	2144	14400.5	9243.6		206684.0	7438.0	6720.0
1982	245	109	133	2140	14281.6	9590.0		335382.3	7862.1	7150.5
1983	281	137	141	2091	15940.5	10047.2		366315.9	8156.3	7365.6
1984	300	148	149	2069	17969.1	10956.9		480733.3	9249.0	8480.4
1985	324	162	159	2046	20893.4	11751.3		458066.2	9386.2	8578.6
1986	353	166	184	2017	22906.2	12233.8		805834.0	10127.3	9201.6
1987	381	170	208	1986	25155.7	12893.1		898208.0	10816.5	9787.9
1988	434	183	248	1936	29545.2	13969.5		1052374.2	12094.6	10821.6
1989	450	185	262	1919	31205.4	14377.7		1137643.5	12462.2	11170.7
1990	467	185	279	1903	32530.2	14752.1		1165970.0	12855.7	11608.3
1991	479	187	289	1894	29589.3	14921.0		980685.0	14011.1	12907.9
1992	517	191	323	1848	30748.2	15459.4		969728.0	14958.7	13918.1
1993	570	196	371	1795	33780.9	16550.1		1038910.0	16588.3	15429.8
1994	622	206	413	1735	35833.9	17665.5		1104712.0	17939.5	20796.2
1995	640	210	427	1716	37789.9	18490.0		1171698.0	19264.2	22064.0
1996	666	218	445	1696	36234.5	18882.9		987077.9	20214.2	19001.6
1997	668	222	442	1693	36836.9	19469.9		835771.8	20791.3	19504.6
1998	668	227	437	1689	37411.8	19861.8		813585.7	21379.6	20507.6
1999	667	236	427	1682	37590.0	20161.6		812817.6	21524.5	20877.0
2000	663	259	400	1674	38823.7	20952.5		878015.0	22439.3	22113.7
2001	662	265	393	1660	35747.3	21545.5		607644.3	24026.6	24192.7
2002	660	275	381	1649	35219.6	22021.2		467369.3	25972.6	26832.6
2003	660	282	374	1642	33805.0	22986.8		399173.2	28308.0	28971.9
2004	661	283	374	1636	34147.4	23635.9		394672.5	30406.2	30781.3
2005	661	283	374	1636	35923.7	23652.0		412819.1	32520.7	29636.8
2006	656	283	369	1635	33288.7		3984.1	166533.5	33659.8	34166.7
2007	655	283	368	1635	33577.0		3474.3	176065.5	35469.7	36351.7
2008	655	283	368	1635	33471.1		3517.2	178110.3	36295.3	39140.5
2009	654	283	367	1636	34068.9		3605.4	175463.6	38107.3	38726.9
2010	657	283	370	1633	35373.5		4095.3	178691.7	40058.0	39758.4

注：1. 2005 年及以前年份"城区人口"为"城市人口"，"城区面积"为"城市面积"。

2. 2005 年、2009 年城市建设用地面积不含上海市.

Note：1. In 2005 and before, Urban Population is the population of the city proper, and Urban Area is the area of the city proper.

2. Urban usable land for construction purpose throughout the country does not include that in Shanghai in 2005 and 2009.

1-1-3　全国历年城市维护建设资金收入

1-1-3　National Revenue of Urban Maintenance and Construction Fund in Past Years

计量单位：万元　Measurement Unit：10,000 RMB

指标 Item／年份 Year	合计 Total	城市维护建设税 Urban Maintenance and Construction Tax	城镇公用事业附加 Extra-Charges for Municipal Utilities	中央财政拨款 Financial Allocation from Central Government Budget	地方财政拨款 Financial Allocation from Local Government Budget	水资源费 Water Source Fee	国内贷款 Domestic Loan	利用外资 Foreign Investment	企事业单位自筹资金 Self-Raised Funds by Enterprises and Institutions	其他收入 Other Revenues
1980	276174		92966	66212						116996
1981	345600		92186	65657						187757
1982	425957		97416	69381						259160
1983	408524		103142	81571						223811
1984	468835		118445	96120						254270
1985	1168293	331296	129744	143313	123963	14142			49362	376473
1986	1448311	406817	157889	138944	351961	16812	31716	744		343428
1987	1638197	442275	176337	152094	225498	22420	61601	748		557224
1988	1845193	525452	192643	104666	181053	24396	75829	6386		734768
1989	1835625	603583	198409	91529	170347	24873	44494	10078		692312
1990	2104896	650908	226186	109126	198421	27876	88429	24713		779237
1991	2661198	695681	270109	99919	277595	35324	229274	107127		946169
1992	3934788	779701	310916	134237	576569	42506	322596	73484		1694779
1993	5811904	980234	329620	269593	594615	48498	445658	138159		3005527
1994	6748008	1161193	413851	213565	599378	47060	413327	183295		3716339
1995	7743732	1409097	447388	213543	725758	51964	476654	254876		4164452
1996	8476420	1578088	555873	103699	862641	60509	956850	558688	1194722	2605348
1997	11103424	1906696	561217	139392	1154245	61203	1657405	1407194	1077986	3138088
1998	14333158	2153203	603965	649420	1581006	63724	3069622	738402	1769411	3704405
1999	16271209	2191985	631558	1052000	1714628	77828	3741979	494463	2374802	3991966
2000	19889324	2372908	541475	1150668	2081330	100590	4146988	847124	3332242	5315999
2001	25262680	2709430	488144	895818	3237790	111087	7416589	563167	4095561	5745094
2002	31561758	3160358	498761	759545	3927309	123825	8739016	610535	6007620	7734789
2003	42761892	3717417	556909	771320	5329302	159757	13318273	681057	7696801	10531056
2004	52575966	4462912	590251	526414	6657678	206883	14455465	741815	9002038	15932510
2005	54225147	5512933	554799	621597	7958871	249990	16698914	927141	9460261	12240641
2006	35406259	5667745	762171	566632	10748459	244522				17416730
2007	47617452	6170604	824251	348134	12137926	279545				27856992
2008	56164219	7442775	896248	756011	14247316	254199				32567671
2009	67276878	7719472	980433	1066464	22311926	247971				34950612
2010	85704996	9970340	1090649	1747961	16855095	295347				55745604

注：自 2006 年起，城市维护建设资金收入仅包含财政性资金，不含社会融资。地方财政拨款中包括省、市财政专项拨款和市级以下财政资金；其他收入中包括市政公用设施配套费、市政公用设施有偿使用费、土地出让转让金、资产置换收入及其他财政性资金。

Note：Since 2006, national revenue of urban maintenance and construction fund includes the fund fiscal budget, not including social funds. Local Financail Allocation include province and city special finacial allocation, and Other Revenues include fee for expansion of municipal utilites capacity, fee for use of municaipal utilities, land drainage facilities, water resource fee, property displace fee and so on.

1-1-4 全国历年城市维护建设资金支出

指标 Item 年份 Year	支出合计 Total	按用途分 By Purpose			供水 Water Supply	燃气 Gas Supply	集中供热 Central Heating
		固定资产 投资支出 Expenditure From Investment in Fixed Assets	维护支出 Maintenance Expenditure	其他支出 Other Expenditures			
1978	163589	163589			38439		
1979	256895	114302	142593		49317		
1980	266451	112370	152991	1090	45258		
1981	325615	144837	180778		32932		
1982	369382	183897	172902	12583	50238		
1983	426986	185511	214709	26766	51642		
1984	462705	243479	219226		61886		
1985	1122714	721943	375563	25208	102424	86598	12157
1986	1343025	816154	431595	95276	139303	110697	17993
1987	1480706	895695	479768	105243	50997	99993	20339
1988	644695	246835	303420	94440	78875		
1989	737038	249516	361213	126309	99822		
1990	814901	269992	406025	138884	108132		
1991	2442190	1800536	446562	195092	265064	224584	
1992	3841602	2529896	1086759	224947	453996	261810	
1993	5573279	3757865	1550715	264699	613695	394564	
1994	6583051	4514337	1721457	347257	753151	376545	
1995	7578470	6056988	1092891	428591	839579	332546	
1996	8827009	6272955	2029361	524693	991630	405386	149145
1997	11229697	7832004	2149827	1247866	915220	477144	255485
1998	14374965	10927777	2354278	1092910	1250356	552624	406733
1999	16172386	12281137	2600945	1290304	1175347	485483	425240
2000	18960338	15400602	2699820	859916	1232155	620982	638120
2001	25372970	19207735	2367551	3797684	1530995	775355	789525
2002	31780253	24475402	3184473	4120378	1578903	844230	1137775
2003	42479605	32807384	3840924	5831298	1769459	1120184	1438295
2004	46617124	36924771	4662527	5029826	2013230	1237042	1538473
2005	52757240	40946915	5474379	6335946	2140834	1210925	1838492
2006	33494964	20005661	6950298	6888341	791690	344728	583932
2007	42473049	24649406	8689485	9134158	981690	409311	617348
2008	50083394	30612349	10432730	9279334	1074319	565441	1047382
2009	59270667	38125424	10982852	10187001	1175896	512700	1206084
2010	75080799	47144531	13443275	14389306	1751365	823824	1450987

注：1. 1978 年至 1984 年，1988 年至 1990 年供水支出为公用事业支出；1978 年至 2000 年道路桥梁支出为市政工程支

2. 自 2006 年起，城市维护建设资金支出仅包含财政性资金，不含社会融资。

3. 从 2009 年起，城市公共交通内容不再统计，增加轨道交通建设情况内容。

Note：1. Data in the water supply column from 1978 to 1984 and from 1988 to 1990 reder to expenditure of public utilities；Data in

2. From 2006，expenditure of Urban maintenance and construction fund includes the fund from fiscal buget，not including

3. Since 2009，statistics on urban public transport have been removed，and relevant information on the construction of rail

1-1-4 National Expenditure of Urban Maintenance and Construction Fund in Past Years

计量单位：万元　Measurement Unit：10,000 RMB

	按行业分　By Indurstry					
轨道交通	道路桥梁	排水	防洪	园林绿化	市容环境卫生	其他
Rail Transit System	Road and Bridge	Sewerage	Flood Control	Landscaping	Environmental Sanitation	Other
	48882			13904		
	67940			19337	26541	
	77891			24708	26093	1089
	65032			23311	31751	
	114715			30304	41112	12585
	121204			35445	44873	26766
	150554			44421	52459	-6799
56073	331930			85831	76250	25208
43281	408526	86533		93234	107719	95276
50997	481682	92141		98347	109356	105242
	214471			61143	89510	94440
	229082			66320	94189	126309
	256539			73356	114880	138884
69668	757003			186574	206776	195092
106503	1198511			245334	283664	224947
199547	2336633			311418	363825	264699
139599	2929744			402105	440382	347257
154127	3222256			523299	575786	428591
201337	3590192	393753		532873	616247	524693
285625	4664378	539945		675787	736913	1247866
509899	6263259	881923		1035178	990036	1092909
504331	7359954	985336		1315396	953377	1290304
1434521	8188958	1291761		1779059	1526633	859916
1901819	8640772	2181103	568835	1776331	932631	6275604
2714424	11081731	2670957	1394590	918210	2628912	6810521
2540364	17463295	3580353	1089181	3348090	1665167	8465217
2405912	19862495	3361557	1494379	953154	3619398	9000952
3467801	23719550	3555419	1786861	908127	4224763	9904468
1511917	13154564	2215124	448841	2967691	1746169	9730308
3394326	16951020	2972994	729391	3611468	2100669	10704832
4012497	19769532	3709526	977739	4086639	2579521	12260798
2259540	23061301	4923007	820261	4979200	2716274	17616404
2530155	30396564	5808060	1604103	6908970	3666153	20140618

出，包含道路、桥梁、排水等。

the bridge and road column reder to expenditure of municipal engineering construction projects, including roads, bridges and sewers.

society fund.

transit system has been added.

1-1-5　按行业分全国历年城市市政公用设施建设固定资产投资

1-1-5 National Fixed Assets Investment in Urban Sevice Facilities by Industry in Past Years

计量单位：亿元　Measurement Unit：100 million RMB

指标 Item 年份 Year	本年固定资产投资总额 Completed Investment of this Year	供水 Water Supply	燃气 Gas Supply	集中供热 Central Heating	轨道交通 Rail Transit System	道路桥梁 Road and Bridge	排水 Sewerage	污水处理及其再生利用 Waste-water Treatment and Reuse	防洪 Flood Control	园林绿化 Land-scaping	市容环境卫生 Environmental Sanitation	垃圾处理 Garbage Treatment	其他 Other
1978	12.0	4.7				2.9							4.4
1979	14.2	3.4	0.6		1.8	3.1	1.2		0.1	0.4	0.1		3.4
1980	14.4	6.7				7.0							0.7
1981	19.5	4.2	1.8		2.6	4.0	2.0		0.2	0.9	0.7		3.2
1982	27.2	5.6	2.0		3.1	5.4	2.8		0.3	1.1	0.9		5.9
1983	28.2	5.2	3.2		2.8	6.5	3.3		0.4	1.2	0.9		4.7
1984	41.7	6.3	4.8		4.7	12.2	4.3		0.5	2.0	0.9		5.9
1985	64.0	8.1	8.2		6.0	18.6	5.6		0.9	3.3	2.0		11.3
1986	80.1	14.3	12.5	1.6	5.6	20.5	6.0		1.6	3.4	2.8		11.9
1987	90.3	17.2	10.9	2.1	5.5	27.1	8.8		1.4	3.4	2.1		11.9
1988	113.2	23.1	11.2	2.8	6.0	35.6	10.0		1.6	3.4	2.6		16.9
1989	107.0	22.2	12.3	3.3	7.7	30.1	9.7		1.2	2.8	2.8		14.8
1990	121.2	24.8	19.4	4.5	9.1	31.3	9.6		1.3	2.9	2.9		15.4
1991	170.9	30.2	24.8	6.4	9.8	51.8	16.1		2.1	4.9	3.6		21.3
1992	283.2	47.7	25.9	11.0	14.9	90.6	20.9		2.9	7.2	6.5		55.6
1993	521.8	69.9	34.8	10.7	22.1	191.8	37.0		5.9	13.2	10.6		125.8
1994	666.0	90.3	32.5	13.4	25.1	279.8	38.3		8.0	18.2	10.9		149.7
1995	807.6	112.4	32.9	13.8	30.9	291.6	48.0		9.5	22.5	13.6		232.5
1996	948.6	126.1	48.3	15.7	38.8	354.2	66.8		9.1	27.5	12.5		249.7
1997	1142.7	128.3	76.0	25.1	43.2	432.4	90.1		15.5	45.1	20.9		266.1
1998	1477.6	161.0	82.0	37.3	86.1	616.2	154.5		35.8	78.4	36.7		189.6
1999	1590.8	146.7	72.1	53.6	103.1	660.1	142.0		43.0	107.1	37.1		226.0
2000	1890.7	142.4	70.9	67.8	155.7	737.7	149.3		41.9	143.2	84.3		297.5
2001	2351.9	169.4	75.5	82.0	194.9	856.4	224.5	116.4	70.5	163.2	50.6	23.5	466.6
2002	3123.2	170.9	88.4	121.4	293.8	1182.2	275.0	144.1	135.1	239.5	64.8	29.7	551.0
2003	4462.4	181.8	133.5	145.8	281.9	2041.4	375.2	198.8	124.5	321.9	96.0	35.3	760.4
2004	4762.2	225.1	148.3	173.4	328.5	2128.7	352.3	174.5	100.3	359.5	107.8	53.0	838.4
2005	5602.2	225.6	142.4	220.2	476.7	2543.2	368.0	191.4	120.0	411.3	147.8	56.7	947.0
2006	5765.1	205.1	155.0	223.6	604.0	2999.9	331.5	151.7	87.1	429.0	175.8	51.8	554.3
2007	6418.9	233.0	160.1	230.0	852.4	2989.0	410.0	212.2	141.4	525.6	141.8	53.0	735.6
2008	7368.2	295.4	163.5	269.7	1037.2	3584.1	496.0	264.7	119.6	649.8	222.0	50.6	530.8
2009	10641.5	368.8	182.2	368.7	1737.6	4950.6	729.8	418.6	148.6	914.9	316.5	84.6	923.9
2010	14305.9	426.8	290.8	433.2	1812.6	6695.7	901.6	521.4	194.4	2297.0	301.6	127.4	952.2

注：从 2009 年起，城市公共交通内容不再统计，增加轨道交通建设情况内容。

Note：Since 2009, statistics on urban public transport have been removed, and relevant information on the construction of rail transit system has been added.

1-1-6 按资金来源分全国历年城市市政公用设施建设固定资产投资
1-1-6 National Fixed Assets Investment in Urban Service Facilities by Capital Source in Past Years

计量单位：亿元　Measurement Unit：100 million RMB

指标 Item 年份 Year	本年资金来源合计 Completed Investment of this Year	上年末结余资金 The Balance of the Previous Year	本年资金来源 Sources of Fund							
			小计 Subtotal	中央财政拨款 Financial Allocation from Central Government Budget	地方财政拨款 Financial Allocation from Local Government Budget	国内贷款 Domestic Loan	债券 Securities	利用外资 Foreign Investment	自筹资金 Self-Raised Funds	其他资金 Other Funds
1978	12.0		6.4	6.4						
1979	14.0									
1980	14.4		14.4	6.1		0.1			8.2	
1981	20.0		20.0	5.3		0.4		—	13.8	0.5
1982	27.2		27.2	8.6		1.0		—	16.5	1.1
1983	28.2		28.2	8.2		0.6			17.2	2.2
1984	41.7		41.7	11.8		2.1		—	25.5	2.3
1985	63.8		63.8	13.9		3.1		0.1	40.9	5.8
1986	79.8		79.8	13.2		3.1		0.1	57.4	6.0
1987	90.0		90.0	13.4		6.2		1.3	61.4	7.7
1988	112.6		112.6	10.2		7.1		1.6	78.0	15.7
1989	106.8		106.8	9.7		6.0		1.5	72.9	16.7
1990	121.2		121.2	7.4		11.0		2.2	82.2	18.4
1991	169.9		169.9	8.6		25.3		6.0	108.1	21.9
1992	265.4		265.4	9.9		42.9		10.3	180.4	38.9
1993	521.6		521.6	15.9		72.8		20.8	304.5	107.6
1994	665.5		665.5	27.9		58.3		64.2	397.1	118.0
1995	837.0		807.5	24.2		65.1		84.9	493.3	140.0
1996	939.1	68.0	871.1	34.8		122.2	4.9	105.6	486.1	117.5
1997	1105.6	49.0	1056.6	43.0		165.3	3.1	129.5	554.3	161.4
1998	1404.4	58.0	1346.4	100.2		284.8	40.3	110.1	600.4	210.6
1999	1534.2	81.0	1453.2	173.8		357.8	55.9	68.6	595.2	201.9
2000	1849.5	109.0	1740.5	222.0		428.6	29.0	76.7	682.7	301.5
2001	2351.9	109.0	2112.8	104.9	379.1	603.4	16.8	97.8	636.4	274.5
2002	3123.2	111.0	2705.9	96.3	516.9	743.8	7.3	109.6	866.3	365.7
2003	4264.1	120.7	4143.4	118.9	733.4	1435.4	17.4	90.0	1350.2	398.0
2004	4650.9	267.9	4383.0	63.0	938.4	1468.0	8.5	87.2	1372.9	445.0
2005	5505.5	229.0	5276.6	63.9	1050.6	1805.9	5.2	170.0	1728.0	453.0
2006	5800.6	365.4	5435.2	89.2	1339.0	1880.5	16.4	92.9	1638.1	379.2
2007	6283.5	369.5	5914.0	77.3	1925.7	1763.7	29.5	73.1	1635.7	409.0
2008	7277.4	386.9	6890.4	72.7	2143.9	2037.0	27.8	91.2	1980.1	537.6
2009	10938.1	460.4	10477.6	112.9	2705.1	4034.8	120.8	66.1	2487.1	950.7
2010	14293.6	659.3	13634.3	206.0	4465.6	4615.6	49.1	113.8	3058.9	1125.2

1-1-7 全国历年城市供水情况
1-1-7 National Urban Water Supply in Past Years

指标 Item 年份 Year	综合生产能力（万立方米/日）Integrated Production Capacity (10,000m³/day)	供水管道长度（公里）Length of Water Supply Pipelines (km)	供水总量（万立方米）Total Quantity of Water Supply (10,000m³)	生活用量 Residential Use	用水人口（万人）Population with Access to Water Supply (10,000persons)	人均日生活用水量（升）Daily Water Consumption Per Capita (liter)	用水普及率（%）Water Coverage Rate (%)
1978	2530.4	35984	787507	275854	6267.1	120.6	81.60
1979	2714.0	39406	832201	309206	6951.0	121.8	82.30
1980	2979.0	42859	883427	339130	7278.0	127.6	81.40
1981	3258.0	46966	969943	367823	7729.3	130.4	53.70
1982	3424.9	51513	1011319	391422	8102.2	132.4	56.70
1983	3539.0	56852	1065956	421968	8370.9	138.1	52.50
1984	3960.9	62892	1176474	465651	8900.7	143.3	49.50
1985	4019.7	67350	1280238	519493	9424.3	151.0	45.10
1986	10407.9	72557	2773921	706971	11757.9	161.9	51.30
1987	11363.6	77864	2984697	759702	12684.6	164.1	50.40
1988	12715.8	86231	3385847	873800	14049.9	170.4	47.60
1989	12821.1	92281	3936648	930619	14786.3	172.4	47.40
1990	14220.3	97183	3823425	1001021	15611.1	175.7	48.00
1991	14584.0	102299	4085073	1159929	16213.2	196.0	54.80
1992	16036.4	111780	4298437	1172919	17280.8	186.0	56.20
1993	16927.9	123007	4502341	1282543	18636.4	188.6	55.20
1994	18215.1	131052	4894620	1422453	20083.0	194.0	56.00
1995	19250.4	138701	4815653	1581451	22165.7	195.4	58.70
1996	19990.0	202613	4660652	1670673	21997.0	208.1	60.70
1997	20565.8	215587	4767788	1757157	22550.1	213.5	61.20
1998	20991.8	225361	4704732	1810355	23169.1	214.1	61.90
1999	21551.9	238001	4675076	1896225	23885.7	217.5	63.50
2000	21842.0	254561	4689838	1999960	24809.2	220.2	63.90
2001	22900.0	289338	4661194	2036492	25832.8	216.0	72.26
2002	23546.0	312605	4664574	2131919	27419.9	213.0	77.85
2003	23967.1	333289	4752548	2246665	29124.5	210.9	86.15
2004	24753.0	358410	4902755	2334625	30339.7	210.8	88.85
2005	24719.8	379332	5020601	2437374	32723.4	204.1	91.09
2006	26965.6	430426	5405246	2220459	32304.1	188.3	86.67 (97.04)
2007	25708.4	447229	5019488	2263676	34766.5	178.4	93.83
2008	26604.1	480084	5000762	2274266	35086.7	178.2	94.73
2009	27046.8	510399	4967467	2334082	36214.2	176.6	96.12
2010	27601.5	539778	5078745	2371488	38156.7	171.4	96.68

注：1. 1978年至1985年综合供水生产能力为系统内数；1978年至1995年供水管道长度为系统内数。

2. 自2006年起，用水普及率指标安城区人口和城区暂住人口合计为分母计算，括号中的数据为往年同口径数据。

Note：1. Integrated production capacity from 1978 to 1985 is limited to the statistical figure in building secter; Length of water supply pipelines from 1978 to 1995 is limited to the statistical figure in building secter.

2. Since 2006, water coverage rate has been calculated based on denominator which combines both permanent and temporary residents in urban areas, and the datas of brackets are the same index but calculated by the method of past years.

1-1-8 全国历年城市节约用水情况

1-1-8 National Urban Water Conservation in Past Years

指标 Item / 年份 Year	计划用水量（万立方米） Planned Quantity of Water Use (10,000m³)	新水取用量（万立方米） Fresh Water Used (10,000m³)	工业用水重复利用量（万立方米） Quantity of Industrial Water Recycled (10,000m³)	节约用水量（万立方米） Water Saved (10,000m³)
1991	1977024	1921307	1985326	211259
1992	2077092	1939390	2843918	205087
1993	2076928	2004922	3000109	218317
1994	2299596	2497236	3375652	276241
1995	2123215	1930610	3626086	235113
1996	6285246	2166806	3345351	235194
1997	2004412	1875974	4429175	260885
1998	2490390	2343370	3978967	278835
1999	2409254	2223035	3966355	287284
2000	2153979	2071731	3811945	353569
2001	2504134	2126401	3881683	377733
2002	2463717	2091365	4849164	372352
2003	2353286	2014528	4572711	338758
2004	2441914	2048488	4183937	393426
2005	2676425	2300332	5670096	376093
2006		2356268	5535492	415755
2007		2295192	6026048	454794
2008		2121034	6547258	659114
2009		2064014	6523126	628692
2010		2161262	6872928	407152

注：从 2006 年起，不统计计划用水量指标。

Note: From 2006, "Planned Quantity of Water Use" has not been counted.

1-1-9 全国历年城市燃气情况
1-1-9 National Urban Gas in Past Years

指标 Item / 年份 Year	人工煤气 Man-Made Coal Gas				天然气 Natural Gas				液化石油气 LPG				燃气普及率 (%)
	供气总量 (万立方米) Total Gas Supplied (10,000 m³)	家庭用量 Domestic Consumption	用气人口 (万人) Population with Access to Gas (10,000 persons)	管道长度 (公里) Length of Gas Supply Pipeline (km)	供气总量 (万立方米) Total Gas Supplied (10,000 m³)	家庭用量 Domestic Consumption	用气人口 (万人) Population with Access to Gas (10,000 persons)	管道长度 (公里) Length of Gas Supply Pipeline (km)	供气总量 (吨) Total Gas Supplied (ton)	家庭用量 Domestic Consumption	用气人口 (万人) Population with Access to Gas (10,000 persons)	管道长度 (公里) Length of Gas Supply Pipeline (km)	Gas Coverage Rate (%)
1978	172541	66593	450	4157	69078	4103	24	560	194533	175744	635		14.40
1979	182748	73557	500	4446	68489	9833	76	751	243576	218797	788		16.10
1980	195491	83281	561	4698	58937	4893	80	921	290460	269502	924		17.30
1981	199466	90326	594	4830	93970	8575	83	1059	330987	308028	995		11.60
1982	208819	94896	630	5258	90421	8938	93	1098	388596	342828	1076		12.60
1983	214009	89012	703	5967	49071	9443	91	1149	456192	414635	1159		12.30
1984	231351	96228	768	7353	168568	38258	135	1965	535289	424318	1435		13.00
1985	244754	107060	911	8255	162099	43268	281	2312	601803	540761	1534		13.00
1986	337745	139374	951	7990	435887	65262	492	2409	1011308	763590	2041		15.20
1987	686518	170887	1177	11650	501093	77719	634	5465	1049116	954534	2399		16.70
1988	667927	171376	1357	13028	573983	73305	748	6186	1730261	1136883	2764		16.50
1989	841297	204709	1498	14448	591169	91770	896	6849	1898003	1259349	3156		17.80
1990	1747065	274127	1674	16312	642289	115662	972	7316	2190334	1428058	3579		19.10
1991	1258088	311430	1867	18181	754616	154302	1072	8054	2423988	1694399	4084		23.70
1992	1495531	305325	2181	20931	628914	152013	1119	8487	2996699	2019620	4796		26.30
1993	1304130	345180	2490	23952	637207	139297	1180	8889	3150296	2316129	5770		27.90
1994	1262712	416453	2889	27716	752436	146938	1273	9566	3664948	2817702	6745		30.40
1995	1266894	456585	3253	33890	673354	163788	1349	10110	4886528	3701504	8355		34.30
1996	1348076	472904	3490	38486	637832	138018	1470	18752	5758374	3943604	8864	2762	38.20
1997	1268944	535412	3735	41475	663001	177121	1656	22203	5786023	4370979	9350	4086	40.00
1998	1675571	480734	3746	42725	688255	195778	1908	25429	7972947	5478535	9995	4458	41.80
1999	1320925	494001	3918	45856	800556	215006	2225	29510	7612684	4990363	10336	6116	43.80
2000	1523615	630937	3944	48384	821476	247580	2581	33655	10537147	5322828	11107	7419	45.40
2001	1369144	494191	4349	50114	995197	247543	3127	39556	9818313	5583497	13875	10809	60.42
2002	1989196	490258	4541	53383	1259334	350479	3686	47652	11363884	6561738	15431	12788	67.17
2003	2020883	583884	4792	57017	1416415	374986	4320	57845	11263475	7817094	16834	15349	76.74
2004	2137225	512026	4654	56419	1693364	454248	5628	71411	11267120	7041351	17559	20119	81.53
2005	2558343	458538	4369	51404	2104951	521389	7104	92043	12220141	7065214	18013	18662	82.08
2006	2964500	381518	4067	50524	2447742	573441	8319	121498	12636613	6936513	17100	17469	79.11 (88.58)
2007	3223512	373522	4022	48630	3086365	662198	10190	155271	14667692	7280415	18172	17202	87.40
2008	3558287	353162	3370	45172	3680393	779917	12167	184084	13291072	6292713	17632	28590	89.55
2009	3615507	307134	2971	40447	4050996	913386	14544	218778	13400303	6887600	16924	14236	91.41
2010	2799380	268763	2802	38877	4875808	1171596	17021	256429	12680054	6338523	16503	13374	92.04

注：自 2006 年起，燃气普及率指标按城区人口和城区暂住人口合计为分母计算，括号中的数据为与往年同口径数据。

Note：Since 2006, gas coverage rate has been calculated based on denominator which combines both permanent and temporary residents in urban areas, and the datas in brackets are the same index but calculated by the method of past years.

1-1-10 全国历年城市集中供热情况
1-1-10 National Urban Centralized Heating in Past Years

指标 Item 年份 Year	供热能力 Heating Capacity		供热总量 Total Heat Supplied		管道长度（公里） Length of Pipelines（km）		集中供热面积 （万平方米）
	蒸汽 （吨/小时） Steam （ton/hour）	热水 （兆瓦） Hot Water （mega watts）	蒸汽 （万吉焦） Steam （10,000 gigajoules）	热水 （万吉焦） Hot Water （10,000 gigajoules）	蒸汽 Steam	热水 Hot Water	Heated Area （10,000m^2）
1981	754	440	641	183	79	280	1167
1982	883	718	627	241	37	491	1451
1983	965	987	650	332	67	586	1841
1984	1421	1222	996	454	71	761	2445
1985	1406	1360	896	521	76	954	2742
1986	9630	36103	3467	2704	183	1335	9907
1987	16258	27601	6669	3650	163	1576	15282
1988	18550	32746	5978	4848	209	2193	13883
1989	20177	25987	6782	4334	401	2678	19386
1990	20341	20128	7117	21658	157	3100	21263
1991	21495	29663	8195	21065	656	3952	27651
1992	25491	45386	9267	26670	362	4230	32832
1993	31079	48437	10633	29036	532	5161	44164
1994	34848	52466	10335	32056	670	6399	50992
1995	67601	117286	16414	75161	909	8456	64645
1996	62316	103960	17615	56307	9577	24012	73433
1997	65207	69539	20604	62661	7054	25446	80755
1998	66427	71720	17463	64684	6933	27375	86540
1999	70146	80591	22169	69771	7733	30506	96775
2000	74148	97417	23828	83321	7963	35819	110766
2001	72242	126249	37655	100192	9183	43926	146329
2002	83346	148579	57438	122728	10139	48601	155567
2003	92590	171472	59136	128950	11939	58028	188956
2004	98262	174442	69447	125194	12775	64263	216266
2005	106723	197976	71493	139542	14772	71338	252056
2006	95204	217699	67794	148011	14012	79943	265853
2007	94009	224660	66374	158641	14116	88870	300591
2008	94454	305695	69082	187467	16045	104551	348948
2009	93193	286106	63137	200051	14317	110490	379574
2010	105084	315717	66397	224716	15122	124051	435668

注：1981 年至 1995 年热水供热能力计量单位为兆瓦/小时；1981 年至 2000 年蒸汽供热总量计量单位为万吨。

Note：Heating capacity through hot water from 1981 to 1995 is measured with the unit of maga watts/hour；Heating capacity through steam from 1981 to 2000 is measured with the unit of 10,000 tons.

1-1-11 全国历年城市道路和桥梁情况

1-1-11 National Urban Road and Bridge in Past Years

指标 Item 年份 Year	道路长度 （公里） Length of Roads （km）	道路面积 （万平方米） Surface Area of Roads （10,000m²）	防洪堤长度 （公里） Length of Flood Control Dikes （km）	人均城市道路面积 （平方米） Urban Road Surface Area Per Capita （m²）
1978	26966	22539	3443	2.93
1979	28391	24069	3670	2.85
1980	29485	25255	4342	2.82
1981	30277	26022	4446	1.81
1982	31934	27976	5201	1.96
1983	33934	29962	5577	1.88
1984	36410	33019	6170	1.84
1985	38282	35872	5998	1.72
1986	71886	69856	9952	3.05
1987	78453	77885	10732	3.10
1988	88634	91355	12894	3.10
1989	96078	100591	14506	3.22
1990	94820	101721	15500	3.13
1991	88791	99135	13892	3.35
1992	96689	110526	16015	3.59
1993	104897	124866	16729	3.70
1994	111058	137602	16575	3.84
1995	130308	164886	18885	4.36
1996	132583	179871	18475	4.96
1997	138610	192165	18880	5.22
1998	145163	206136	19550	5.51
1999	152385	222158	19842	5.91
2000	159617	237849	20981	6.13
2001	176016	249431	23798	6.98
2002	191399	277179	25503	7.87
2003	208052	315645	29426	9.34
2004	222964	352955	29515	10.34
2005	247015	392166	41269	10.92
2006	241351	411449	38820	11.04 （12.36）
2007	246172	423662	32274	11.43
2008	259740	452433	33147	12.21
2009	269141	481947	34698	12.79
2010	294443	521322	36153	13.21

注：自 2006 年起，人均城市道路面积按城区人口和城区暂住人口合计为分母计算，括号内为与往年同口径数据。

Note：Since 2006, urban road surface per capita has been calculated based on denominator which combines both permanent and temporary residents in urban areas, and the data in brackets are the same index calculated by the method of past years.

1-1-12 全国历年城市排水和污水处理情况

1-1-12 National Urban Drainage and Wastewater Treatment in Past Years

指标 Item 年份 Year	排水管道 长　度 （公里） Length of Drainage Pipelines （km）	污水年 排放量 （万立方米） Annual Quantity of Wastewater Discharged （10,000m³）	污水处理厂		污水年 处理总量 （万立方米） Annual Treatment Capacity （10,000m³）	污水处理率 （%） Wastewater Treatment Rate （%）
			座数 （座） Number of Wastewater Treatment Plant （unit）	处理能力 （万立方米/日） Treatment Capacity （10,000m³/day）		
1978	19556	1494493	37	64		
1979	20432	1633266	36	66		
1980	21860	1950925	35	70		
1981	23183	1826460	39	85		
1982	24638	1852740	39	76		
1983	26448	2097290	39	90		
1984	28775	2253145	43	146		
1985	31556	2318480	51	154		
1986	42549	963965	64	177		
1987	47107	2490249	73	198		
1988	50678	2614897	69	197		
1989	54510	2611283	72	230		
1990	57787	2938980	80	277		
1991	61601	2997034	87	317	445355	14.86
1992	67672	3017731	100	366	521623	17.29
1993	75207	3113420	108	449	623163	20.02
1994	83647	3030082	139	540	518013	17.10
1995	110293	3502553	141	714	689686	19.69
1996	112812	3528472	309	1153	833446	23.62
1997	119739	3514011	307	1292	907928	25.84
1998	125943	3562912	398	1583	1053342	29.56
1999	134486	3556821	402	1767	1135532	31.93
2000	141758	3317957	427	2158	1135608	34.25
2001	158128	3285850	452	3106	1196960	36.43
2002	173042	3375959	537	3578	1349377	39.97
2003	198645	3491616	612	4254	1479932	42.39
2004	218881	3564601	708	4912	1627966	45.67
2005	241056	3595162	792	5725	1867615	51.95
2006	261379	3625281	815	6366	2026224	55.67
2007	291933	3610118	883	7146	2269847	62.87
2008	315220	3648782	1018	8106	2560041	70.16
2009	343892	3712129	1214	9052	2793457	75.25
2010	369553	3786983	1444	10436	3117032	82.31

注：1978 年至 1995 年污水处理厂座数及处理能力均为系统内数。

Note：Number of wastewater treatment plants and treatment capacity from 1978 to 1995 are limited to the statistical figure in the building sector.

1-1-13 全国历年城市园林绿化情况
1-1-13 National Urban Landscaping in Past Years

计量单位：公顷 Measurement Unit：Hectare

指标 Item / 年份 Year	建成区绿化覆盖面积 Built District Green Coverage Area	建成区绿地面积 Built District Area of Green Space	公园绿地面积 Area of Public Recreational Green Space	公园面积 Park Area	人均公园绿地面积（平方米） Public Recreational Green Space Per Capita （m²）	建成区绿地率（%） Green Space Rate of Built District （%）	建成区绿化覆盖率（%） Green Coverage Rate of Built District （%）
1981		110037	21637	14739	1.50		
1982		121433	23619	15769	1.65		
1983		135304	27188	18373	1.71		
1984		146625	29037	20455	1.62		
1985		159291	32766	21896	1.57		
1986		153235	42255	30740	1.84		16.90
1987		161444	47752	32001	1.90		17.10
1988		180144	52047	36260	1.76		17.00
1989		196256	52604	38313	1.69		17.80
1990	246829		57863	39084	1.78		19.20
1991	282280		61233	41532	2.07		20.10
1992	313284		65512	45741	2.13		21.00
1993	354127		73052	48621	2.16		21.30
1994	396595		82060	55468	2.29		22.10
1995	461319		93985	72857	2.49		23.90
1996	493915	385056	99945	68055	2.76	19.05	24.43
1997	530877	427766	107800	68933	2.93	20.57	25.53
1998	567837	466197	120326	73198	3.22	21.81	26.56
1999	593698	495696	131930	77137	3.51	23.03	27.58
2000	631767	531088	143146	82090	3.69	23.67	28.15
2001	681914	582952	163023	90621	4.56	24.26	28.38
2002	772749	670131	188826	100037	5.36	25.80	29.75
2003	881675	771730	219514	113462	6.49	27.26	31.15
2004	962517	842865	252286	133846	7.39	27.72	31.66
2005	1058381	927064	283263	157713	7.89	28.51	32.54
2006	1181762	1040823	309544	208056	8.3 (9.3)	30.92	35.11
2007	1251573	1110330	332654	202244	8.98	31.30	35.29
2008	1356467	1208448	359468	218260	9.71	33.29	37.37
2009	1494486	1338133	401584	235825	10.66	35.11	39.22
2010	1612458	1443663	441276	258177	11.18	34.47	38.62

注：1. 自 2006 年起，"公共绿地"统计为"公园绿地"。

2. 自 2006 年起，"人均公共绿地面积"统计为以城区人口和城区暂住人口合计为分母计算的"人均公园绿地面积"，括号内数据约为与往年同口径数据。

Note：1. Since 2006, Public Green Space is changed to Public Recreatinal Green Space.

2. Since 2006, Public recreational green space per capita has been calculated based on denominator which combines both permanent and temporary resiclents in urban areas, and the datas in brackets are the same index but calculated by the method of past years.

1-1-14 全国历年城市市容环境卫生情况

1-1-14 National Urban Environmental Sanitation in Past Years

指标 Item / 年份 Year	生活垃圾清运量（万吨）Quantity of Domestic Garbage Collected and Transported (10,000tons)	垃圾无害化处理厂（场）座数（座）Number of Harmless Treatment Plants/Grounds (unit)	无害化处理能力（吨/日）Harmless Treatment Capacity (ton/day)	垃圾无害化处理量（万吨）Quantity of Harmlessly Treated Garbage (10,000tons)	粪便清运量（万吨）Volume of Soil Collected and Transported (10,000tons)	公厕数量（座）Number of Latrine (unit)	市容环卫专用车辆设备总数（台）Number of Vehicles and Equipment Designated for Municipal Environmental Sanitation (unit)	每万人拥有公厕（座）Number of Latrine per 10,000 Population (unit)
1979	2508	12	1937		2156	54180	5316	
1980	3132	17	2107	215	1643	61927	6792	
1981	2606	30	3260	162	1547	54280	7917	3.77
1982	3125	27	2847	190	1689	56929	9570	3.99
1983	3452	28	3247	243	1641	62904	10836	3.95
1984	3757	24	1578	188	1538	64178	11633	3.57
1985	4477	14	2071	232	1748	68631	13103	3.28
1986	5009	23	2396	70	2710	82746	19832	3.61
1987	5398	23	2426	54	2422	88949	21418	3.54
1988	5751	29	3254	75	2353	92823	22793	3.14
1989	6292	37	4378	111	2603	96536	25076	3.09
1990	6767	66	7010	212	2385	96677	25658	2.97
1991	7636	169	29731	1239	2764	99972	27854	3.38
1992	8262	371	71502	2829	3002	95136	30026	3.09
1993	8791	499	124508	3945	3168	97653	32835	2.89
1994	9952	609	130832	4782	3395	96234	34398	2.69
1995	10671	932	183732	6014	3066	113461	39218	3.00
1996	10825	574	155826	5568	2931	109570	40256	3.02
1997	10982	635	180081	6292	2845	108812	41538	2.95
1998	11302	655	201281	6783	2915	107947	42975	2.89
1999	11415	696	237393	7232	2844	107064	44238	2.85
2000	11819	660	210175	7255	2829	106471	44846	2.74
2001	13470	741	224736	7840	2990	107656	50467	3.01
2002	13650	651	215511	7404	3160	110836	52752	3.15
2003	14857	575	219607	7545	3475	107949	56068	3.18
2004	15509	559	238519	8089	3576	109629	60238	3.21
2005	15577	471	256312	8051	3805	114917	64205	3.20
2006	14841	419	258048	7873	2131	107331	66020	2.88 (3.22)
2007	15215	458	279309	9438	2506	112604	71609	3.04
2008	15438	509	315153	10307	2331	115306	76400	3.12
2009	15734	567	356130	11220	2141	118525	83756	3.15
2010	15805	628	387607	12318	1951	119327	90414	3.02

注：1. 1980年至1995年垃圾无害化处理厂，垃圾无害化处理量为垃圾加粪便。

2. 自2006年起，生活垃圾填埋场的统计采用新的认定标准，生活垃圾无害化处理数据与往年不可比。

Note：1. Quantity of garbage disposed harmlessly from 1980 to 1995 consists of quantity of garbage and soil.

2. Since 2006, treatment of domestic garbage through sanitary landfill has adopted new certification standard, so the datas of harmless treatmented garbage are not compared with the past years.

1-2-1 全国城市市政公用设施水平（2010 年）

地区名称 Name of Regions	人口密度 （人/平方公里） Population Density （person/km²）	人均日生活 用 水 量 （升） Daily Water Consumption Per Capita （liter）	用水普及率 （%） Water Coverage Rate （%）	燃气普及率 （%） Gas Coverage Rate （%）	建成区供水 管道密度 （公里/ 平方公里） Density of Water Supply Pipelines in Built District （kilometer/squ- are kilometer）	人 均 道路面积 （平方米） Road Surface Area Per Capita （m²）
全 国 National Total	**2209**	**171. 43**	**96. 68**	**92. 04**	**13. 47**	**13. 21**
北 京 Beijing	1383	174. 92	100. 00	100. 00		5. 57
天 津 Tianjin	2752	132. 04	100. 00	100. 00	15. 65	14. 89
河 北 Hebei	2354	122. 96	99. 97	99. 07	8. 82	17. 35
山 西 Shanxi	2890	106. 39	97. 26	89. 94	8. 57	10. 66
内 蒙 古 Inner Mongolia	981	88. 49	87. 97	79. 26	8. 24	14. 89
辽 宁 Liaoning	1814	120. 96	97. 44	94. 19	13. 12	11. 19
吉 林 Jilin	1449	121. 03	89. 60	85. 64	7. 22	12. 39
黑 龙 江 Heilongjiang	5239	123. 87	88. 43	84. 67	6. 97	10. 00
上 海 Shanghai	3630	174. 83	100. 00	100. 00	32. 50	4. 04
江 苏 Jiangsu	2027	220. 37	99. 56	99. 12	19. 51	21. 26
浙 江 Zhejiang	1773	185. 43	99. 79	99. 07	18. 31	16. 70
安 徽 Anhui	2469	160. 83	96. 06	90. 52	9. 88	16. 01
福 建 Fujian	2290	186. 62	99. 50	98. 92	13. 83	12. 58
江 西 Jiangxi	4786	184. 35	97. 43	92. 36	10. 50	13. 77
山 东 Shandong	1389	129. 52	99. 57	99. 30	10. 46	22. 23
河 南 Henan	5178	109. 10	91. 03	73. 43	8. 59	10. 25
湖 北 Hubei	1929	211. 54	97. 59	91. 75	13. 42	14. 08
湖 南 Hunan	2992	220. 38	95. 17	86. 50	10. 90	12. 95
广 东 Guangdong	2428	249. 96	98. 37	95. 75	17. 28	12. 69
广 西 Guangxi	1498	249. 70	94. 65	92. 35	13. 66	14. 31
海 南 Hainan	2739	264. 50	89. 43	82. 44	11. 41	13. 81
重 庆 Chongqing	1860	136. 75	94. 05	92. 02	10. 56	9. 37
四 川 Sichuan	2743	196. 69	90. 80	84. 39	12. 67	11. 84
贵 州 Guizhou	3266	130. 47	94. 10	69. 72	12. 89	6. 65
云 南 Yunnan	3795	146. 24	96. 50	76. 40	8. 73	10. 90
西 藏 Tibet	575	218. 86	97. 42	79. 83	8. 87	13. 25
陕 西 Shaanxi	5506	165. 70	99. 39	90. 39	6. 49	13. 38
甘 肃 Gansu	3793	155. 12	91. 57	74. 29	6. 89	12. 20
青 海 Qinghai	2320	179. 03	99. 87	90. 79	12. 15	11. 42
宁 夏 Ningxia	1093	177. 55	98. 23	88. 01	6. 93	17. 35
新 疆 Xinjiang	4977	150. 79	99. 17	95. 80	7. 76	13. 19

1-2-1 National Level of National Urban Service Facilities (2010)

建成区排水管道密度（公里/平方公里） Density of Sewers in Built District (kilometer/square kilometer)	污水处理率（%） Wastewater Treatment Rate (%)	污水处理厂集中处理率 Centralized Treatment Rate of Wastewater Treatment Plants	人均公园绿地面积（平方米） Public Recreational Green Space Per Capita (m²)	建成区绿化覆盖率（%） Green Coverage Rate of Built District (%)	建成区绿地率（%） Green Space Rate of Built District (%)	生活垃圾处理率（%） Domestic Garbage Treatment Rate (%)	生活垃圾无害化处理率（%） Domestic Garbage Harmless Treatment Rate (%)	地区名称 Name of Regions
9.23	82.31	73.76	11.18	38.62	34.47	90.72	77.94	全　国
	82.09	80.98	11.28			96.95	96.95	北　京
22.05	85.30	77.81	8.56	32.06	27.99	100.00	100.00	天　津
9.00	92.30	91.38	14.23	42.73	37.32	96.95	69.82	河　北
6.31	84.93	80.60	9.36	38.01	33.57	73.58	73.58	山　西
8.20	80.55	80.55	12.36	33.35	30.72	92.98	82.80	内蒙古
6.34	74.93	71.69	10.21	39.32	36.46	89.85	70.88	辽　宁
6.25	73.92	72.32	10.27	34.12	29.84	91.57	44.51	吉　林
4.58	56.72	41.98	11.27	34.89	31.16	40.36	40.36	黑龙江
11.50	83.29	83.29	6.97	38.15	33.60	81.86	81.86	上　海
14.33	87.56	68.95	13.29	42.07	38.51	99.97	93.58	江　苏
12.38	82.74	77.15	11.05	38.30	34.61	99.94	98.30	浙　江
8.81	88.46	71.58	10.95	37.50	33.67	95.59	64.56	安　徽
9.15	84.44	76.91	10.99	40.97	37.07	99.81	91.96	福　建
7.86	80.83	76.86	13.04	46.62	43.20	100.00	85.89	江　西
9.62	91.11	89.08	15.84	41.47	36.99	96.30	91.90	山　东
7.31	87.60	85.80	8.65	36.56	31.33	88.75	82.59	河　南
9.75	81.02	71.52	9.62	37.74	32.45	95.21	61.43	湖　北
6.72	74.95	59.14	8.89	36.64	33.01	91.86	78.99	湖　南
9.20	86.08	73.12	13.29	41.31	36.68	91.01	72.12	广　东
6.82	83.43	46.84	9.83	34.96	30.44	93.01	91.14	广　西
13.31	54.87	51.86	11.22	42.63	37.10	79.52	67.97	海　南
8.13	91.65	90.79	13.24	40.57	37.59	99.13	98.82	重　庆
8.90	74.83	69.94	10.19	37.88	33.94	94.48	86.86	四　川
7.17	86.83	86.83	7.33	29.58	24.48	95.47	90.64	贵　州
5.88	93.39	89.03	9.30	37.31	32.61	95.31	88.28	云　南
3.45			5.78	25.40	24.35	87.30		西　藏
7.47	74.18	67.65	10.67	38.29	31.84	86.02	79.84	陕　西
4.89	62.59	58.58	8.12	27.12	23.14	97.84	37.95	甘　肃
8.90	43.53	43.53	8.53	29.38	29.11	82.34	67.28	青　海
4.03	78.00	55.23	16.18	38.75	36.46	92.53	92.53	宁　夏
5.22	73.25	71.93	8.61	36.42	33.13	94.45	70.58	新　疆

1-2-2 全国城市人口和建设用地 (2010 年)

地区名称 Name of Regions	市区面积 Urban District Area	市区人口 Urban District Population	市区暂住人口 Urban District Temporary Population	城区面积 Urban Area	城区人口 Urban Population	城区暂住人口 Urban Temporary Population	建成区面积 Area of Built District	小计 Subtotal
全 国 National Total	1899921.20	67324.79	7103.11	178691.73	35373.54	4095.26	40058.01	39758.42
北 京 Beijing	16410.00	1961.20		12187.00	1685.90			
天 津 Tianjin	7398.86	807.02	38.44	2236.12	587.40	27.89	686.71	686.71
河 北 Hebei	32147.79	2703.43	127.28	6521.74	1454.60	80.82	1619.67	1571.72
山 西 Shanxi	29115.61	1536.99	100.20	3348.34	896.05	71.67	864.73	847.15
内 蒙 古 Inner Mongolia	147096.24	890.10	150.60	8537.05	704.37	133.25	1038.32	1123.44
辽 宁 Liaoning	64515.16	3188.76	150.79	11655.67	1981.97	132.50	2220.53	2171.23
吉 林 Jilin	102043.62	1923.24	92.19	7376.83	989.47	79.44	1237.38	1171.77
黑 龙 江 Heilongjiang	161886.12	2258.88	75.39	2589.48	1293.52	63.03	1637.98	1737.50
上 海 Shanghai	6340.50	2301.91		6340.50	2301.91		998.75	
江 苏 Jiangsu	60402.98	5207.17	838.29	12462.84	2390.58	136.14	3271.09	3424.75
浙 江 Zhejiang	52794.93	3220.09	1053.88	10256.38	1408.04	410.68	2128.96	2245.93
安 徽 Anhui	36280.15	2292.97	214.76	5041.16	1108.37	136.27	1491.32	1539.96
福 建 Fujian	43601.27	1796.97	406.77	4361.84	750.41	248.40	1059.00	1019.07
江 西 Jiangxi	32825.83	1624.73	74.39	1719.32	762.29	60.63	933.78	966.32
山 东 Shandong	83026.94	5406.94	233.80	19631.65	2581.23	145.79	3566.15	3526.37
河 南 Henan	42399.70	3790.00	360.06	4101.39	1798.62	325.23	2014.40	1947.18
湖 北 Hubei	86371.44	3874.86	170.75	9057.18	1618.09	129.36	1701.03	1968.81
湖 南 Hunan	47269.52	2444.94	107.90	4121.85	1151.41	81.89	1321.05	1458.58
广 东 Guangdong	83295.37	6850.53	1755.40	18130.10	3478.55	922.97	4618.07	4774.76
广 西 Guangxi	55978.91	1881.07	164.12	5656.72	701.58	145.54	940.47	908.64
海 南 Hainan	17223.59	569.82	29.81	833.03	203.37	24.83	221.32	260.73
重 庆 Chongqing	26041.15	1560.74	282.55	5695.83	831.69	227.96	870.23	855.67
四 川 Sichuan	55592.45	3356.82	126.28	5772.84	1500.15	83.30	1629.73	1610.31
贵 州 Guizhou	24124.61	979.98	87.19	1658.36	483.09	58.61	463.96	477.07
云 南 Yunnan	54969.32	1200.96	181.90	1929.97	577.70	154.71	751.34	832.86
西 藏 Tibet	5134.18	31.30	23.08	782.00	25.68	19.28	84.88	82.51
陕 西 Shaanxi	28685.00	1470.36	46.21	1430.60	754.86	32.84	758.48	704.86
甘 肃 Gansu	87357.54	890.20	62.40	1426.32	494.90	46.15	632.80	594.35
青 海 Qinghai	146995.55	134.66	18.89	512.28	109.83	9.00	113.88	113.45
宁 夏 Ningxia	22528.64	313.16	31.54	2049.72	198.79	25.32	343.79	284.37
新 疆 Xinjiang	240068.23	854.99	98.25	1267.62	549.12	81.76	838.21	852.35

1-2-2　National Urban Population and Construction Land（2010）

人口计量单位：万人　Population Measurement Unit：10,000 persons

面积计量单位：平方公里　Area Measurement Unit：Square Kilometer

城市建设用地面积　Urban Construction Land									本年征用土地面积		地区名称
居住用地 Residential Land	公共设施用地 Land for Public Facilities	工业用地 Industrial Land	仓储用地 Land for Storage	对外交通用地 Land for Transportation System	道路广场用地 Land for Roads and Plazas	市政公用设施用地 Land for Municipal Utilities	绿地 Greenland	特殊用地 Land for Special Purposes	Area of Land Requisition This Year	耕地 Arable Land	Name of Regions
12404.04	4832.57	8689.49	1186.99	1744.51	4679.90	1387.15	4060.23	773.54	1641.57	708.96	全　国
									46.48	17.53	北　京
186.53	81.54	155.66	23.46	61.98	70.00	19.88	77.01	10.65	43.96	18.65	天　津
507.37	190.41	314.84	60.53	70.87	177.82	53.78	154.85	41.25	37.08	12.86	河　北
260.94	98.68	171.35	30.13	46.38	78.23	56.94	87.01	17.49	16.61	8.02	山　西
332.55	147.57	205.62	42.73	43.17	164.75	30.78	139.55	16.72	14.12	1.39	内　蒙　古
729.12	216.03	506.75	77.03	94.50	215.83	59.10	214.21	58.66	128.20	60.24	辽　宁
413.19	125.90	242.87	40.76	55.49	128.79	34.42	100.59	29.76	59.00	40.73	吉　林
625.94	181.71	338.80	81.83	72.89	176.36	41.71	183.54	34.72	28.30	3.37	黑　龙　江
											上　海
1024.54	402.94	896.33	92.52	130.97	387.86	97.84	344.83	46.92	195.45	88.21	江　苏
614.53	242.27	573.55	47.34	105.16	307.88	78.48	239.24	37.48	107.36	65.94	浙　江
488.33	196.13	327.39	37.29	57.69	192.74	43.12	179.74	17.53	109.30	61.18	安　徽
316.42	135.19	219.32	22.05	41.65	120.34	32.07	105.95	26.08	23.79	7.41	福　建
278.27	142.49	193.07	24.23	53.17	129.16	30.70	106.18	9.05	20.97	4.16	江　西
1040.88	491.44	775.69	110.87	132.07	414.24	121.76	389.32	50.10	98.71	38.05	山　东
578.68	287.38	338.30	61.54	81.05	249.34	68.42	250.70	31.77	67.01	27.02	河　南
580.36	271.19	434.55	59.36	116.47	231.58	72.89	164.27	38.14	79.94	15.23	湖　北
475.45	223.37	257.27	54.99	68.40	167.82	60.44	125.65	25.19	48.92	11.65	湖　南
1446.64	406.95	1364.34	102.92	186.33	571.60	184.28	420.15	91.55	95.74	26.43	广　东
283.69	124.11	171.89	30.17	36.45	107.57	35.24	91.99	27.53	101.44	40.43	广　西
83.03	44.54	20.47	3.58	20.98	33.79	6.22	42.22	5.90	0.10		海　南
282.15	88.63	200.94	16.87	27.43	131.55	23.85	71.50	12.75	48.02	14.23	重　庆
526.12	218.19	344.84	34.97	66.66	203.11	47.06	145.27	24.09	86.33	45.58	四　川
128.29	65.53	86.25	17.57	27.81	45.74	13.38	82.86	9.64	5.26	0.28	贵　州
353.74	84.59	121.51	22.34	37.94	66.28	58.51	56.26	31.69	85.23	43.95	云　南
28.97	21.64	7.95	2.60	2.85	8.75	3.96	4.12	1.67	2.94	0.71	西　藏
217.69	124.85	136.29	22.76	28.90	80.09	21.27	58.83	14.18	41.52	30.59	陕　西
168.15	68.73	99.73	22.14	27.93	73.49	23.25	100.03	10.90	23.83	12.62	甘　肃
43.93	6.17	17.94	5.02	10.62	5.34	11.80	5.19	7.44	0.01		青　海
104.13	43.24	26.21	10.64	14.79	35.58	14.02	30.60	5.16	8.30	6.70	宁　夏
284.41	101.16	139.77	28.75	23.91	104.27	41.98	88.57	39.53	17.65	5.80	新　疆

1-2-3　全国城市维护建设资金（财政性资金）收入（2010 年）

地区名称 Name of Regions	合计 Total	中央财政拨款 Financial Allocation From Central Government Budget	省级财政拨款 Financial Allocation From Provincial Government Budget	合计 Total	市财政专项拨款 Special Financial Allocation From City Government Budget	城市维护建设税 Urban Maintenance and Construction Tax	城镇公用事业附加 Extra-Charges for Municipal Utilities	市政公用设施配套费 Fee for Expansion of Municipal Utilities Capacity
全　国　National Total	85704996	1747961	985885	78534082	15869210	9970340	1090649	4912066
北　京　Beijing	5886970			5886970	4789821	800033	114083	
天　津　Tianjin	1516602	21370	91831	1245049	569612	219462		224637
河　北　Hebei	3115491	76838	1628	2846404	485783	650837	55948	61658
山　西　Shanxi	1890382	12479	41203	1672814	242778	166345	19163	97285
内　蒙　古　Inner Mongolia	2016567	13990	63709	1922931	376851	464352	6838	16711
辽　宁　Liaoning	4617395	132097	30880	4257483	258755	508321	47117	294515
吉　林　Jilin	883223	61824	34222	716252	117193	201091	18483	88608
黑　龙　江　Heilongjiang	1186674	144233	14078	973146	151983	293437	23961	110537
上　海　Shanghai	1960933	20066		1517567	798829			73040
江　苏　Jiangsu	8008899	56721	46993	7558277	1406604	946046	121506	651844
浙　江　Zhejiang	6108113	36762	28884	5977042	1147491	595049	27724	81205
安　徽　Anhui	2902962	40377	12905	2771588	210373	352397	22589	142277
福　建　Fujian	4656971	48560	9879	4444730	321998	293621	42294	179790
江　西　Jiangxi	2422959	191414	5779	2099650	235918	151139	8849	75209
山　东　Shandong	10377521	46488	24649	10109977	1140108	872852	91045	941781
河　南　Henan	2381809	24252	5163	1442077	223888	290618	48536	263666
湖　北　Hubei	1561968	62865	14744	1466050	113050	312893	17800	86137
湖　南　Hunan	2004494	52700	29279	1787819	165830	540596	32262	114259
广　东　Guangdong	9315084	18395	90933	9160398	789633	992008	221774	417934
广　西　Guangxi	2722649	46031	61881	1930352	80442	185171	55109	28064
海　南　Hainan	245421	13549	2796	210472	80473	22576	909	47181
重　庆　Chongqing	1950298	20332	256541	1614464	452585	185504	14655	333255
四　川　Sichuan	1929600	326065	7699	1519213	372748	265853	34963	178489
贵　州　Guizhou	389972	23103	5314	357409	203106	52592	17061	24374
云　南　Yunnan	1923960	123495	29114	1748986	231810	155802	256	79857
西　藏　Tibet	13138			13138	10606	522		90
陕　西　Shaanxi	2060164	26728	1713	1838835	449520	176260	16574	176429
甘　肃　Gansu	421293	37086	21114	353209	138276	72190	1782	32924
青　海　Qinghai	154783	24652	32376	97755	12663	29031	4879	14158
宁　夏　Ningxia	385876	29098	15402	341190	114903	38166	16984	10427
新　疆　Xinjiang	692825	16391	5176	652835	175580	135576	7505	65725

1-2-3　National Revenue of Urban Maintenance and Construction Fund（Fiscal Budget）（2010）

计量单位：万元　Measurement Unit：10,000 RMB

市财政资金 City Fiscal Fund									其他财政资金	地区名称
市政公用设施有偿使用费 Fee for Use of Municipal Utilities	过桥过路费 Tolls on Roads and Bridges	污水处理费 Wastewater Treatment Fee	垃圾处理费 Garbage Treatment Fee	排水设施有偿使用费 Fee for Use of Drainage Facilities	土地出让转让收入 Land Transfer Revenue	水资源费 Water Source Fee	资产置换收入 Property Replacement Revenue	其他收入 Other Revenues	Others	Name of Regions
3049903	791000	1618863	354622	50941	40710682	295347	179964	2455921	4437068	全　国
80974		80974				102059				北　京
3625		3625			100000	1635		126078	158352	天　津
52199	10154	48373	5375	901	1479224	16509	34478	9768	190621	河　北
22846		13362	8273	711	1045718	14779	10756	53144	163886	山　西
11755	357	7016	2676		1000816	3171	41	42396	15937	内　蒙　古
56479	850	51509	3611	98	3054536	10584	1290	25886	196935	辽　宁
23093		14370	5600	2171	235761	1091	450	30482	70925	吉　林
36995	8736	8652	859	17657	326007	6496	47	23683	55217	黑　龙　江
311198	311198				334500				423300	上　海
409667	550	297576	67582		3626033	16423	29501	350653	346908	江　苏
412077	124598	187616	28422	12498	3586522	4460	6887	115627	65425	浙　江
67770	40	51377	8679	200	1857775	4809	15664	97934	78092	安　徽
166226	71673	56718	17629	2500	3308164	2778	11900	117959	153802	福　建
26680	4034	18446	2115	1542	1490022	1323	2183	108327	126116	江　西
154169	190	124159	19910	1864	6759864	36853	8554	104751	196407	山　东
78701		59650	16820	265	480751	13717	5551	36649	910317	河　南
94853	5629	71393	11697	607	671479	2401	570	166867	18309	湖　北
83485	6285	55034	17206	470	700093	5580	21438	124276	134696	湖　南
497859	165181	259019	53390	582	5993365	28443	5323	214059	45358	广　东
75742	20047	41687	14008		1115757	1092		388975	684385	广　西
2297		14365	555	16	45910			11126	18604	海　南
35920		20467	14875		587589	1083	2094	1779	58961	重　庆
137212		53859	24658	2742	437148	303	6246	86251	76623	四　川
13272		9931	1422	52	44750	177	104	1973	4146	贵　州
30855	2207	26686	1882	80	1176207	6154	300	67745	22365	云　南
310		110	200		985			625		西　藏
57670	20785	6442	7352	307	831441	2345	16587	112009	192888	陕　西
18397	2	15017	2563	1	78690	50		10900	9884	甘　肃
8922	2321	2964	2952		20367	7605		130		青　海
7224	1534	4562	918	210	144706	1040		7740	186	宁　夏
71431	34629	13904	13393	5467	176502	2387		18129	18423	新　疆

1-2-4 全国城市维护建设资金（财政性资金）支出（2010年）

地区名称 Name of Regions	合计 Total	按用途分 By Purpose				供水 Water Supply	燃气 Gas Supply	集中供热 Central Heating
		固定资产投资支出 Expenditure From Investment in Fixed Assets	维护支出 Maintenance Expenditure	其他支出 Other Expenditures	偿还贷款 Payment for Loans			
全国 National Total	75080799	13443275	47144531	14389306	10125008	1751365	823824	1450987
北京 Beijing	6215691	2943014	3272677			201129	40942	265197
天津 Tianjin	1592922	477534	1106353	9035		48888	166182	77706
河北 Hebei	3043449	385645	1979581	668996	378993	17743	7588	62376
山西 Shanxi	2080377	210257	1556422	313698	233384	44428	52339	125038
内蒙古 Inner Mongolia	1755347	229364	1243875	282108	52136	55860	71893	102673
辽宁 Liaoning	2429628	693427	1337378	398823	319684	131343	60817	113868
吉林 Jilin	953627	237184	422812	293631	240550	27430	8796	76334
黑龙江 Heilongjiang	1185874	235017	769661	181196	66617	28030	10438	64694
上海 Shanghai	3503084	60110	263872	3166214	3166214			
江苏 Jiangsu	7679303	1287224	5050640	1340639	634619	217461	56740	378
浙江 Zhejiang	5732752	673677	4216290	842835	518334	122361	21079	630
安徽 Anhui	2677535	298779	2101827	279811	135534	40737	9927	531
福建 Fujian	3355289	195464	2871855	287970	151515	85575	45182	
江西 Jiangxi	2405355	144705	2203217	64413	784	54587	25181	
山东 Shandong	5474926	858622	3994736	621568	413641	219158	79695	404355
河南 Henan	2078148	345335	1283266	450189	222577	16189	19421	35780
湖北 Hubei	1307256	132112	978624	196520	165559	18993	19679	
湖南 Hunan	2028183	253850	1548572	224916	105463	44556	21229	79
广东 Guangdong	6977019	1674991	2983308	2218022	1672585	111972	12809	
广西 Guangxi	2694094	235426	1535117	923551	918247	11781	380	
海南 Hainan	249151	24695	207928	27199	269	28811	452	
重庆 Chongqing	1917066	202040	999864	715162	241444	14205	8964	
四川 Sichuan	1818786	396331	1252175	169791	76181	83237	28757	
贵州 Guizhou	447265	63396	333056	50848	46859	14723		
云南 Yunnan	1685076	195665	1217614	271797	225241	13475	1102	
西藏 Tibet	11353	5701	452	5200		3572		
陕西 Shaanxi	2239864	633023	1437437	169404	12350	34780	31552	55802
甘肃 Gansu	442365	103715	318022	20628	4832	3382	4394	30825
青海 Qinghai	154783	34399	106179	14205	8005	16282	6312	464
宁夏 Ningxia	305836	50544	198907	56385	28636	7547	4594	17072
新疆 Xinjiang	639395	162029	352814	124552	84755	33130	7380	17185

1-2-4 National Expenditure of Urban Maintenance and Construction Fund (Fiscal Budget) (2010)

计量单位：万元　Measurement Unit：10,000 RMB

| 按行业分　By Industry | | | | | | | | | | 地区名称 |
| 轨道交通 | 道路桥梁 | 排水 | 污水处理 | 再生水利用 | 防洪 | 园林绿化 | 市容环境卫生 | 垃圾处理 | 其他 | |
Rail Transit System	Road and Bridge	Sewerage	Wastewater Treatment	Wastewater Recycled and Reused	Flood Control	Landscaping	Environmental Sanitation	Domestic Garbage Treatment	Other Industry	Name of Regions
2530155	30396564	5808060	2654740	131499	1604103	6908970	3666153	949899	20140618	全　国
593987	228701	141639	107366	34273		23501	116388	41769	4604207	北　京
307704	570746	135996	26601	12631	993	161147	105415		18145	天　津
1000	1157058	281985	182357	13722	319032	316845	147633	45979	732189	河　北
	1067268	166976	68202	5215	283	282516	97854	15451	243675	山　西
	808644	72610	32286	4937	6090	474661	49958	6389	112958	内 蒙 古
163350	614307	189886	64432	4915	7399	166556	244306	39969	737796	辽　宁
55956	331168	89411	71088	1880	3002	80037	82108	30915	199385	吉　林
39358	441894	175364	137654	730	1938	127844	96210	13279	200104	黑 龙 江
	114473	63730	9500		73134	9800	61888	60000	3180059	上　海
249445	3814598	818046	463172	8612	162966	830220	421526	86759	1107923	江　苏
162008	3408677	351560	206743	3032	192549	383119	287364	86633	803405	浙　江
	1684096	223623	67936	1900	31339	374334	120493	19725	192455	安　徽
354200	2052491	164577	113018	4000	61840	196983	125761	78276	268680	福　建
	1539861	92483	27565		76994	437660	60888	13652	117701	江　西
33358	2172422	564651	186220	3727	73891	884430	252463	65686	790503	山　东
160000	980968	200483	131060	3195	11081	175148	89201	17351	389877	河　南
9000	836072	136053	92644		7766	120344	74322	17762	85027	湖　北
11000	1132518	154765	84679	100	26363	285225	144445	47333	208003	湖　南
147718	1588586	914909	280196	4856	283053	429330	483460	108350	3005182	广　东
100	1289129	80703	57591		176039	253963	62268	31918	819731	广　西
	78555	50899	32650	1531		39315	23235	19181	27884	海　南
1805	1164865	64080	18759		35211	257845	67367	14798	302724	重　庆
	1054478	205926	41744		22161	134183	160226	28334	129818	四　川
	300629	39675	26028		120	14152	26108	3811	51858	贵　州
184616	840665	180723	38338	932	455	68662	32866	10523	362512	云　南
	1305	110	110		67	2180	1321	219	2798	西　藏
55550	525369	85188	24274		4296	177558	146391	16609	1123378	陕　西
	216592	46966	29446	4809	1214	46484	14191	4851	78317	甘　肃
	65757	25651	9918	5923	14068	12097	14132	12298	20	青　海
	117176	11278	516	1070	9014	51617	11259	2676	76279	宁　夏
	197496	78114	22647	9509	1745	91214	45106	9403	168025	新　疆

1-2-5 按行业分全国城市市政公用设施建设固定资产投资（2010年）

地区名称 Name of Regions	本年完成投资 Completed Investment of this Year	供水 Water Supply	燃气 Gas Supply	集中供热 Central Heating	轨道交通 Rail Transit System	道路桥梁 Road and Bridge	排水 Sewerage
全　国 **National Total**	**143058687**	**4268294**	**2907816**	**4332455**	**18125781**	**66956858**	**9015609**
北　京 Beijing	8541126	259746	182583	496568	3914519	1778292	172688
天　津 Tianjin	6009490	83758	133368	70439	702058	4120952	249114
河　北 Hebei	8526761	82966	240440	768645		4671358	538504
山　西 Shanxi	2258567	48653	97264	224561		1297255	201559
内　蒙　古 Inner Mongolia	3663044	116720	84233	374920		1789918	398943
辽　宁 Liaoning	6746292	328914	123984	717638	1301484	2447279	135585
吉　林 Jilin	2152685	53759	108001	294835	239493	1127066	113705
黑　龙　江 Heilongjiang	3048439	49260	53238	239959	252769	1511906	228375
上　海 Shanghai	4769428	397909	187926		2296190	1022470	342661
江　苏 Jiangsu	13299989	635100	209311	2033	1317628	7862161	847735
浙　江 Zhejiang	5339364	240451	119041	5131	928898	2786719	343652
安　徽 Anhui	4756917	93108	82614	12092	57493	3065935	241288
福　建 Fujian	3850761	92791	60834		354200	2394391	145390
江　西 Jiangxi	4210145	95408	66967		112894	2539040	177934
山　东 Shandong	7896810	384331	355215	643338	156160	3924985	592851
河　南 Henan	2242336	40624	85960	141445	280000	1193887	200684
湖　北 Hubei	6148789	49351	144094	759	1012900	3064360	244247
湖　南 Hunan	5197309	116825	64237		183386	3430888	195493
广　东 Guangdong	20425281	569854	110079		2816178	3279124	2123562
广　西 Guangxi	4391407	79997	31474		10393	3221009	392515
海　南 Hainan	296222	11967	7896			135874	62734
重　庆 Chongqing	5756056	100880	86081	16025	1169406	3128742	71549
四　川 Sichuan	3664555	88770	47388		392454	2373445	121658
贵　州 Guizhou	911371	7795	6085			835059	25876
云　南 Yunnan	2908548	41916	11054		176370	1808022	436480
西　藏 Tibet	28344					15203	
陕　西 Shaanxi	3457448	47115	34435	79313	450908	996486	150391
甘　肃 Gansu	944242	20839	12261	66474		494608	100885
青　海 Qinghai	265163	33422	3729	433		147522	32691
宁　夏 Ningxia	356655	40224	100133	33403		75452	16544
新　疆 Xinjiang	995143	55841	57891	144444		417450	110316

1-2-5　National Fixed Assets Investment in Urban Service Facilities by Industry（2010）

计量单位：万元　Measurement Unit：10,000 RMB

污水处理 Wastewater Treatment	再生水利用 Wastewater Recycled and Reused	防洪 Flood Control	园林绿化 Landscaping	市容环境卫生 Environmental Sanitation	垃圾处理 Domestic Garbage Treatment	其他 Other	本年新增固定资产 Newly Added Fixed Assets of This Year	地区名称 Name of Regions
4915991	298364	1943647	22970392	3015940	1273991	9521895	88147149	全　国
53821	88969	114418	654687	223438	46154	744187	3345022	北　京
78490	7421		140439	64495	64188	444867	1901462	天　津
154181	29787	523078	1139362	111998	63701	450410	5136977	河　北
181500	10024		297291	40630	19669	51354	1208573	山　西
81222	15057	400	784633	113277	22677		2683104	内 蒙 古
85133		24782	288607	150367	85322	1227652	5310915	辽　宁
69960	133	60	120506	70564	35031	24696	1590440	吉　林
189187	3818	1465	172685	33730	11756	505052	1872650	黑 龙 江
98461		93117	282119	58236	34057	88800	3704836	上　海
330267	16350	103516	1792150	149205	51930	381150	11141951	江　苏
200885	4000	212090	389492	95147	75075	218743	3446333	浙　江
116085	12100	53193	908628	79827	42989	162739	2577343	安　徽
119067		21914	360633	213498	110971	207110	2069601	福　建
48760		173535	948889	61536	48524	33942	2843733	江　西
228215	5480	145552	1083450	171077	113644	439851	4620312	山　东
120242	19977	8734	252500	29467	19466	9035	1294903	河　南
85517		6294	312204	198154	73258	1116426	4540902	湖　北
115645		118224	228165	133458	78547	726633	3650309	湖　南
1897836		153185	9805087	588574	131043	979638	12204434	广　东
128975	1352	63510	482261	84073	61250	26175	2023461	广　西
17277	1531	20910	26765	18106	1642	11970	102202	海　南
9901		49830	1060050	12527	2485	60966	2798739	重　庆
51929		19992	227904	46199	11726	346745	2078176	四　川
11204	96		21513	14000	2285	1043	758257	贵　州
284339	2045	6641	106647	39905	38363	281513	1803397	云　南
			2923			10218	20019	西　藏
37412	51378	3330	758271	68258	14589	868941	1946436	陕　西
83521	5399	4396	152514	88815	164	3450	363108	甘　肃
18000	5423	20781	17796	8789	7900		238657	青　海
3960		700	43094	7910	3356	39195	227034	宁　夏
14999	18024		109127	40680	2229	59394	643863	新　疆

1-2-6 按资金来源分全国城市市政公用设施建设固定资产投资 (2010年)

地区名称 Name of Regions	合计 Total	上 年 末 结余资金 The Balance of The Previous Year	本年资金来源			
			小计 Subtotal	中央财政 拨　　款 Financial Allocation from The Central Government Budget	地方财政 拨　　款 Financial Allocation from Local Governments Budget	国内贷款 Domestic Loan
全　国　National Total	142936392	6593318	136343074	2060081	44655600	46156142
北　京　Beijing	10537850	2176624	8361226	67732	3229913	3542173
天　津　Tianjin	6292937	672792	5620145	40942	550340	3384543
河　北　Hebei	8549636	11577	8538059	53870	1979017	3747496
山　西　Shanxi	2239213	14809	2224404	37298	940544	706080
内 蒙 古　Inner Mongolia	3572897		3572897	13369	1208120	665108
辽　宁　Liaoning	4998617	20574	4978043	249557	1149232	1013251
吉　林　Jilin	2054107	58982	1995125	37480	292283	1233824
黑 龙 江　Heilongjiang	2634336	94655	2539681	119599	862521	759415
上　海　Shanghai	4222777	218346	4004431	20154	178237	1285906
江　苏　Jiangsu	13838924	585207	13253717	322047	3514318	3326834
浙　江　Zhejiang	5626651	439091	5187560	35819	2302210	1693000
安　徽　Anhui	4421897	23035	4398862	30298	1737671	972417
福　建　Fujian	3599512	60250	3539262	11592	2019313	514242
江　西　Jiangxi	4316088	133669	4182419	237474	1599639	765679
山　东　Shandong	7657345	69104	7588241	22520	3887317	1736962
河　南　Henan	2325460	389333	1936127	21401	985098	329943
湖　北　Hubei	3779229	27771	3751458	62914	459266	1490207
湖　南　Hunan	5298873	31049	5267824	68670	698397	1706652
广　东　Guangdong	22206281	328580	21877701	83273	12341041	7523460
广　西　Guangxi	4918143	332208	4585935	37697	607754	2133895
海　南　Hainan	269852	43353	226499	15090	69524	108675
重　庆　Chongqing	5049122	153330	4895792	15162	798730	2358912
四　川　Sichuan	3564217	101539	3462678	264559	1035740	1109162
贵　州　Guizhou	828154	22409	805745	16825	142461	541078
云　南　Yunnan	3318340	378892	2939448	74913	574085	903742
西　藏　Tibet	20019	20019				
陕　西　Shaanxi	4225239	90426	4134813	31519	833060	1542851
甘　肃　Gansu	991359	68585	922774	20782	234089	542758
青　海　Qinghai	255453	467	254986	24152	72088	84121
宁　夏　Ningxia	315726	1882	313844	11967	63567	49843
新　疆　Xinjiang	1008138	24760	983378	11406	290025	383913

1-2-6　National Fixed Assets Investment in Urban Service Facilities by Capital Source（2010）

计量单位：万元　Measurement Unit：10,000 RMB

Sources of Fund						各项应付款	地区名称
债券	利用外资	外商直接投资	自筹资金	单位自有资金	其他资金		
Securities	Foreign Investment	Foreign Direct Investment	Self-Raised Funds	Self-Owned Funds	Other Funds	Sum Payable This Year	Name of Regions
491317	1138317	281052	30588802	5543301	11252815	25046280	全　国
	1409		837143	587257	682856	675174	北　京
			1461170	301471	183150	1602315	天　津
700			1862443	321419	894533	8101	河　北
500	2397	2397	398338	274993	139247	117081	山　西
	79598		1319421	21651	287281	68961	内　蒙　古
28390	36620	7303	2332435	116569	168558	1887820	辽　宁
16470	50260		267935	84600	96873	153732	吉　林
5300	38767		706045	115959	48034	349568	黑　龙　江
	35747		2098575	212068	385812	1205292	上　海
490	34886	22126	5156350	909529	898792	984510	江　苏
40500	23393		982718	219587	109920	126716	浙　江
6673	35252	5500	1018381	178891	598170	521392	安　徽
28224	1550		540631	41863	423710	131089	福　建
171140	75215	27300	232882	10581	1100390	492480	江　西
8109	85711	33084	1293045	386056	554577	477171	山　东
	24084	200	429724	95781	145877	164036	河　南
13400	48662	43000	265066	41224	1411943	2407927	湖　北
26629	62653	10230	2119837	14601	584986	109034	湖　南
	122830	114842	1420349	222237	386748	9929594	广　东
5649	5140	4389	1772801	312487	22999	389813	广　西
3620		5681	14779	14288	14811	42988	海　南
9597	43746		1117775	142680	551870	844471	重　庆
48192	16762		756966	130324	231297	543078	四　川
51058	5000	5000	21212	774	28111	156292	贵　州
	123969		406570	151498	856169	151174	云　南
							西　藏
5180	109073		1272165	483144	340965	1222522	陕　西
690	21240		63752	5933	39463	152758	甘　肃
	4353		70272	1127		11214	青　海
8054	2664		150128	106269	27621	52162	宁　夏
12752	47336		199894	38440	38052	67815	新　疆

1-2-7 全国城市市政公用设施建设施工规模和新增生产能力（或效益）（2010年）

指标名称 Index		计量单位 Measurement Unit	
1. 供水综合生产能力	1. Integrated Water Production Capacity	万立方米/日	10,000m³/day
2. 供水管道长度	2. Length of Water Pipelines	公里	Kilometer
3. 人工煤气生产能力	3. Production Capacity of Man-made Coal Gas	万立方米/日	10,000m³/day
4. 人工煤气储气能力	4. Storage Capacity of Man-made Coal Gas	万立方米	10,000m³
5. 人工煤气供气管道长度	5. Length of Man-made Gas Pipelines	公里	Kilometer
6. 天然气储气能力	6. Storage Capacity of Natural Gas	万立方米	10,000m³
7. 天然气供气管道长度	7. Length of Natural Gas Pipelines	公里	Kilometer
8. 液化石油气储气能力	8. LPG Storage Capacity	吨	Ton
9. 液化石油气供气管道长度	9. Length of LPG Pipelines	公里	Kilometer
10. 集中供热能力：蒸汽	10. Central Heating Capacity（Steam）	吨/小时	Ton/Hour
11. 集中供热能力：热水	11. Central Heating Capacity（Hot Water）	兆瓦	Mega Watts
12. 集中供热管道长度：蒸汽	12. Length of Central Heating Pipelines（Steam）	公里	Kilometer
13. 集中供热管道长度：热水	13. Length of Central Heating Pipelines（Hot Water）	公里	Kilometer
14. 轨道交通运营线路长度	14. Length of Operational Lines for Rail Transit	公里	Kilometer
15. 桥梁座数	15. Number of Bridges	座	Unit
16. 道路新建、扩建长度	16. Length of Extension of Roads and New Roads	公里	Kilometer
17. 道路新建、扩建面积	17. Surface Area of Extension of Roads and New Roads	万平方米	10,000m²
18. 排水管道长度	18. Length of Sewerage Piplines	公里	Kilometer
19. 污水处理厂处理能力	19. Wastewater Treatment Capacity	万立方米/日	10,000m³/day
20. 再生水管道长度	20. Length of Recycled Water Piplines	公里	Kilometer
21. 再生水生产能力	21. Recycled Water Production Capacity	万立方米/日	10,000m³/day
22. COD削减能力	22. COD Reduction Ability	万吨/年	10,000ton/year
23. 绿地面积	23. Area of Green Space	公顷	Hectare
24. 垃圾无害化处理能力	24. Garbage Treatment Capacity	吨/日	Ton/day

1-2-7 National Urban Service Facilities Construction Scale and Newly Added Production Capacity（or Benefits）（2010）

建设规模 Construction Scale	本年施工规模 Construction Scale This Year	本年新开工 Newly Started This Year	累计新增生产能力 （或效益） Accumulative Newly Added Production Capicity（or Benefits）	本年新增 Newly Added This Year
5783	5390	1238	4345	4230
27734	22597	19787	19545	18532
12081	237	237	44	37
69	53	42	25	25
1506	1486	1439	1447	1417
2720	2154	2109	1537	1481
33805	25647	18931	25184	18808
5632	5440	5440	5440	5440
1835	1584	1459	1475	1354
4028	3771	3670	3524	2972
28673	25599	22284	23374	21295
698	689	689	611	603
8314	7428	7251	6489	6342
766	714	135	152	95
1931	1617	1351	1201	1111
25900	22533	16511	13660	13145
49233	40282	33354	29149	27974
34076	28207	24600	23940	22260
2229	1547	921	915	726
410	241	163	241	229
168	151	121	115	112
23	20	16	21	17
82333	73557	70539	69483	68266
60768	48317	33502	29572	24027

1-2-8 城市供水 (2010年)

地区名称 Name of Regions	综合生产能力 （万立方米/日） Integrated Production Capacity (10,000 m³/day)	地下水 Underground Water	供水管道长度 （公里） Length of Water Supply Pipelines (km)	供水总量（万立方米）			
				合计 Total	生产运营用水 The Quantity of Water for Production and Operation	公共服务用水 The Quantity of Water for Public Service	居民家庭用水 The Quantity of Water for Household Use
全 国 National Total	27601.5	6169.6	539778	5078745	1678125	663472	1708016
北 京 Beijing	1604.1	1371.8	25147	155557	22575	45580	62055
天 津 Tianjin	405.2	82.0	10744	68970	25662	8857	20797
河 北 Hebei	888.9	676.4	14288	166430	73037	18702	49883
山 西 Shanxi	356.0	231.2	7414	76772	30117	7275	29127
内 蒙 古 Inner Mongolia	341.6	230.9	8561	62757	24587	8814	14965
辽 宁 Liaoning	1391.1	586.1	29123	261879	92543	34811	55952
吉 林 Jilin	735.5	89.3	8935	100743	32290	14622	27526
黑 龙 江 Heilongjiang	830.2	328.8	11413	164235	78654	14701	39448
上 海 Shanghai	1465.6	19.0	32462	336637	96938	48899	97992
江 苏 Jiangsu	2714.7	103.4	63807	482821	204878	55927	141481
浙 江 Zhejiang	1519.9	8.0	38982	270044	100736	27378	95403
安 徽 Anhui	1992.8	99.2	14730	160816	62871	19191	50889
福 建 Fujian	676.4	24.5	14650	132627	39846	14090	53372
江 西 Jiangxi	459.2	20.7	9807	91278	17033	17757	35945
山 东 Shandong	1477.6	688.4	37313	290866	127028	39078	88260
河 南 Henan	1010.3	531.6	17299	179122	70316	20383	55825
湖 北 Hubei	1326.3	30.2	22827	253421	65203	32551	98956
湖 南 Hunan	979.4	29.6	14400	189223	46904	17283	76625
广 东 Guangdong	3497.4	28.7	79816	806144	227355	118679	275357
广 西 Guangxi	604.4	67.7	12843	147291	57137	14865	57958
海 南 Hainan	173.0	57.0	2525	33546	2334	3962	15737
重 庆 Chongqing	412.3	1.6	9190	86926	22603	8840	40835
四 川 Sichuan	804.5	137.2	20656	173858	42382	26808	76098
贵 州 Guizhou	241.1	8.9	5979	44117	9350	2616	21489
云 南 Yunnan	299.3	12.2	6559	66444	16931	4938	28655
西 藏 Tibet	31.2	29.7	753	7681	1731	1595	1400
陕 西 Shaanxi	371.1	164.9	4926	81335	21821	13498	33803
甘 肃 Gansu	398.2	131.7	4357	62713	24600	7342	20662
青 海 Qinghai	84.6	46.1	1383	18572	7731	1237	6208
宁 夏 Ningxia	136.4	112.1	2382	28656	11623	4995	9236
新 疆 Xinjiang	373.1	220.7	6507	77263	21309	8196	26078

Total Quantity of Water Supply （10,000m³）			漏损水量	用水户数（户）	家庭用户	用水人口（万人）	地区名称
消防及其他用水 The Quantity of Water for Fire Control and Other Purposes	免费供水量 The Quantitiy of Free Water Supply	生活用水 Domestic Water Use	The Lossed Water	Number of Households with Access to Water Supply （unit）	Household User	Population with Access to Water Supply （10,000 persons）	Name of Regions
274409	**127172**	**16037**	**627552**	**100108720**	**91145831**	**38156.70**	全　国
6494	408		18445	4839341	4834830	1685.90	北　京
4242	312		9099	2683564	2585303	615.29	天　津
6683	2191	305	15934	3474207	3245749	1534.94	河　北
4056	580	148	5617	1119986	1042798	941.20	山　西
5990	2012	19	6388	1974569	1798111	736.86	内　蒙　古
16621	2958	205	58994	7846294	7403284	2060.39	辽　宁
2005	2038	160	22262	3436002	2947472	957.72	吉　林
4607	1137	87	25689	4422572	4104552	1199.56	黑　龙　江
28247	33031		31530	7151587	6567599	2301.91	上　海
23146	11132	4934	46257	9263274	8414852	2515.63	江　苏
10013	4740	59	31774	5528158	4997808	1814.96	浙　江
5155	2010	103	20700	3936118	3403812	1195.59	安　徽
10625	785	236	13909	2275415	1983673	993.86	福　建
2777	1526	247	16241	2053871	1759495	801.74	江　西
9160	4253	1023	23087	6466206	6141948	2715.33	山　东
8668	1991	779	21940	3543960	3302148	1933.33	河　南
12507	10823	170	33381	4355308	4012073	1705.37	湖　北
11976	8811	506	27624	2469312	1930167	1173.74	湖　南
58352	15384	998	111017	9235737	8104946	4329.89	广　东
1477	1053	258	14802	1604984	1479740	801.84	广　西
7048	97	5	4367	280664	235531	204.09	海　南
2808	782	67	11059	2263592	2069411	996.55	重　庆
6434	3858	318	18278	3608190	3183866	1437.85	四　川
2362	2689	170	5611	862334	759967	509.75	贵　州
3026	4952	4133	7941	1394476	1249603	706.80	云　南
1114	1140	503	700	69637	67654	43.80	西　藏
2904	576	49	8733	1013560	849395	782.88	陕　西
4626	190	47	5293	782259	713431	495.44	甘　肃
1006	341	310	2049	102961	91621	118.68	青　海
1351	118	35	1333	534307	477316	220.14	宁　夏
8928	5254	162	7499	1516275	1387676	625.67	新　疆

1-2-9 城市供水（公共供水）（2010 年）

地区名称		综合生产能力（万立方米/日）	地下水	供水管道长度（公里）	供水总量（万立方米）				
					合计	售水量			
						小计	生产运营用水	公共服务用水	居民家庭用水
Name of Regions		Integrated Production Capacity (10,000 m³/day)	Underground Water	Length of Water Supply Pipelines (km)	Total	Subtotal	The Quantity of Water for Production and Operation	The Quantity of Water for Public Service	The Quantity of Water for Household Use
全 国	National Total	**20070.9**	**2998.3**	**491779**	**4095352**	**3340628**	**962924**	**584605**	**1565653**
北 京	Beijing	445.4	213.0	16144	108037	89184	11732	31413	45284
天 津	Tianjin	332.5	12.8	10702	60434	51023	19725	6259	20797
河 北	Hebei	603.1	420.0	11916	97212	79087	23623	13253	40196
山 西	Shanxi	260.5	172.0	5539	50777	44581	11341	4658	24888
内 蒙 古	Inner Mongolia	240.3	138.0	6829	45608	37208	12439	7371	13211
辽 宁	Liaoning	921.8	330.3	25656	184525	122572	35828	24064	48852
吉 林	Jilin	319.3	49.7	7831	76431	52131	13865	12290	24728
黑 龙 江	Heilongjiang	540.2	151.8	10108	100946	74120	25358	11671	33588
上 海	Shanghai	1131.0	14.6	31182	308999	244439	69301	48899	97992
江 苏	Jiangsu	2085.3	40.8	61079	360005	302616	100702	52826	130316
浙 江	Zhejiang	1391.0	5.2	38295	253818	217304	86354	26661	94305
安 徽	Anhui	539.7	40.6	13437	106459	83749	19696	14966	44788
福 建	Fujian	627.2	11.8	13163	121689	106996	31875	13559	51359
江 西	Jiangxi	403.0	2.8	9527	83943	66175	12309	16760	34491
山 东	Shandong	1114.8	409.5	32634	200292	172952	65687	29314	71917
河 南	Henan	722.2	297.3	15783	126620	102689	30976	16134	48244
湖 北	Hubei	1116.7	10.0	20892	211201	166997	39629	30626	89414
湖 南	Hunan	800.4	15.0	13539	155848	119414	22624	16251	71105
广 东	Guangdong	3394.5	21.6	79139	786196	659795	209241	118485	274083
广 西	Guangxi	426.7	39.6	11534	101580	85725	16737	14635	52918
海 南	Hainan	142.4	28.0	2522	31827	27362	1914	3875	14647
重 庆	Chongqing	312.7	1.0	7208	74091	62250	14991	7762	37643
四 川	Sichuan	611.3	79.9	17884	137103	114967	17164	24718	67469
贵 州	Guizhou	229.2	5.5	5593	40707	32406	6787	2187	21117
云 南	Yunnan	278.9	5.6	6330	59094	46201	11663	4798	26822
西 藏	Tibet	28.5	27.0	723	6906	5065	1608	1455	1000
陕 西	Shaanxi	330.6	130.7	4469	68850	59541	14296	12495	30628
甘 肃	Gansu	296.7	95.1	3550	44746	39263	13854	6153	17690
青 海	Qinghai	58.5	20.0	1249	10791	8401	1564	1181	4782
宁 夏	Ningxia	63.8	51.7	1464	16231	14780	3386	3073	7873
新 疆	Xinjiang	302.8	157.3	5860	64389	51636	16655	6815	23504

1-2-9　Urban Water Supply（Public Water Suppliers）（2010）

| Total Quantity of Water Supply（10,000m³） | | | | 用水户数（户） | 家庭用户 | 用水人口（万人） | 地区名称 |
消防及其他用水 The Quantitiy of Water for Fire Control and Other Purposes	免费供水量 The Quantitiy of Free Water Supply	生活用水量 Domestic Water Use	漏损水量 The Lossed Water	Number of Households with Access to Water Supply（unit）	Household User	Population with Access to Water Supply（10,000 persons）	Name of Regions
227445	**127172**	**16037**	**627552**	**92730424**	**84412490**	**35306.05**	全　国
755	408		18445	3659677	3659677	1122.98	北　京
4242	312		9099	2683559	2585303	615.29	天　津
2014	2191	305	15934	2928291	2750318	1319.45	河　北
3693	580	148	5617	745875	690360	743.45	山　西
4187	2012	19	6388	1788348	1618766	671.82	内　蒙　古
13828	2958	205	58994	7396167	6985570	1917.78	辽　宁
1248	2038	160	22262	3166392	2713538	882.92	吉　林
3502	1137	87	25689	3978878	3698191	1043.42	黑　龙　江
28247	33031		31530	7151552	6567599	2301.91	上　海
18771	11132	4934	46257	9091407	8271089	2467.70	江　苏
9984	4740	59	31774	5447297	4919603	1788.17	浙　江
4298	2010	103	20700	3640384	3124482	1086.59	安　徽
10203	785	236	13909	2231689	1944559	973.77	福　建
2616	1526	247	16241	1992549	1699564	777.89	江　西
6035	4253	1023	23087	5772782	5535904	2448.35	山　东
7336	1991	779	21940	3146906	2931567	1767.21	河　南
7327	10823	170	33381	3982630	3692844	1594.94	湖　北
9434	8811	506	27624	2251554	1720136	1087.18	湖　南
57986	15384	998	111017	9162307	8041217	4297.17	广　东
1435	1053	258	14802	1538490	1423646	729.07	广　西
6927	97	5	4367	219652	174519	187.16	海　南
1854	782	67	11059	2010645	1835979	900.66	重　庆
5616	3858	318	18278	3147089	2797968	1312.71	四　川
2315	2689	170	5611	844846	748972	499.62	贵　州
2918	4952	4133	7941	1351803	1216395	682.43	云　南
1002	1140	503	700	68947	67323	35.80	西　藏
2122	576	49	8733	868007	746155	722.54	陕　西
1566	190	47	5293	612972	560632	438.21	甘　肃
874	341	310	2049	83691	72441	111.59	青　海
448	118	35	1333	398252	343777	186.29	宁　夏
4662	5254	162	7499	1367786	1274396	591.98	新　疆

1-2-10 城市供水（自建设施供水）（2010 年）

地区名称 Name of Regions	综合 生产能力 （万立方米/日） Integrated Production Capacity （10,000m³/day）	地下水 Underground Water	供水管道 长度 （公里） Length of Water Supply Pipelines （km）	供水总量（万立方米） 合计 Total	生产运营 用水 The Quantity of Water for Production and Operation
全 国 **National Total**	**7530.6**	**3171.3**	**48000**	**983393**	**715200**
北 京 Beijing	1158.7	1158.8	9003	47520	10843
天 津 Tianjin	72.6	69.2	42	8536	5937
河 北 Hebei	285.8	256.5	2372	69219	49414
山 西 Shanxi	95.6	59.2	1876	25994	18776
内 蒙 古 Inner Mongolia	101.3	92.9	1732	17149	12148
辽 宁 Liaoning	469.3	255.8	3467	77355	56716
吉 林 Jilin	416.2	39.6	1104	24312	18425
黑 龙 江 Heilongjiang	290.0	177.0	1305	63290	53295
上 海 Shanghai	334.6	4.4	1280	27638	27638
江 苏 Jiangsu	629.4	62.7	2728	122817	104177
浙 江 Zhejiang	128.9	2.8	688	16226	14382
安 徽 Anhui	1453.1	58.6	1293	54357	43174
福 建 Fujian	49.2	12.7	1488	10937	7971
江 西 Jiangxi	56.2	17.9	281	7335	4724
山 东 Shandong	362.8	278.9	4679	90574	61341
河 南 Henan	288.1	234.3	1516	52502	39340
湖 北 Hubei	209.6	20.2	1935	42221	25574
湖 南 Hunan	179.0	14.6	861	33375	24280
广 东 Guangdong	102.9	7.1	676	19948	18114
广 西 Guangxi	177.7	28.1	1308	45711	40400
海 南 Hainan	30.6	29.0	3	1719	420
重 庆 Chongqing	99.6	0.6	1983	12835	7612
四 川 Sichuan	193.1	57.3	2772	36755	25219
贵 州 Guizhou	11.9	3.4	387	3410	2563
云 南 Yunnan	20.4	6.6	228	7350	5269
西 藏 Tibet	2.7	2.7	30	775	123
陕 西 Shaanxi	40.5	34.2	458	12485	7525
甘 肃 Gansu	101.6	36.5	807	17967	10746
青 海 Qinghai	26.1	26.1	134	7781	6167
宁 夏 Ningxia	72.6	60.4	918	12425	8237
新 疆 Xinjiang	70.4	63.4	648	12874	4653

1-2-10 Urban Water Supply (Suppliers with Self-Built Facilities) (2010)

Total Quantity of Water Supply (10, 000m³)			用水户数（户）	家庭用户	用水人口（万人）	地区名称
公共服务用水 The Quantity of Water for Public Service	居民家庭用水 The Quantity of Water for Household Use	消防及其他用水 The Quantity of Water for Fire Control and Other Purposes	Number of Households with Access to Water Supply (unit)	Household User	Population with Access to Water Supply (10, 000persons)	Name of Regions
78867	142363	46964	7378296	6733341	2850.65	全　国
14167	16771	5739	1179664	1175153	562.92	北　京
2599			5			天　津
5449	9687	4669	545916	495431	215.49	河　北
2617	4238	363	374111	352438	197.75	山　西
1444	1754	1803	186221	179345	65.04	内　蒙　古
10747	7100	2792	450127	417714	142.61	辽　宁
2332	2798	757	269610	233934	74.80	吉　林
3030	5860	1105	443694	406361	156.14	黑　龙　江
			35			上　海
3100	11165	4375	171867	143763	47.93	江　苏
717	1098	29	80861	78205	26.79	浙　江
4225	6100	857	295734	279330	109.00	安　徽
531	2014	422	43726	39114	20.09	福　建
997	1454	161	61322	59931	23.85	江　西
9764	16344	3125	693424	606044	266.98	山　东
4249	7581	1333	397054	370581	166.12	河　南
1925	9542	5180	372678	319229	110.43	湖　北
1033	5520	2542	217758	210031	86.56	湖　南
194	1274	367	73430	63729	32.72	广　东
230	5040	42	66494	56094	72.77	广　西
87	1090	121	61012	61012	16.93	海　南
1078	3192	953	252947	233432	95.89	重　庆
2089	8629	818	461101	385898	125.14	四　川
429	372	47	17488	10995	10.13	贵　州
140	1833	108	42673	33208	24.37	云　南
140	400	112	690	331	8.00	西　藏
1003	3174	783	145553	103240	60.34	陕　西
1190	2972	3060	169287	152799	57.23	甘　肃
56	1426	132	19270	19180	7.09	青　海
1923	1363	904	136055	133539	33.85	宁　夏
1381	2573	4266	148489	113280	33.69	新　疆

1-2-11 城市节约用水（2010 年）

地区名称 Name of Regions		实际用水量 Actual Quantity of Water Used					
		合计 Total	工业 Industry	新 水 取水量 Fresh Water Used	工业 Industry	重 复 利用量 Water Reused	工业 Industry
全 国	National Total	9558707	7967614	2161262	1094686	7397445	6872928
北 京	Beijing	233456	37929	188633	25608	44823	12321
天 津	Tianjin	324058	318196	17950	13180	306108	305016
河 北	Hebei	805081	628946	47439	33738	757642	595208
山 西	Shanxi	725200	680361	72366	36316	652834	644045
内 蒙 古	Inner Mongolia	266532	245950	56601	37632	209931	208318
辽 宁	Liaoning	1236441	1119576	173278	85410	1063163	1034166
吉 林	Jilin	360070	333507	110144	85001	249926	248506
黑 龙 江	Heilongjiang	275686	236372	170123	135566	105563	100806
上 海	Shanghai	286816	211761	89433	37270	197383	174491
江 苏	Jiangsu	1104633	862033	284925	173984	819708	688049
浙 江	Zhejiang	194499	155446	62208	38106	132291	117340
安 徽	Anhui	322764	307590	31825	18450	290939	289140
福 建	Fujian	101874	75584	38446	14737	63428	60847
江 西	Jiangxi	29263	19216	5367	2544	23896	16672
山 东	Shandong	1203308	1058941	189338	83623	1013970	975318
河 南	Henan	441062	343726	104636	44364	336426	299362
湖 北	Hubei	302720	258081	83424	44984	219296	213097
湖 南	Hunan	53646	36608	37643	21057	16003	15551
广 东	Guangdong	224881	152429	96363	24937	128518	127492
广 西	Guangxi	294116	252512	67434	27286	226682	225226
海 南	Hainan	26785	6150	16985	1650	9800	4500
重 庆	Chongqing	15168	1931	13651	1851	1517	80
四 川	Sichuan	68021	47225	32056	13324	35965	33901
贵 州	Guizhou	94878	88086	41926	35814	52952	52272
云 南	Yunnan	21243	12689	12358	4486	8885	8203
陕 西	Shaanxi	221170	195932	40603	17510	180567	178422
甘 肃	Gansu	202532	181061	43085	23374	159447	157687
青 海	Qinghai	3472	1078	1834	597	1638	481
宁 夏	Ningxia	99919	94174	13524	8304	86395	85870
新 疆	Xinjiang	19413	4524	17664	3983	1749	541

1-2-11 Urban Water Conservation （2010）

计量单位：万立方米　Measurement Unit：10,000m³

节约用水量 Water Saved	工业 Industry	重复利用率 （%） Reuse Rate （%）	工业用水 重复利用率 Reuse Rate of Water for Industrial Purpose	再生水利用量 （建筑中水） Volume of Recycled Water Used（Recycled Water Used in Buildings）	节水措施 投资总额 （万元） Total Investment in Water-Saving Measures （10,000 RMB）	地区名称 Name of Regions
407152	249737	77.39	86.26	46314	172960	全　　国
11691	2637	19.20	32.48	894	10893	北　　京
1594	778	94.46	95.86	350	200	天　　津
18085	16681	94.11	94.64	1877	18964	河　　北
14412	10582	90.02	94.66	91	644	山　　西
9834	8272	78.76	84.70	6		内　蒙　古
36066	26622	85.99	92.37	610	11020	辽　　宁
12908	10878	69.41	74.51	860	721	吉　　林
8953	7912	38.29	42.65	240	3911	黑　龙　江
20067	12330	68.82	82.40			上　　海
48145	40560	74.21	79.82	15588	45544	江　　苏
14444	8858	68.02	75.49	1470	2363	浙　　江
7769	5736	90.14	94.00	3766	1046	安　　徽
9396	2926	62.26	80.50		750	福　　建
1675	302	81.66	86.76		151	江　　西
68035	31773	84.27	92.10	12404	34407	山　　东
12989	8643	76.28	87.09	625	3169	河　　南
15943	10429	72.44	82.57	341	2912	湖　　北
5621	3033	29.83	42.48	848	1929	湖　　南
25702	3016	57.15	83.64	8	50	广　　东
10205	7895	77.07	89.19	475	2661	广　　西
1780	650	36.59	73.17	421	986	海　　南
1582	135	10.00	4.14		200	重　　庆
7079	3786	52.87	71.79	94	16832	四　　川
11039	10535	55.81	59.34	31	1599	贵　　州
3024	426	41.83	64.65	661	734	云　　南
13341	9191	81.64	91.06	2300	4272	陕　　西
6843	2971	78.73	87.09	1104	2600	甘　　肃
216	216	47.18	44.62	1133	34	青　　海
1605	808	86.47	91.18		240	宁　　夏
7109	1156	9.01	11.96	117	4128	新　　疆

1-2-12 城市人工煤气 (2010 年)

地区名称 Name of Regions		生产能力 （万立方米/日） Production Capacity （10,000m³）	储气能力 （万立方米） Gas Storage Capacity （10,000m³）	供气管道 长　度 （公里） Length of Gas Supply Pipeline （km）	自制气量 （万立方米） Self-Produced Gas （10,000m³）	外购气量 （万立方米） Purchased Gas （10,000m³）	合计 Total
全　国	**National Total**	**8509.0**	**2306.4**	**38877**	**2481397**	**372722**	**2799380**
河　北	Hebei	161.1	77.5	3536	7856	80019	89834
山　西	Shanxi	226.7	225.4	4418	37843	58114	87203
内 蒙 古	Inner Mongolia	164.0	25.8	325	3066		3069
辽　宁	Liaoning	321.2	143.7	5476	38202	27262	55177
吉　林	Jilin	90.0	32.6	1759	28771	2411	16727
黑 龙 江	Heilongjiang	67.4	28.4	594	12427	2443	7587
上　海	Shanghai	817.4	411.0	5517	142117		142167
江　苏	Jiangsu	5328.4	170.0	2450	1925478	5627	1931995
浙　江	Zhejiang	1.8	2.5	114	650	32	484
福　建	Fujian	8.0	5.0	275	1394	1279	2673
江　西	Jiangxi	160.0	54.2	2120	2265	52527	58208
山　东	Shandong	78.5	53.6	2097	12215	24732	35730
河　南	Henan	187.6	78.7	1806	63433	46757	109500
湖　北	Hubei	57.2	21.4	626	18443	500	12042
湖　南	Hunan		14.4	512		2297	3044
广　东	Guangdong	47.8	181.3	272	3206	3605	7037
广　西	Guangxi	10.6	18.2	409	3697	2320	4517
四　川	Sichuan	511.0	35.0	514	159719		159719
贵　州	Guizhou	191.8	644.5	2830	98	26797	26963
云　南	Yunnan	13.6	47.3	2323		28866	33818
甘　肃	Gansu	15.9	29.0	618	2997	6438	9438
宁　夏	Ningxia		5.0	215		697	697
新　疆	Xinjiang	49.0	2.0	71	17520		1752

1-2-12   Urban Man-Made Coal Gas （2010）

供气总量（万立方米）Total Gas Supplied（10,000m³）		燃气损失量 Loss Amount	用气户数（户）Number of Household with Access to Gas（unit）	家庭用户 Household User	用气人口（万人）Population with Access to Gas（10,000 persons）	地区名称 Name of Regions
销售气量 Quantity Sold	居民家庭 Households					
2710509	268763	88871	8961404	8714998	2801.94	全　　国
79415	14955	10419	529607	521993	179.59	河　　北
84111	22296	3093	679067	668836	238.09	山　　西
3066	3066	3	148400	148400	51.94	内 蒙 古
50801	37636	4376	1904764	1775065	542.44	辽　　宁
15198	9689	1529	540470	524952	164.57	吉　　林
7337	4049	250	164580	124606	74.41	黑 龙 江
128542	62838	13626	1350860	1328890	357.71	上　　海
1891059	9664	40936	297178	295368	89.75	江　　苏
484	464	—	15495	15473	4.55	浙　　江
2577	1932	96	42206	42046	14.71	福　　建
50123	18321	8085	443871	442105	149.78	江　　西
33882	9378	1848	496097	492923	159.26	山　　东
108941	15420	558	447753	444175	164.55	河　　南
11110	5134	932	131220	130526	41.16	湖　　北
2983	2615	62	79559	76546	33.30	湖　　南
6923	3041	114	38962	38943	17.92	广　　东
4517	3993		121682	121282	42.53	广　　西
159560	5174	159	127079	126112	40.89	四　　川
26550	11436	413	528317	524923	166.76	贵　　州
31818	16382	2000	758345	756204	232.80	云　　南
9065	8974	373	75872	75755	20.27	甘　　肃
697	556		15020	14875	6.21	宁　　夏
1752	1752		25000	25000	8.75	新　　疆

1-2-13 城市天然气（2010 年）

地区名称 Name of Regions	储气能力 （万立方米） Gas Storage Capacity （10,000m³）	供气管道 长度 （公里） Length of Gas Supply Pipeline （km）	外购气量 （万立方米） Purchased Gas （10,000m³）	供气总量（万立方米）	
				合计 Total	销售气量 Quantity Sold
全　国　National Total	47800.2	256429	4600838	4875808	4718723
北　京　Beijing	70.0	15500	750381	719740	677009
天　津　Tianjin	126.0	10791	168267	169453	157990
河　北　Hebei	191.1	8155	108425	106740	104543
山　西　Shanxi	356.5	3429	107327	141440	136000
内 蒙 古　Inner Mongolia	212.0	2925	69543	69531	69057
辽　宁　Liaoning	499.9	7405	61270	66173	63179
吉　林　Jilin	217.62	3976	43092	43462	41231
黑 龙 江　Heilongjiang	27.7	6032	50805	72497	68166
上　海　Shanghai	36935.0	17317	450061	450032	426595
江　苏　Jiangsu	1198.2	27641	470800	472309	463902
浙　江　Zhejiang	250.6	13962	119589	118884	118244
安　徽　Anhui	632.8	9803	111880	112190	107530
福　建　Fujian	157.9	4296	51162	51101	50175
江　西　Jiangxi	339.0	3220	11789	11263	10647
山　东　Shandong	1662.6	24518	289461	326931	318012
河　南　Henan	483.2	11914	158966	158928	153247
湖　北　Hubei	199.7	11371	153767	152833	151328
湖　南　Hunan	318.3	7177	114406	111757	111064
广　东　Guangdong	1267.1	10683	181921	170266	167829
广　西　Guangxi	1471.5	3974	8664	10320	10246
海　南　Hainan	239.4	1366	13861	14264	13861
重　庆　Chongqing	119.3	8351	157725	254021	250145
四　川　Sichuan	163.2	23889	499963	525686	512825
贵　州　Guizhou	170.2	195	3840	3546	3504
云　南　Yunnan	48.0	337	123	119	119
陕　西　Shaanxi	85.9	6901	154778	164654	158751
甘　肃　Gansu	117.2	900	72882	72917	72646
青　海　Qinghai	36.0	830	63131	61557	58701
宁　夏　Ningxia	10.6	2424	20187	108485	108395
新　疆　Xinjiang	193.8	7145	132771	134711	133783

1-2-13 Urban Natural Gas (2010)

Total Gas Supplied (10,000m³)		用气户数 (户)	家庭用户	用气人口 (万人)	天 然 气 汽车加气站 (座)	地区名称
居民家庭 Households	燃气损失量 Loss Amount	Number of Household with Access to Gas (unit)	Household User	Population with Access to Gas (10,000 persons)	Gas Stations for CNG-Fueled Motor Vehicles (unit)	Name of Regions
1171596	**157085**	**56954736**	**55626579**	**17021.22**	**1239**	全 国
101450	42731	4587101	4548988	1291.91	35	北 京
23016	11463	2525308	2513794	573.53	7	天 津
30575	2196	2206982	2182303	838.82	40	河 北
30769	5440	1197373	1172019	430.83	21	山 西
10598	474	650767	638835	258.02	39	内 蒙 古
39840	2995	2739724	2603701	797.04	5	辽 宁
14139	2231	926473	903304	289.90	58	吉 林
25539	4330	1900554	1884204	567.52	17	黑 龙 江
77851	23437	4100446	4058853	1092.58	2	上 海
79160	8407	4618182	4585784	1299.71	76	江 苏
30334	640	1669831	1662406	552.86	2	浙 江
25154	4660	2077075	2064379	635.63	82	安 徽
7605	926	691260	684054	274.32	10	福 建
3384	616	414847	371204	156.78	3	江 西
73265	8919	4583638	4403173	1444.35	164	山 东
48284	5681	2347616	2330798	830.87	50	河 南
40401	1505	2119903	2095151	700.47	73	湖 北
22000	693	1150706	1139429	421.69	37	湖 南
45451	2437	2885853	2861181	921.68	18	广 东
4403	74	356014	354493	105.98	2	广 西
10454	403	243880	239302	77.13	18	海 南
81412	3876	3282711	2951653	860.70	47	重 庆
145159	12861	5031014	4845024	1164.48	149	四 川
1161	42	31485	30729	11.65	4	贵 州
63	—	42946	33042	36.82	2	云 南
49302	5903	1925311	1861492	546.56	84	陕 西
10237	271	637958	629251	196.97	29	甘 肃
8828	2856	86988	80830	88.98	16	青 海
91696	90	399953	396456	108.46	36	宁 夏
40067	927	1522837	1500747	444.98	113	新 疆

1-2-14 城市液化石油气（2010 年）

地区名称 Name of Regions		储气能力 （吨） Gas Storage Capacity （ton）	供气管道长度 （公里） Length of Gas Supply Pipeline （km）	外购气量 （吨） Purchased Gas （ton）	供气总量（吨）	
					合计 Total	销售气量 Quantity Sold
全　　国	National Total	1667728.2	13374	12942584	12680054	12622366
北　　京	Beijing	38552.0	245	410118	323104	299392
天　　津	Tianjin	6617.6	181	53848	53368	53368
河　　北	Hebei	17833.0	278	137019	205007	204770
山　　西	Shanxi	5521.5	384	65875	63331	63237
内 蒙 古	Inner Mongolia	15281.0	108	76461	74251	73712
辽　　宁	Liaoning	48105.0	644	401797	395058	394341
吉　　林	Jilin	20018.5	87	213226	214818	214578
黑 龙 江	Heilongjiang	18954.5	22	212308	219784	219235
上　　海	Shanghai	21130.0	512	403719	398427	400512
江　　苏	Jiangsu	106962.0	1082	772977	766586	764221
浙　　江	Zhejiang	323662.7	2238	736679	877956	877482
安　　徽	Anhui	33343.5	323	607232	615770	602861
福　　建	Fujian	24156.5	940	336836	333758	333261
江　　西	Jiangxi	16636.1	377	192122	188847	186164
山　　东	Shandong	76181.3	1320	563569	760332	759018
河　　南	Henan	13502.0	19	244053	241602	240603
湖　　北	Hubei	55151.1	642	423782	421507	418752
湖　　南	Hunan	28500.4	32	265842	252906	251910
广　　东	Guangdong	529966.2	3329	5757294	5055955	5049712
广　　西	Guangxi	65379.3	44	305622	303804	303643
海　　南	Hainan	18687.0	18	53698	63959	63749
重　　庆	Chongqing	7879.4		99651	92807	92607
四　　川	Sichuan	16391.0	163	193495	191071	190555
贵　　州	Guizhou	5465.1	132	62351	63772	63594
云　　南	Yunnan	19083.1	170	171157	166108	165993
西　　藏	Tibet	527.0		5655	5521	5468
陕　　西	Shaanxi	13089.0		41060	43381	42919
甘　　肃	Gansu	105833.5	1	39437	185523	185156
青　　海	Qinghai	1371.0		8065	7142	7134
宁　　夏	Ningxia	4998.0	—	7652	14984	14895
新　　疆	Xinjiang	8950.0	82	79984	79617	79525

1-2-14 Urban LPG Supply（2010）

| Total Gas Supplied（ton） | | 用气户数（户） | 家庭用户 | 用气人口（万人） | 液化石油气汽车加气站 LPG（座） | 地区名称 |
居民家庭 Households	燃气损失量 Loss Amount	Number of Household with Access to Gas（unit）	Household User	Population with Access to Gas（10,000 persons）	Gas Stations for LPG- Fueled Motor Vehicles（unit）	Name of Regions
6338523	**57688**	**53448552**	**50083427**	**16502. 73**	**391**	全　国
215133	23712	1836561	1793288	393. 99	1	北　京
33847		82649	72552	41. 76		天　津
129165	237	1341040	1305738	502. 79		河　北
48210	94	457385	430354	201. 41	6	山　西
63183	539	991675	831512	353. 91	29	内　蒙　古
235615	716	2281917	2046935	652. 05	25	辽　宁
106325	240	1396935	1364691	460. 94	47	吉　林
113243	549	1649702	1497763	506. 70	60	黑　龙　江
236220	− 2085	3203047	3163716	851. 62	53	上　海
471731	2365	4122712	3968148	1114. 98	4	江　苏
551016	474	4867874	4082707	1244. 43	3	浙　江
166335	12909	1572522	1481175	491. 08	2	安　徽
188912	498	2272184	2174719	699. 03	2	福　建
151656	2683	1323960	1284787	453. 46		江　西
343908	1314	3763768	3616743	1104. 33	28	山　东
201931	999	1636507	1591424	564. 21	20	河　南
240965	2754	2638565	2590707	861. 70	13	湖　北
196219	996	1899870	1656223	611. 77	2	湖　南
1807057	6243	10030803	9462939	3275. 03	37	广　东
263720	160	1869066	1723657	633. 81	1	广　西
46155	210	279760	266193	111. 00		海　南
35393	200	311435	243572	114. 41		重　庆
96207	516	491137	457065	130. 98	6	四　川
59700	178	541398	509912	199. 24		贵　州
84630	115	841304	813587	289. 96		云　南
3561	53	101077	65831	35. 89		西　藏
25479	461	405092	389744	165. 46		陕　西
143192	367	469868	443824	184. 68	10	甘　肃
6754	8	71071	70921	18. 90		青　海
12012	89	225352	224067	82. 57		宁　夏
61050	92	472316	458933	150. 64	42	新　疆

1-2-15 城市集中供热 (2010 年)

地区名称 Name of Regions		蒸汽 Steam						管道长度 （公里） Length of Pipelines （km）	供热能力 （兆瓦） Heating Capacity （mega watts）
		供热能力 （吨/小时） Heating Capacity （ton/hour）	热电厂 供 热 Heating by Co- Generation	锅炉房 供 热 Heating by Boilers	供热总量 （万吉焦） Total Heat Supplied （10,000 gcal）	热电厂 供 热 Heating by Co- Generation	锅炉房 供 热 Heating by Boilers		
全　国	National Total	105084	78448	18504	66397	51427	8756	15122	315717
北　京	Beijing	450	450		189	189		48	35684
天　津	Tianjin	3167	2430	737	1568	1122	446	622	18055
河　北	Hebei	11570	5114	1444	7068	2696	869	1386	23177
山　西	Shanxi	2674	1071	1106	1462	246	603	429	17405
内　蒙　古	Inner Mongolia	662	662		1148	1148		117	25850
辽　宁	Liaoning	13186	10001	1998	6521	5197	1325	2302	55770
吉　林	Jilin	5208	4632	285	1998	1889	110	217	29145
黑　龙　江	Heilongjiang	4411	3582	809	2020	1613	394	453	32052
江　苏	Jiangsu	6280	5300	885	4513	3530	60	946	6055
浙　江	Zhejiang	5438	4827	60	5667	5193	24	896	75
安　徽	Anhui	3530	3422		2665	2523		448	182
山　东	Shandong	31086	24836	6223	17221	15306	1842	4655	27587
河　南	Henan	5590	4577	1013	3000	2610	331	1048	4767
湖　北	Hubei	1564	980	394	721	438	283	142	278
四　川	Sichuan	60	60		84	84		42	
陕　西	Shaanxi	3731	2092	1589	2402	1435	693	626	4215
甘　肃	Gansu	4525	3220	1305	6296	5130	1166	442	10208
青　海	Qinghai								370
宁　夏	Ningxia	576	40	522	612	57	554	96	5945
新　疆	Xinjiang	1376	1152	134	1242	1021	56	207	18897

1-2-15　Urban Central Heating（2010）

热水　Hot Water					管道长度（公里）	供热面积（万平方米）	住宅	地区名称
热电厂供热	锅炉房供热	供热总量（万吉焦）	热电厂供热	锅炉房供热				
Heating by Co-Generation	Heating by Boilers	Total Heat Supplied（10,000gcal）	Heating by Co-Generation	Heating by Boilers	Length of Pipelines（km）	Heated Area（10,000m²）	Housing	Name of Regions
123231	183952	224716	75550	145023	124051	435668.0	307773.1	全　国
6013	29671	36112	5387	30725	12224	46715.0	32305.0	北　京
3585	14470	9991	1861	8130	14073	24034.0	18186.0	天　津
9449	10886	13780	6326	6256	8305	38682.9	27912.5	河　北
10035	6412	10189	5456	3850	4946	28738.7	17932.6	山　西
16117	9576	15370	7871	7491	5410	25340.3	16312.0	内　蒙　古
16868	38696	39613	9519	29604	20599	74526.0	57297.2	辽　宁
8730	18306	21162	7689	13440	9914	31717.8	23774.4	吉　林
14522	16468	26805	12426	13279	13800	37513.4	25924.1	黑　龙　江
6055		43	43		59	9946.3	1191.0	江　苏
75						3991.9	39.0	浙　江
40	142	44	8	35	15	2463.7	905.7	安　徽
18334	9083	18466	12225	6214	20515	54709.8	43778.7	山　东
3757	892	2512	2032	454	2668	10737.7	7962.5	河　南
200	78	19	3	16	10	978.0	824.0	湖　北
						14.0	5.0	四　川
778	3437	2168	399	1769	545	9263.4	7110.6	陕　西
1127	8385	5901	944	4955	3109	10544.2	7762.5	甘　肃
45	247	248		163	105	208.3	145.8	青　海
2297	3634	5427	1432	3955	1842	6380.3	5106.6	宁　夏
5204	13569	16866	1929	14687	5912	19162.3	13297.9	新　疆

1-2-16 城市轨道交通（建成）(2010 年)

地区名称 Name of Regions	线路长度（公里）Length of Lines（kilometer）								车站数(个) 合计 Total
	合计 Total	地铁 Subway	轻轨 Light Rail	有轨 Cable Car	磁浮 Maglev	按敷设方式 By Ways of Laying			
						地面线 Surface Lines	地下线 Underg- round Lines	高架线 Elevated Lines	
全　国	**1428.87**	**1131.63**	**259.54**	**7.80**	**29.90**	**157.82**	**800.21**	**470.84**	**931**
北　京	336.00	336.00				50.00	176.00	110.00	196
天　津	79.40	26.19	45.41	7.80		14.80	15.93	48.67	49
辽　宁	114.67	27.90	86.77			54.51	27.90	32.26	87
吉　林	31.96		31.96			19.43	1.57	10.96	30
上　海	450.44	371.24	49.30		29.90	16.91	275.27	158.26	282
江　苏	83.46	83.46					48.12	35.34	57
湖　北	28.68		28.68					28.68	25
广　东	286.84	286.84				2.17	252.99	31.68	187
重　庆	17.42		17.42				2.43	14.99	18

1-2-16 Urban Rail Transit System（Completed）（2010）

Number of Stations（unit）			换乘站数 （个）	配置车辆数（辆） Number of Vehicles in Service（unit）					地区名称
地面站	地下站	高架站		合计	地铁	轻轨	有轨	磁浮	
Surface Lines	Underground Lines	Elevated Lines	Number of Transfer Stations （unit）	Total	Subway	Light Rail	Cable Car	Maglev	Name of Regions
128	**568**	**235**	**194**	**7635**	**6957**	**656**	**8**	**14**	**全 国**
21	129	46	46	2463	2463				北 京
15	13	21	4	152	116	28	8		天 津
45	28	14		248	138	110			辽 宁
20		10		16		16			吉 林
12	196	74	83	2727	2443	270		14	上 海
1	36	20	17	480	480				江 苏
		25	5	132		132			湖 北
14	163	10	34	1317	1317				广 东
	3	15	5	100		100			重 庆

1-2-17 城市轨道交通（在建）（2010 年）

地区名称 Name of Regions	线路长度（公里） Length of Lines（kilometer）								车站数(个)
	合计 Total	地铁 Subway	轻轨 Light Rail	有轨 Cable Car	磁浮 Maglev	按敷设方式 By Ways of Laying			合计 Total
						地面线 Surface Lines	地下线 Underground Lines	高架线 Elevated Lines	
全　国	1741.07	1362.00	228.38	83.14		79.43	1238.02	423.62	1155
北　京	253.45	253.45				16.71	193.60	43.14	173
天　津	59.12	59.12				1.95	49.72	7.45	47
辽　宁	172.62	89.48		83.14		21.82	96.61	54.19	86
吉　林	16.30		16.30				3.30	13.00	15
黑龙江	17.53	17.53					17.53		18
上　海	146.82	87.86	58.96			2.16	96.76	47.90	79
江　苏	81.72	29.42	52.30			26.63	40.87	14.22	70
浙　江	127.50	127.50				0.20	107.39	19.91	84
安　徽	24.50	24.50					24.50		23
福　建	24.89	24.89					24.89		21
江　西	28.70	28.70					28.70		24
山　东	24.78	24.78					24.78		22
河　南	44.47	44.47					44.47		35
湖　北	44.21	44.21					44.21		36
湖　南	21.93	21.93					21.93		19
广　东	321.32	252.62	68.70			7.75	199.75	113.82	174
广　西	32.12		32.12			0.30	26.00	5.82	25
重　庆	164.99	97.44				1.91	73.96	89.12	97
四　川	40.50	40.50					40.50		36
云　南	41.90	41.90					26.85	15.05	31
陕　西	51.70	51.70					51.70		40

1-2-17 Urban Rail Transit System （Under Construction）（2010）

Number of Stations （unit）			换乘站数 （个）	配置车辆数（辆）Number of Vehicles in Service （unit）					地区名称
地面站	地下站	高架站		合计	地铁	轻轨	有轨	磁浮	
Surface Lines	Underground Lines	Elevated Lines	Number of Transfer Stations （unit）	Total	Subway	Light Rail	Cable Car	Maglev	Name of Regions
31	**949**	**175**	**287**	**7182**	**6024**	**718**	**14**		全　国
15	144	14	57	1669	1669				北　京
3	40	4	10	309	309				天　津
5	67	14	8	134	120		14		辽　宁
	3	12	1	42		42			吉　林
	18		5	102	102				黑 龙 江
1	67	11	22	432	432				上　海
	60	10	12	350	138	212			江　苏
	72	12	11	264	264				浙　江
	23		5	26	26				安　徽
	21		5						福　建
	24		5	162	162				江　西
	22		6	144	144				山　东
	35		12	294	294				河　南
	36		13	270	270				湖　北
	19		6	96	96				湖　南
2	133	39	45	992	984	8			广　东
	21	4	7	456		456			广　西
4	47	46	28	918	492				重　庆
1	35		14						四　川
	22	9	5	240	240				云　南
	40		10	282	282				陕　西

1-2-18 城市道路和桥梁（2010 年）

1-2-18 Urban Roads and Bridges （2010）

地区名称 Name of Regions		道路 长度 （公里） Length of Roads （km）	道路面积 （万平方 米） Surface Area of Roads （10,000 m²）	人行道 面 积 Surface Area of Sidewalks	桥梁数 （座） Number of Bridges （unit）	立交桥 Inter- section	道 路 照明灯 盏 数 （盏） Number of Road Lamps （unit）	安装路灯 道路长度 （公里） Length of The Road with Street Lamp （km）	防洪堤 长 度 （公里） Length of Flood Control Dikes （km）	百年 一遇 Length of Dikes to Withsland The Biggest Floods Every A Century	五十年 一 遇 Length of Dikes to Withsland The Biggest Floods Every 50 Years
全 国	**National Total**	**294443**	**521322**	**114541**	**52548**	**3698**	**17739889**	**198405**	**36153**	**6447**	**11494**
北 京	Beijing	6355	9395	1641	1855	411			973	98	227
天 津	Tianjin	5439	9159	2097	530	77	267345	5381	1994		
河 北	Hebei	11639	26639	6143	1455	243	633857	8628	920	150	248
山 西	Shanxi	5733	10312	2480	482	93	372867	3750	302	61	138
内 蒙 古	Inner Mongolia	6447	12476	3076	319	89	597711	3479	639	80	140
辽 宁	Liaoning	14238	23658	5485	1514	239	1380002	9839	1283	269	501
吉 林	Jilin	8543	13243	2535	626	143	436501	4863	851	228	187
黑 龙 江	Heilongjiang	10091	13569	2979	767	170	526871	5760	804	175	260
上 海	Shanghai	4713	9299	2389	2073	46	469856	4713	1124	822	302
江 苏	Jiangsu	31899	53723	7965	13093	249	2174279	24680	8365	1093	2335
浙 江	Zhejiang	15550	30381	6495	7761	159	1048144	14009	1701	291	1027
安 徽	Anhui	10157	19927	4488	1104	137	548635	6762	1193	138	447
福 建	Fujian	6756	12560	2555	1233	62	430637	4666	486	188	83
江 西	Jiangxi	5742	11330	2535	565	57	623361	4083	435	14	268
山 东	Shandong	32944	60615	12219	4316	246	1339298	20505	2352	443	781
河 南	Henan	9414	21768	5576	1026	104	729534	7629	807	200	186
湖 北	Hubei	14168	24599	6037	1697	83	433101	9589	2265	243	677
湖 南	Hunan	8585	15972	3866	588	71	432349	6202	1094	240	272
广 东	Guangdong	40847	55869	12741	5608	324	1854142	20751	4122	1088	2034
广 西	Guangxi	6439	12118	2336	584	76	464075	4435	333	5	154
海 南	Hainan	1435	3152	754	148	7	127801	1171	9	6	3
重 庆	Chongqing	5130	9931	2956	1136	164	243524	3464	243	49	81
四 川	Sichuan	9584	18743	4524	1573	174	686860	8739	1368	225	446
贵 州	Guizhou	2257	3604	1077	385	28	203762	1237	178	17	86
云 南	Yunnan	4049	7983	1923	549	38	318498	3203	898	34	140
西 藏	Tibet	341	596	234	38	1	10360	207	37	8	29
陕 西	Shaanxi	4810	10537	3330	545	102	517022	3257	331	61	85
甘 肃	Gansu	3399	6599	1553	358	30	188064	2271	595	168	248
青 海	Qinghai	711	1357	375	68	4	68800	553	47	31	12
宁 夏	Ningxia	1852	3889	756	168	31	212494	1005	142	4	26
新 疆	Xinjiang	5178	8323	1421	384	40	400139	3574	262	18	71

1-2-19　城市排水和污水处理（2010年）

地区名称 Name of Regions	污水排放量（万立方米） Annual Quantity of Wastewater Discharged (10,000 m³)	排水管道长度（公里） Length of Drainage Piplines (km)	污水管道 Sewers	污水处理厂　Wastewater Treatment Plant					
				座数（座） Number of Wastewater Treatment Plant (unit)	二、三级处理 Secondary and Tertiary Treatment	处理能力（万立方米/日） Treatment Capacity (10,000 m³/day)	二、三级处理 Secondary and Tertiary Treatment	处理量（万立方米） Quantity of Wastewater Treated (10,000 m³)	二、三级处理 Secondary and Tertiary Treated
全　国　**National Total**	3786983	369553	130255	1444	1266	10435.7	9268.4	2793238	2508898
北　京　Beijing	141651	10172	4479	37	35	364.7	349.7	114708	110077
天　津　Tianjin	65235	15140	7403	30	28	204.8	204.2	50757	50641
河　北　Hebei	132798	14576	5433	70	49	491.9	341.1	121351	84760
山　西　Shanxi	60181	5459	1245	38	26	176.3	119.8	48507	32715
内　蒙　古　Inner Mongolia	46543	8514	5094	32	30	155.5	148.2	37490	36097
辽　宁　Liaoning	204370	14070	2821	56	45	503.1	449.1	146514	132701
吉　林　Jilin	75270	7738	2553	25	18	216.4	180.3	54436	46987
黑　龙　江　Heilongjiang	108443	7504	2094	38	37	244.1	219.1	45528	43680
上　海　Shanghai	231374	11483	5058	45	44	679.7	509.7	192714	156394
江　苏　Jiangsu	363096	46867	21137	163	159	929.8	923.5	250357	248977
浙　江　Zhejiang	206415	26367	12501	65	64	561.9	561.4	159248	156607
安　徽　Anhui	124449	13136	4658	45	37	328.5	280.5	89086	76538
福　建　Fujian	95884	9686	4504	41	39	277.2	259.2	73744	69546
江　西　Jiangxi	70453	7340	2482	30	30	202.0	202.0	54152	54152
山　东　Shandong	244417	34301	10674	125	96	759.4	576.8	217725	169985
河　南　Henan	147413	14733	5226	59	51	472.4	414.3	126479	109753
湖　北　Hubei	169150	16577	3875	56	39	421.4	300.9	120971	84877
湖　南　Hunan	153696	8882	2437	55	52	376.7	353.7	90898	83532
广　东　Guangdong	506546	42507	4885	169	155	1422.5	1357.3	370367	358676
广　西　Guangxi	115256	6417	1230	32	24	220.5	188.5	53989	48186
海　南　Hainan	27811	2946	933	7	6	64.5	62.0	14423	13834
重　庆　Chongqing	64622	7073	3089	28	26	187.3	180.3	58673	57287
四　川　Sichuan	136520	14498	5556	57	54	333.4	324.4	95485	93495
贵　州　Guizhou	32533	3327	1446	26	21	122.0	109.5	28249	25988
云　南　Yunnan	58711	4419	1941	28	25	196.7	183.7	52272	50606
西　藏　Tibet	6770	293							
陕　西　Shaanxi	68104	5666	2711	26	21	190.3	162.3	46073	38902
甘　肃　Gansu	41940	3092	1468	18	16	99.4	92.4	24567	22157
青　海　Qinghai	12889	1014	528	4	4	19.8	19.8	5611	5611
宁　夏　Ningxia	28047	1384	477	9	8	56.5	46.5	15491	13170
新　疆　Xinjiang	46396	4372	2317	30	27	157.0	148.2	33373	32967

干污泥产生量（吨）Quantity of Dry Sludge Produced（ton）	干污泥处置量（吨）Quantity of Dry Sludge Treated（ton）	其他污水处理设施 Other Wastewater Treatment Facilities		污水处理总量（万立方米）Total Quantity of Wastewater Treated（10,000 m³）	再生水 Recycled Water			地区名称 Name of Regions
		处理能力（万立方米/日）Treatment Capacity（10,000 m³/day）	处理量（万立方米）Quantity of Wastewater Treated（10,000 m³）		生产能力（万立方米/日）Recycled Water Production Capacity（10,000 m³/day）	利用量（万立方米）Annual Quantity of Wastewater Recycled and Reused（10,000 m³）	管道长度（公里）Length of Piplines（km）	
10322692	10162455	2957.2	323794	3117032	1082.1	337469	4002	全　国
1044176	1041696	12.2	1580	116288	81.0	68014	809	北　京
285187	285033	19.4	4888	55645	27.1	1687	919	天　津
570409	570409	9.7	1216	122567	114.2	25937	252	河　北
195620	191607	11.5	2604	51111	27.2	129037	190	山　西
118394	99337			37490	39.5	4196	259	内 蒙 古
509303	509295	83.1	6617	153131	116.4	20513	78	辽　宁
183837	182378	8.7	1205	55641	18.2	1338	20	吉　林
281048	279595	66.3	15985	61513	6.2	707	27	黑 龙 江
254599	254599			192714				上　海
1437177	1437074	660.2	67569	317926	118.8	29527	73	江　苏
716485	711849	81.9	11533	170781	14.9	2724	16	浙　江
355984	333206	199.9	20996	110082	15.8	975	34	安　徽
186552	186526	40.2	7216	80960	3.0	88	85	福　建
121703	121649	24.3	2796	56948				江　西
946383	945581	64.7	4966	222691	237.1	21691	600	山　东
597927	574041	16.0	2655	129134	52.0	4920	139	河　南
229915	229915	92.3	16072	137043	0.6	158	6	湖　北
175772	175772	167.8	24296	115194	6.0	290	2	湖　南
797473	797473	379.3	65674	436041	13.1	4958		广　东
167232	166980	889.9	42171	96160				广　西
68535	28196	3.0	837	15260				海　南
90265	89104	3.6	556	59229	16.9	318	25	重　庆
262611	261724	39.9	6678	102163	20.0	13	5	四　川
61669	61669			28249	33.0	8619		贵　州
64253	64249	29.7	2557	54829	13.4	993	50	云　南
								西　藏
343807	343198	19.0	4449	50522	24.0	1350	50	陕　西
96974	94075	8.9	1683	26250	9.0	1329	59	甘　肃
6376	6376			5611	0.3	10	3	青　海
88472	79736	24.0	6385	21876	19.0	1650	157	宁　夏
64554	40113	1.7	610	33983	55.5	6427	144	新　疆

1-2-20　城市园林绿化（2010 年）

1-2-20　Urban Landscaping（2010）

地区名称 Name of Regions		绿化覆盖 面　积 （公顷） Green Coverage Area （hectare）	建成区 Built District	绿地 面积 （公顷） Area of Green Space （hectare）	建成区 Built District	公园绿地 面　积 （公顷） Area of Public Recreational Green Space （hectare）	公园个数 （个） Number of Parks （unit）	公园面积 （公顷） Park Area （hectare）
全　国	**National Total**	**2452658**	**1612458**	**2134339**	**1443663**	**441276**	**9955**	**258177**
北　京	Beijing	65348	65348	62672	62672	19020	217	9960
天　津	Tianjin	23265	22014	19221	19221	5266	76	1666
河　北	Hebei	81819	69211	68958	60447	21849	381	12164
山　西	Shanxi	34607	32869	31061	29032	9061	176	5698
内 蒙 古	Inner Mongolia	41059	34625	38143	31899	10352	157	7715
辽　宁	Liaoning	106020	87308	92751	80961	21593	316	11005
吉　林	Jilin	43820	42218	37895	36923	10974	127	4402
黑 龙 江	Heilongjiang	78727	57146	69581	51045	15284	285	9066
上　海	Shanghai	130160	38105	120148	33558	16053	148	1915
江　苏	Jiangsu	258969	137623	227584	125965	33585	584	12433
浙　江	Zhejiang	91111	81546	79459	73688	20090	914	12631
安　徽	Anhui	85281	55927	71463	50214	13630	247	8685
福　建	Fujian	55914	43385	47904	39259	10972	392	8819
江　西	Jiangxi	48924	43536	42288	40342	10733	238	6442
山　东	Shandong	179333	147904	156243	131910	43191	595	21350
河　南	Henan	78108	73652	66790	63110	18361	262	9296
湖　北	Hubei	80294	64197	57883	55204	16818	260	8078
湖　南	Hunan	54509	48398	46028	43611	10969	175	6763
广　东	Guangdong	488980	190782	420370	169386	58514	2682	58341
广　西	Guangxi	65692	32875	60225	28630	8331	146	5842
海　南	Hainan	50564	9434	49029	8212	2561	48	1863
重　庆	Chongqing	41244	35304	37695	32715	14032	175	5532
四　川	Sichuan	80157	61738	72259	55320	16133	319	7900
贵　州	Guizhou	34190	13726	28675	11358	3969	56	3645
云　南	Yunnan	31903	28033	28126	24499	6811	487	5246
西　藏	Tibet	2778	2156	2090	2067	260	75	681
陕　西	Shaanxi	33232	29042	26063	24147	8402	124	2924
甘　肃	Gansu	19898	17159	15275	14645	4392	83	2451
青　海	Qinghai	3409	3346	3387	3315	1014	22	478
宁　夏	Ningxia	19672	13321	17387	12535	3626	57	2030
新　疆	Xinjiang	43671	30530	37686	27773	5430	131	3156

1-2-21 国家级风景名胜区 (2010 年)

风景名胜区 名　　称 Name of Scenic Spots	风景名胜区 面　　积 （平方公里） Area of Scenic Spots （km²）	供游览面积 Area for tour	游 人 量 （万人次） Number of Visits （10,000 person-times）	境外游人 Visits by Foreign Tourists	景区资金 收入合计 （万元） Total Revenues of Scenic Spots （10,000RMB）	国家拨款 Financial Allocation from Central Government
北京	**267**	**45**	**1249**	**123**	**64280**	**1000**
十三陵	127	2	482	62	29103	
石花洞	85	40	70		10800	1000
八达岭	55	3	697	61	24377	
天津	**106**	**10**	**75**	**5**	**6282**	**1682**
盘山	106	10	75	5	6282	1682
河北	**3859**	**2757**	**3144**	**54**	**132303**	**1704**
苍岩山	63	30	60	1	884	228
嶂石岩	120	40	9		196	10
西柏坡—天桂山	256	205	300		76400	
秦皇岛北戴河	366	160	1300	23	38000	
崆山白云洞	161	23	51	1	531	
野三坡	499	499	224	7	5626	900
承德避暑山庄外八庙	2394	1800	1200	22	10666	566
山西	**1211**	**318**	**500**	**14**	**31639**	**7180**
恒山	148	43	88	12	3075	
五老峰	300	30	11		400	
五台山	593	171	321	2	24684	5580
黄河壶口瀑布	100	24	55		2100	1300
北武当山	70	50	25		1380	300
内蒙古	**1234**	**242**	**110**		**31**	**31**
扎兰屯	1234	242	110		31	31
辽宁	**1865**	**1256**	**1958**	**53**	**77929**	**1900**
大连海滨—旅顺口	283	78	792	10	13621	
金石滩	110	62	321	5	38500	
鞍山千山	125	84	105	5	4150	
本溪水洞	45	19	46	1	2826	
鸭绿江	824	824	190	9	4997	655
青山沟	150	82	10		397	
凤凰山	217	60	43		1900	1040
医巫闾山	64	13	271	3	11200	
兴城海滨	47	34	180	20	338	205
吉林	**828**	**168**	**169**	**5**	**11903**	
"八大部"—净月潭	96	96	81	3	5000	
松花湖	550	50	75	1	6700	

1-2-21 State-Level Scenic Spots and Historic Sites across the Country (2010)

经营收入 Operational Income (10,000RMB)	门票 Ticket Fees	景区资金支出合计（万元） Total Expenditure of Scenic Spots (10,000RMB)	经营支出 Operational Expenditure	固定资产投资完成额 Completed Investment in Fixed Assets	维护支出 Maintenance Expenditure	风景名胜区名称 Name of Scenic Spots
63168	**42822**	**62551**	**9433**	**39422**	**2629**	**北京**
29103	17657	25339		25339	2100	十三陵
9800	900	3650	3000	650	150	石花洞
24265	24265	33562	6433	13433	379	八达岭
4600	**1900**	**6453**	**1700**	**4753**	**240**	**天津**
4600	1900	6453	1700	4753	240	盘山
130592	**45408**	**91399**	**42757**	**46101**	**26801**	**河北**
656	626	866	300	566	200	苍岩山
184	180	262	73	158	31	嶂石岩
76400	3200	67000	37920	29080	20200	西柏坡—天桂山
38000	26400	8800	4000	4800	3200	秦皇岛北戴河
526	526	400	240	150	150	崆山白云洞
4726	4576	4171	124	4047	520	野三坡
10100	9900	9900	100	7300	2500	承德避暑山庄外八庙
24179	**15623**	**24024**	**6860**	**17164**	**14156**	**山西**
3075		3075		3075	436	恒山
400	230	495	200	295	26	五老峰
19104	14313	19104	5580	13524	13524	五台山
800	800	870	800	70	70	黄河壶口瀑布
800	280	480	280	200	100	北武当山
		65	**42**	**23**	**20**	**内蒙古**
		65	42	23	20	扎兰屯
72889	**39816**	**35112**	**8927**	**24505**	**4018**	**辽宁**
13621	6573	12480	5417	7063	603	大连海滨—旅顺口
38500	19900	110		110	110	金石滩
4010	2690	3802	700	3102	564	鞍山千山
2826	2826	3824	820	3004	360	本溪水洞
4342	2807	2970	1100	1870	639	鸭绿江
397	360	348	30	299	21	青山沟
860	860	970		970	60	凤凰山
8200	3800	10270	840	7790	1640	医巫闾山
133		338	20	297	21	兴城海滨
11803	**1825**	**5280**	**2600**	**2680**	**226**	**吉林**
5000	1500	2500		2500	130	"八大部"—净月潭
6600	131	100		100	40	松花湖

风景名胜区 名　称 Name of Scenic Spots	风景名胜区 面　积 （平方公里） Area of Scenic Spots （km²）	供游览面积 Tourism- Only Area	游人量 （万人次） Number of Visits （10,000 person-times）	境外游人 Visits by Foreign Tourists	景区资金 收入合计 （万元） Total Revenues of Scenic Spots （10,000RMB）	国家拨款 Financial Allocation from Central Government
防川	139	7	9	1	153	
仙景台	43	15	4		50	
黑龙江	**2824**	**1272**	**415**	**39**	**55913**	**16748**
太阳岛	38	38	200	15	5891	
镜泊湖	1726	514	99	9	18022	1748
五大连池	1060	720	116	15	32000	15000
江苏	**1140**	**265**	**6269**	**213**	**164937**	**9154**
南京钟山	36	19	938	7	38381	2865
太湖	905	97	4236	178	98515	4252
云台山	170	145	240	15	5546	196
蜀岗瘦西湖	12	2	410	2	18820	370
三山	17	2	445	11	3675	1471
浙江	**4208**	**1852**	**8678**	**299**	**628399**	**108192**
富春江—新安江	1364	202	1433	19	402604	3387
杭州西湖	59	38	2984	223	123856	79618
雪窦山	380	140	575	18	13498	
楠溪江	671	671	219	1	3361	2104
百丈漈—飞云湖	137	15	213	7	2286	1400
雁荡山	449	291	426	2	13604	6620
莫干山	43	10	17	1	3457	500
天姥山	143	48	493	5	4950	
浣江—五泄	74	45	150	1	4600	50
双龙	80	60	65	3	2380	60
方岩	152	88	73	3	2350	500
江郎山	67	17	26	2	2123	1280
普陀山	70	44	787	9	30789	4120
嵊泗列岛	37	3	191	1	1480	
天台山	132	95	644	2	4943	560
仙居	158	15	210	1	1561	110
方山—长屿硐天	26	26	87	1	1962	375
仙都	166	44	85	1	8595	7508
安徽	**2109**	**1097**	**915**	**56**	**639768**	**11762**
采石	64	40	60		2789	1974
天柱山	102	102	28	4	58650	860
花亭湖	258	169	25		6500	925
花山谜窟—渐江	81	7	30	1	1208	
黄山	161	60	252	26	169480	4322
齐云山	110	60	22	2	785	51
琅琊山	115	37	48	1	4417	381

经营收入 Operational Income (10,000 RMB)	门票 Ticket Fees	景区资金支出合计 (万元) Total Expenditure of Scenic Spots (10,000 RMB)	经营支出 Operational Expenditure	固定资产投资完成额 Completed Investment in Fixed Assets	维护支出 Maintenance Expenditure	风景名胜区名称 Name of Scenic Spots
153	153	2630	2590	40	36	防川
50	41	50	10	40	20	仙景台
36551	**8914**	**43519**	**15406**	**20054**	**7609**	**黑龙江**
5891	4400	5722	160	3212	2350	太阳岛
14360	1914	17797	246	13842	3709	镜泊湖
16300	2600	20000	15000	3000	1550	五大连池
152383	**110685**	**158922**	**40167**	**101778**	**21625**	**江苏**
35516	24394	34724	5444	29280	8622	南京钟山
90863	66098	87087	17936	52181	9058	太湖
5350	4922	5936	787	5142	310	云台山
18450	13600	27500	16000	11500	1300	蜀岗瘦西湖
2204	1671	3675		3675	2335	三山
469074	**130637**	**514384**	**150411**	**328991**	**48399**	**浙江**
350641	40505	314557	65770	217462	8088	富春江—新安江
44238	28484	112416	46000	66416	27377	杭州西湖
13498	11987	4997		4997	150	雪窦山
1257	1257	1035	885	150	150	楠溪江
886	626	2829	2117	712	270	百丈漈—飞云湖
6977	6856	12022	3010	5940	2344	雁荡山
2957	943	4197	1600	2597	193	莫干山
4950	4535	4660	3010	1650	450	天姥山
2500	2050	8910	7820	1090	150	浣江—五泄
2320	2225	5341	3000	2341	1446	双龙
1850	1115	2117	1015	1102	647	方岩
843	767	1768	719	1049	468	江郎山
26669	20447	28008	8033	19975	5906	普陀山
980	500	1220	670	460	90	嵊泗列岛
4383	4383	438		378	60	天台山
1451	1360	1567	69	1063	313	仙居
1587	1510	1623	693	930	161	方山—长屿硐天
1087	1087	6679	6000	679	136	仙都
623920	**58177**	**531996**	**342238**	**187833**	**10503**	**安徽**
815	781	2559	1326	1233	294	采石
55500	3600	62800	15000	46400	1400	天柱山
5085	490	6500	4800	1175	525	花亭湖
1208	1020	1404	48	1356	263	花山谜窟—渐江
165158	48349	271100	138000	133100	6073	黄山
734	601	1157	488	669	118	齐云山
2800	1236	5976	3176	2800	850	琅琊山

风景名胜区 名　称 Name of Scenic Spots	风景名胜区 面　积 （平方公里） Area of Scenic Spots （km²）	供游览面积 Tourism- Only Area	游 人 量 （万人次） Number of Visits （10,000 person-times）	境外游人 Visits by Foreign Tourists	景区资金 收入合计 （万元） Total Revenues of Scenic Spots （10,000RMB）	国家拨款 Financial Allocation from Central Government
巢湖	1004	460				
九华山	120	120	400	15	393039	3039
太极洞	94	42	50	7	2900	210
福建	**1364**	**453**	**2288**	**90**	**91699**	**17016**
鼓山	50	20	315	40	1336	1111
十八重溪	51	17	8		160	100
青云山	52	15	70	1	3800	
海坛	71	22	25		350	230
鼓浪屿—万石山	209	13	1217	12	61948	10852
玉华洞	45	9	95	2	1200	
泰宁	140	64	66	6	5661	2892
桃源洞—鳞隐石林	29	29	19	3	1395	667
清源山	62	25	31	3	1323	317
武夷山	79	79	292	16	6998	214
冠豸山	123	46	20	1	1380	54
鸳鸯溪	66	22	70	1	3470	120
福安白云山	67				120	120
太姥山	320	92	60	5	2558	339
江西	**2846**	**1155**	**1820**	**46**	**258695**	**18028**
梅岭—滕王阁	144	65	110		3361	
高岭—瑶里	95	77	150	1	6500	
云居山—柘林湖	655	349	134	3	29806	2000
庐山	330	129	310	9	134000	3743
仙女湖	195	95	65	1	12705	6175
龙虎山	220	40	226	10	13686	166
三百山	138	94	15		700	
武功山	365	121	12	1	830	
井冈山	333	114	454	5	33230	
龟峰	39	12	46		1922	315
三清山	230	28	298	16	21819	5493
灵山	102	31			136	136
山东	**1112**	**458**	**1847**	**44**	**104491**	**4943**
青岛崂山	462	179	208	5	15380	
博山	73	73	385	2	4410	660
胶东半岛海滨	92	26	831	18	51344	200
青州	59	55	27	2	13000	
泰山	426	125	396	17	20357	4083
河南	**1407**	**1020**	**2502**	**56**	**125996**	**6367**
郑州黄河	20	17	60	1	6000	2000

经营收入 Operational Income (10,000RMB)	门票 Ticket Fees	景区资金 支出合计 (万元) Total Expenditure of Scenic Spots (10,000RMB)	经营支出 Operational Expenditure	固定资产 投资完成额 Completed Investment in Fixed Assets	维护支出 Maintenance Expenditure	风景名胜区 名 称 Name of Scenic Spots
						巢湖
390000		178000	178000			九华山
2620	2100	2500	1400	1100	980	太极洞
74557	**35601**	**64874**	**25701**	**38859**	**12410**	福建
224	180	1069	467	602	200	鼓山
60	60	160	110	50	10	十八重溪
3700	1500	1450		1300	150	青云山
95	95	485	236	185	50	海坛
51096	15160	37814	13264	24550	4302	鼓浪屿—万石山
1200	1100	1652	1322	330	256	玉华洞
2769	2769	2312	1212	1100	1100	泰宁
728	707	793	262	431	100	桃源洞—鳞隐石林
1006	928	1210	1100	110	100	清源山
6784	6736	5531	313	5218	5218	武夷山
1326	1304	2439	1173	1266	93	冠豸山
3350	2850	2200	1000	1200	300	鸳鸯溪
		3017	3017			福安白云山
2219	2212	4742	2225	2517	531	太姥山
228120	**65131**	**263335**	**85344**	**170180**	**12882**	江西
3361	3361	2440	605	1835	600	梅岭—滕王阁
6500	2610	6300	3600	2700	190	高岭—瑶里
25406	2700	50360	45200	5160	3733	云居山—柘林湖
130257	21000	134000		130257		庐山
6530	5830	6370	5270	600	500	仙女湖
6908	6612	9339	1835	7424	80	龙虎山
532	190	5556	3800	1540	39	三百山
830	257	2300	2145	130	25	武功山
33230	10000	17000	9000	8000	5000	井冈山
1607	1433	1975	475	1000	500	龟峰
12959	11138	21995	9414	9934	2115	三清山
		5700	4000	1600	100	灵山
99548	**88635**	**84264**	**9380**	**59472**	**22339**	山东
15380	10800	15380	300	15080	220	青岛崂山
3750	2000	4200	1500	1200	900	博山
51144	48992	32524	6180	21142	1569	胶东半岛海滨
13000	12500	12500	190	3600	1200	青州
16274	14343	19660	1210	18450	18450	泰山
108471	**91267**	**97916**	**40804**	**54857**	**2591**	河南
2500	1300	3000	2000	800	200	郑州黄河

风景名胜区 名　称 Name of Scenic Spots	风景名胜区 面　积 （平方公里） Area of Scenic Spots （km²）	供游览面积 Tourism- Only Area	游　人　量 （万人次） Number of Visits （10, 000 person-times）	境外游人 Visits by Foreign Tourists	景区资金 收入合计 （万元） Total Revenues of Scenic Spots （10, 000RMB）	国家拨款 Financial Allocation from Central Government
嵩山	152	38	656	20	24558	
洛阳龙门	9	3	182	8	19865	3331
石人山	268	268	54	5	1330	
林虑山	310	100	176	4	2470	
云台山	55	45	391	13	28326	230
青天河	91	80	302	1	10650	
神农山	102	96	341	3	10700	278
桐柏山—淮源	108	81	60	1	480	
鸡公山	27	27	188		19428	528
王屋山	265	265	92		2189	
湖北	**1706**	**821**	**1064**	**30**	**169759**	**61626**
武汉东湖	62	62	375	2	22296	15976
武当山	428	286	233	10	118040	45000
长江三峡（湖北段）	180	155	70	9	4225	
隆中	209	13	42		2310	300
大洪山	499	185	276	8	15188	250
九宫山	210	40	60		6600	100
陆水	118	80	8	1	1100	
湖南	**2806**	**1727**	**3375**	**92**	**366405**	**88697**
岳麓山	35	24	184	3	63500	62480
韶山	112	78	650	2	150000	18000
衡山	100	78	352	3	20078	
虎形山—花瑶	118	82	10	1	1200	900
崀山	108	93	126	13	11300	2000
南山	199	15	7		800	
岳阳楼洞庭湖	265	217	110	7	5300	
福寿山—汨罗江	166	50	120		6500	500
桃花源	158	92	12	1	1162	145
武陵源	369	297	1524	55	92498	
苏仙岭—万华岩	48	48	79		2434	1122
东江湖	545	280	37	1	2758	300
万佛山—侗寨	168	90	36		2000	
紫鹊界梯田—梅山龙宫	81	60	30	1	3320	2300
猛洞河	226	158	88	4	3100	950
德夯	108	65	10	1	455	
广东	**714**	**277**	**3731**	**61**	**96138**	**26107**
白云山	21	7	1039	8	21915	9981
丹霞山	292	60	302	11	16056	500
梧桐山	32	11	1500		15512	12151

经营收入 Operational Income (10,000RMB)	门票 Ticket Fees	景区资金支出合计 (万元) Total Expenditure of Scenic Spots (10,000RMB)	经营支出 Operational Expenditure	固定资产投资完成额 Completed Investment in Fixed Assets	维护支出 Maintenance Expenditure	风景名胜区名 称 Name of Scenic Spots
24558	24558	12000	1500	10500		嵩山
16534	12937	18732	3028	15704	647	洛阳龙门
1330	703	7700	6600	318	318	石人山
2365	2097	3620	2510	853	207	林虑山
28096	16684	28647	6936	21711	500	云台山
10650	10650	2910	2100	810		青天河
10422	10422	561	40	505	17	神农山
480	480	370	290	80	60	桐柏山—淮源
9500	9400	18340	15800	1540	600	鸡公山
2036	2036	2036		2036	42	王屋山
60613	**26028**	**142985**	**85035**	**54820**	**20441**	**湖北**
6320	3722	20976	245	20731	1978	武汉东湖
30040	12540	80100	60000	20100	15100	武当山
4225	1246	3579	1640	1939	963	长江三峡（湖北段）
2010	1800	2330				隆中
10588	5620	28200	22900	4800	1400	大洪山
6500	450	6700	250	6450	500	九宫山
930	650	1100		800	500	陆水
260863	**138167**	**342345**	**168168**	**167108**	**100985**	**湖南**
1020		65400	55200	5500	4700	岳麓山
116000	16000	132600	58000	74600	38000	韶山
20078	14350	6891	3726	3165		衡山
300	50	1000	800	200	150	虎形山—花瑶
9300	2195	13900	12000	1200	700	崀山
710	90	800	505	130	65	南山
5000	4800	4400	2400	900	800	岳阳楼洞庭湖
6000	1200	10000	6000	4000	3000	福寿山—汨罗江
1017	783	1833	46	1786	129	桃花源
92498	92498	92130	24330	67800	50710	武陵源
1157	1152	2254	362	1892	33	苏仙岭—万华岩
2458	1658	2084	766	1318	326	东江湖
1800	3	1300	960	126	100	万佛山—侗寨
1020	970	4300	2000	2300	2000	紫鹊界梯田—梅山龙宫
2050	2050	3100	950	2050	140	猛洞河
455	368	353	123	141	132	德夯
53754	**26027**	**94750**	**18927**	**67619**	**26709**	**广东**
11934	6138	21582	1198	20383	9565	白云山
6727	5494	12607	4424	6173	245	丹霞山
3361	3222	15408	5691	9717	9717	梧桐山

风景名胜区 名 称 Name of Scenic Spots	风景名胜区 面 积 （平方公里） Area of Scenic Spots （km²）	供游览面积 Tourism- Only Area	游人量 （万人次） Number of Visits （10,000 person-times）	境外游人 Visits by Foreign Tourists	景区资金 收入合计 （万元） Total Revenues of Scenic Spots （10,000RMB）	国家拨款 Financial Allocation from Central Government
西樵山	14		75		2621	146
湖光岩	5	2	30	1	2252	1227
肇庆星湖	20	13	255	30	7095	1062
惠州西湖	22	16	324	2	1977	1040
罗浮山	308	168	206	9	28710	
广西	**6465**	**2423**	**2243**	**158**	**51630**	**19013**
桂林漓江	2064	2000	2150	150	31500	
桂平西山	1400	408	76	2	1210	120
花山	3001	15	17	6	18920	18893
海南	**227**	**125**	**751**	**42**	**71191**	**80**
三亚热带海滨	227	125	751	42	71191	80
重庆	**2417**	**829**	**609**	**44**	**183243**	**12117**
重庆缙云山	170	7	25		260	
四面山	213	106	82	1	39758	2650
金佛山	441	220	121	1	65047	4040
长江三峡（重庆段）	1095	400	270	42	73155	5427
芙蓉江	101	86	108		4923	
天坑地缝	397	10	3		100	
四川	**17031**	**5147**	**2080**	**329**	**170944**	**19483**
西岭雪山	483	115	35	5	3528	
青城山—都江堰	150	49	381	3	35330	17886
龙门山	81	35	18			
天台山	106	40	30		1300	110
剑门蜀道	616	292	505	285	5107	50
白龙湖	482	334	2		13	
峨眉山	172	96	500	8	41984	
蜀南竹海	120	44	100	5	4277	77
石海洞乡	74	28	28		1891	
光雾山—诺水河	456	310	31		4500	1000
黄龙寺—九寨沟	2060	755	383	11	70959	360
四姑娘山	560	560	5		309	
贡嘎山	11055	2354	56	12	1246	
邛海—螺髻山	616	135	6		500	
贵州	**3146**	**1149**	**838**	**13**	**76519**	**25719**
红枫湖	200	180	16		450	
赤水	630	328	112	3	47350	23500
龙宫	60	45	102	1	2300	150
黄果树	163	33	434		15780	250

经营收入 Operational Income (10,000 RMB)	门票 Ticket Fees	景区资金支出合计（万元） Total Expenditure of Scenic Spots (10,000 RMB)	经营支出 Operational Expenditure	固定资产投资完成额 Completed Investment in Fixed Assets	维护支出 Maintenance Expenditure	风景名胜区名 称 Name of Scenic Spots
2475	2475	2810	422	2388	1835	西樵山
1025	960	2257	64	1737	1704	湖光岩
6033	5855	7095	759	2535	2266	肇庆星湖
937	565	1989	177	1075	1025	惠州西湖
21262	1318	31002	6192	23611	352	罗浮山
32617	**4854**	**25122**	**1100**	**23579**	**19945**	**广西**
31500	4100	22100	600	21500	18500	桂林漓江
1090	727	1195		752	145	桂平西山
27	27	1827	500	1327	1300	花山
71111	**52896**	**38275**	**5677**	**32560**	**3667**	**海南**
71111	52896	38275	5677	32560	3667	三亚热带海滨
170552	**31289**	**183398**	**71358**	**110780**	**6888**	**重庆**
260	260	1300		1300	1300	重庆缙云山
37108	2650	61000	39000	22000	2650	四面山
61007	2821	66900	15000	51900	1038	金佛山
67154	20535	51602	16798	33544	1464	长江三峡（重庆段）
4923	4923	2560	560	2000	400	芙蓉江
100	100	36		36	36	天坑地缝
151461	**143558**	**149604**	**35436**	**88951**	**16627**	**四川**
3528	1940	3490	2435	1055	1055	西岭雪山
17444	17444	29184	10406	18778	277	青城山—都江堰
						龙门山
1190	1190	8800	8240	560	240	天台山
5057	2224	4351	3131	1170	120	剑门蜀道
13	13	86		86	86	白龙湖
41984	41984	32489		32489	11467	峨眉山
4200	4200	4443		4004	439	蜀南竹海
1891	1777	1430		1430	70	石海洞乡
3500	510	5000	3500	1000	500	光雾山—诺水河
70599	70599	56256	6924	25229	2348	黄龙寺—九寨沟
309	309	2600	600	1900		四姑娘山
1246	868	1050		1050		贡嘎山
500	500	425	200	200	25	邛海—螺髻山
43050	**23476**	**41059**	**17913**	**17330**	**8611**	**贵州**
450	450	558	20	500	350	红枫湖
18500	5350	17905	9455	8450	6234	赤水
2150	2150	2670	130	2440	100	龙宫
15530	12651	5987	3233	2754	388	黄果树

风景名胜区 名　称 Name of Scenic Spots	风景名胜区 面　积 （平方公里） Area of Scenic Spots （km²）	供游览面积 Tourism- Only Area	游人量 （万人次） Number of Visits （10,000 person-times）	境外游人 Visits by Foreign Tourists	景区资金 收入合计 （万元） Total Revenues of Scenic Spots （10,000RMB）	国家拨款 Financial Allocation from Central Government
紫云格凸河穿洞	57	11	29	1	506	300
石阡温泉群	54	21	12		2000	
九龙洞	56	14	6		349	259
马岭河峡谷	450	74	11	2	333	60
九洞天	86					
织金洞	307	2	22		1808	460
潕阳河	625	425	272	17	3053	904
黎平侗乡	156	94	4		827	40
荔波樟江	275	106	85	6	4450	480
瓮安江界河	35	24	2			
平塘	350	55	1		108	
都匀斗篷山—剑江	267	162	2		258	220
云南	**1820**	**488**	**1715**	**106**	**127206**	**1740**
昆明滇池	355	10	44	7	9844	310
九乡	167	33	71	8	5360	350
路南石林	350	16	277	15	37000	
腾冲热地火山	115	52	77	6	8500	30
丽江玉龙雪山	360	180	650	60	42000	
建水	152	2	29	1	1844	
阿庐	13	2	33	3	1561	
普者黑	145	145	113		2010	
西双版纳	20	12	331	2	15415	
大理	76	34	90	4	3670	1050
三江并流	67	2			2	
西藏	**1940**		**30**		**3600**	
纳木错—念青唐古拉山	1940		30		3600	
陕西	**727**	**320**	**686**	**85**	**191199**	**4261**
临潼骊山	87	53	386	81	163826	
宝鸡天台山	134	40	2		160	100
合阳洽川	177	165	30		2330	1380
华山	148	49	138	1	14352	
黄河壶口瀑布	178	12	55	3	5211	2081
黄帝陵	3	1	75		5320	700
甘肃	**1099**	**250**	**234**	**17**	**40790**	**1956**
麦积山	215	215	102	8	33000	960
崆峒山	84	20	96	5	2346	666
鸣沙山	800	15	36	4	5444	330
青海	**8977**	**4573**	**63**	**1**	**10845**	**3400**
青海湖	8977	4573	63	1	10845	3400
宁夏	**86**	**13**	**77**	**1**	**2882**	**499**
西夏王陵	86	13	77	1	2882	499
新疆	**7279**	**3242**	**208**	**1**	**14016**	**4073**
库木塔格沙漠	1880	250	11		1233	1073
天山天池	548	28	135	1	11108	3000
赛里木湖	1301	1301	30		165	
博斯腾湖	3550	1663	32		1510	

经营收入 Operational Income (10,000RMB)	门票 Ticket Fees	景区资金支出合计（万元）Total Expenditure of Scenic Spots (10,000RMB)	经营支出 Operational Expenditure	固定资产投资完成额 Completed Investment in Fixed Assets	维护支出 Maintenance Expenditure	风景名胜区名称 Name of Scenic Spots
206	50	150	109	41	20	紫云格凸河穿洞
2000		8000	1500	1200	1200	石阡温泉群
90	90	341	191	37	37	九龙洞
239	94	329	98	94	25	马岭河峡谷
						九洞天
1348	1287	3359	1910	1449	103	织金洞
2140	2108	3094	708	2221	2153	潕阳河
779	8	100	60	40	40	黎平侗乡
1650	1200	1280	1000	190	76	荔波樟江
						瓮安江界河
108	108	135		135		平塘
	38	245	207		38	都匀斗篷山—剑江
122706	**104042**	**116065**	**51543**	**41418**	**6245**	**云南**
9534	7633	9471		9471	306	昆明滇池
5010	4558	16248	12063	4185	36	九乡
37000	36890	33100	3111	7930	3500	路南石林
6100	1700	21450	20050	1400	300	腾冲热地火山
42000	36000	3200	2000	600	500	丽江玉龙雪山
1844	1195	1759	41	1680	118	建水
1561	1561	1570	64	1374	84	阿庐
1622	388	3145	1650	1275	220	普者黑
15415	13047	23274	11595	11679	1009	西双版纳
2618	1070	2818	969	1794	142	大理
2		30		30	30	三江并流
3600	**3600**					**西藏**
3600	3600					纳木措—念青唐古拉山
185986	**76769**	**20301**	**9813**	**9493**	**1353**	**陕西**
163826	56462					临潼骊山
60	50	400	200	200	100	宝鸡天台山
950	420	5330	5000	330	170	合阳洽川
13400	12087	8090	1715	5380	484	华山
3130	3130	2081	1320	761	450	黄河壶口瀑布
4620	4620	4400	1578	2822	149	黄帝陵
9894	**8635**	**10180**	**5370**	**4562**	**1048**	**甘肃**
3100	2200	4790	3690	1100	450	麦积山
1680	1610	3510	1660	1850	350	崆峒山
5114	4825	1880	20	1612	248	鸣沙山
7445	**4824**	**10293**	**2880**	**7413**	**232**	**青海**
7445	4824	10293	2880	7413	232	青海湖
2383	**2314**	**3192**	**2553**	**639**	**361**	**宁夏**
2383	2314	3192	2553	639	361	西夏王陵
9888	**8497**	**7197**	**6022**	**1036**	**324**	**新疆**
160	154	1415	1217	198	155	库木塔格沙漠
8108	8108	4353	4353			天山天池
110	105	162		23	19	赛里木湖
1510	130	1267	452	815	150	博斯腾湖

1-2-22　城市市容环境卫生（2010 年）

生活垃圾

地区名称 Name of Regions	道路清扫保洁面积（万平方米） Surface Area of Roads Cleaned and Maintained（10,000 m²）	机械化 Mechani-zation	清运量（万吨） Collected and Trans-ported（10,000 tons）	密闭车（箱）清运量 Quantity of Garbage Transported by Air-tight Vehicle（10,000 tons）	生活垃圾处理量（万吨） Volume of Domestic Garbage Treated（10,000 tons）	无害化处理厂（场）数（座） Number of Harmless Treatment Plants/Grounds（unit）	卫生填埋 Sanitary Landfill	堆肥 Compost	焚烧 Inciner-ation	无害化处理能力（吨/日） Harmless Treatment Capacity（ton/day）	卫生填埋 Sanitary Landfill
全　国　National Total	485033	165075	15804.80	13330.99	14337.98	628	498	11	104	387607	289957
北　京　Beijing	13804	8029	632.98	632.98	613.67	20	15	3	2	16680	12080
天　津　Tianjin	7322	3820	183.71	183.71	183.71	8	6		2	8000	6200
河　北　Hebei	20050	8863	589.28	510.53	571.28	26	20		4	13614	10064
山　西　Shanxi	10609	3961	361.22	299.06	265.77	17	14		3	10568	7968
内　蒙　古　Inner Mongolia	9674	2145	333.96	290.62	310.52	18	17	1		9167	8367
辽　宁　Liaoning	28122	6697	837.26	562.30	752.29	25	24	1		17247	16647
吉　林　Jilin	13037	2392	499.43	338.62	457.35	7	5		2	6496	4456
黑　龙　江　Heilongjiang	14937	2685	782.35	416.79	315.74	20	17		2	10969	9869
上　海　Shanghai	15879	10126	732.00	732.00	599.22	12	4	2	3	10545	5750
江　苏　Jiangsu	44088	17064	1017.05	973.14	1016.75	44	30		14	37637	22445
浙　江　Zhejiang	27805	10615	959.01	832.15	958.41	52	30		22	33323	16438
安　徽　Anhui	17339	5133	435.25	334.61	416.07	16	13		3	9420	7670
福　建　Fujian	11433	3591	417.30	369.59	416.52	20	14		6	12747	7197
江　西　Jiangxi	9911	2249	284.00	235.08	284.00	13	13			6066	6066
山　东　Shandong	48528	17377	992.00	879.84	955.31	55	46		8	35225	26425
河　南　Henan	20892	4402	694.61	628.69	616.46	38	35	1	2	20416	17616
湖　北　Hubei	16941	3959	711.12	543.11	677.08	23	21		1	12800	11400
湖　南　Hunan	12331	6457	505.22	408.01	464.09	21	21			11818	11818
广　东　Guangdong	62768	20937	1938.55	1763.64	1764.21	41	25		16	33956	22213
广　西　Guangxi	11005	3121	245.06	221.60	227.92	20	16	1	3	8191	6871
海　南　Hainan	4076	654	97.66	45.36	77.66	3	2		1	1764	1539
重　庆　Chongqing	6136	2850	256.68	233.10	254.44	13	12		1	6465	5265
四　川　Sichuan	15173	5539	656.03	541.42	619.84	30	23		5	16974	13334
贵　州　Guizhou	3405	1092	213.26	160.33	203.59	12	12			5697	5697
云　南　Yunnan	9726	2565	265.47	249.21	253.03	19	12	2	3	7749	3849
西　藏　Tibet	539	384	16.30	14.53	14.23						
陕　西　Shaanxi	10546	3162	388.32	354.95	334.02	15	11		1	10707	9347
甘　肃　Gansu	5816	1337	278.25	204.67	272.25	13	13			3355	3355
青　海　Qinghai	1951	194	86.31	59.30	71.07	3	3			931	931
宁　夏　Ningxia	3347	653	91.89	77.21	85.03	7	7			2785	2785
新　疆　Xinjiang	7843	3022	303.27	234.84	286.45	17	17			6295	6295

1-2-22 Urban Environmental Sanitation（2010）

Domestic Garbage						粪便 Excrement		公厕数（座）	三类以上	市容环卫专用车辆设备总数（台）	地区名称
堆肥	焚烧	无害化处理量（万吨）	卫生填埋	堆肥	焚烧	清运量（万吨）	无害化处理量（万吨）				
Compost	Incineration	Volume of Harmlessly Treated Garbage (10,000 tons)	Sanitary Landfill	Compost	Incineration	Quantity of Excrement Transported (10,000 tons)	Quantity of Excrement Treated (10,000 tons)	Number of Latrines (unit)	Grade Ⅲ and Above	Number of Vehicles and Equipment Designated for Municipal Environmental Sanitation (unit)	Name of Regions
5480	84940	12317.81	9598.31	180.77	2316.73	1950.52	690.77	119327	81027	90414	全　　国
2400	2200	613.67	445.35	79.26	89.06	194.37	168.55	5966	5966	7461	北　　京
	1800	183.71	125.42		58.29	25.30		1237	729	1951	天　　津
	2450	411.46	311.64		58.92	111.95	54.02	6478	3734	3306	河　　北
	2600	265.77	213.51		52.26	82.22	0.50	3215	946	3689	山　　西
800		276.51	251.66	24.85		129.15	35.73	3962	1059	1480	内　蒙　古
600		593.46	571.56	21.90		124.32	32.59	6322	1493	4998	辽　　宁
	2040	222.32	172.42		49.90	76.31	45.04	4837	1524	2608	吉　　林
	500	315.74	284.59		16.55	166.68	49.33	8893	1587	3814	黑　龙　江
520	2575	599.22	416.46	21.17	108.06	201.00		6026	5767	5560	上　　海
	15192	951.74	488.54		458.73	84.93	47.53	9475	7919	7481	江　　苏
	16885	942.68	504.92		437.76	83.74	40.33	7287	6380	4685	浙　　江
	1750	281.00	231.10		49.90	57.38	5.44	3168	2469	1508	安　　徽
	5550	383.75	241.73		142.02	25.92	3.66	2640	2059	2036	福　　建
		243.92	243.92			40.41	5.20	1785	1236	899	江　　西
	8200	911.63	751.94		131.40	105.40	56.54	5583	4277	5983	山　　东
400	2400	573.67	501.03	6.91	65.73	52.83	14.79	7041	5985	3025	河　　南
	1000	436.85	405.80		18.40	52.40	31.41	5087	4061	3077	湖　　北
		399.09	399.09			4.90	0.05	2896	2328	1998	湖　　南
	11743	1398.01	1031.57		366.44	114.67	16.00	9067	8393	8535	广　　东
400	920	223.34	203.53	9.28	10.53	22.65	9.31	1487	1396	1748	广　　西
	225	66.38	61.63		4.75	8.52		394	234	1525	海　　南
	1200	253.66	216.29		37.37	72.61	6.80	1642	1134	1786	重　　庆
	2340	569.81	464.25	7.00	80.78	31.66	15.46	4638	2909	3301	四　　川
		193.29	193.29			4.14	4.10	1197	1022	882	贵　　州
360	2870	234.37	123.16	10.40	77.70	27.33	11.94	1654	1416	1783	云　　南
								187	9	20	西　　藏
	500	310.02	281.17		2.18	18.52	13.57	2466	2196	1719	陕　　西
		105.60	105.60			20.97	17.65	1173	833	1045	甘　　肃
		58.07	58.07			1.15		553	220	330	青　　海
		85.03	85.03			4.97	2.37	936	511	554	宁　　夏
		214.04	214.04			4.12	2.86	2035	1235	1627	新　　疆

二、县城部分

Statistics for County Seats

2010 年县城建设统计概述

概况 2010 年末，全国有县城 1633 个，据其中 1613 个县、1 个县级市、10 个特殊区域及 148 个新疆生产建设兵团师团部驻地统计汇总，县城人口 1.26 亿人，暂住人口 1236 万人，建成区面积 1.66 万平方公里。

县城市政公用设施固定资产投资 2010 年，县城市政公用设施固定资产完成投资 2569.8 亿元。其中：道路桥梁、排水、园林绿化分别占县城市政公用设施固定资产投资的 44.1%、14.5% 和 10.6%。

全国县城市政公用设施投资新增固定资产 1988.6 亿元，固定资产投资交付使用率 77.4%。主要新增生产能力（或效益）是：供水日综合生产能力 345 万立方米，天然气储气能力 347 万立方米，集中供热蒸汽能力 2972 吨/小时，热水能力 8109 兆瓦，道路长度 5957 公里，排水管道长度 9488 公里，污水处理厂日处理能力 428 万立方米，生活垃圾无害化日处理能力 2.4 万吨。

县城供水和节水 2010 年，县城全年供水总量 92.6 亿立方米，其中生产运营用水 27.3 亿立方米，公共服务用水 10.1 亿立方米，居民家庭用水 40.8 亿立方米。用水人口 1.18 亿人，用水普及率 85.1%。人均日生活用水量 118.9 升。2010 年，县城节约用水 3.6 亿立方米，节水措施总投资 4.7 亿元。

县城燃气和集中供热 2010 年，人工煤气供应总量 4.1 亿立方米，天然气供气总量 40 亿立方米，液化石油气供气总量 218.5 万吨。用气人口 0.9 亿人，燃气普及率 64.9%。2010 年末，蒸气供热能力 1.5 万吨/小时，热水供热能力 6.9 万兆瓦，集中供热面积 6.1 亿平方米。

县城道路桥梁 2010 年末，县城道路长度 10.6 万公里，道路面积 17.6 亿平方米，其中人行道面积 4.3 亿平方米，人均城市道路面积 12.7 平方米。

县城排水与污水处理 2010 年末，全国县城共有污水处理厂 1052 座，污水厂日处理能力 2040 万立方米，排水管道长度 10.9 万公里。县城全年污水处理总量 43.3 亿立方米，污水处理率 60.1%，其中污水处理厂集中处理率 54.2%。

县城园林绿化 2010 年末，县城建成区绿化覆盖面积 41.3 万公顷，建成区绿化覆盖率 24.9%；建成区绿地面积 33 万公顷，建成区绿地率 19.9%；公园绿地面积 10.7 万公顷，人均公园绿地面积 7.7 平方米。

县城市容环境卫生 2010 年末，全国县城道路清扫保洁面积 14.1 亿平方米，其中机械清扫面积 2.6 亿平方米，机械清扫率 18.4%。全年清运生活垃圾、粪便 0.71 亿吨。

Overview

General situation

There were 1633 counties across the country at the end of 2010. Based on 1613 counties statistics, 1 city at county level, 10 special regions and 148 Xinjiang Production and Construction Corps stations with a total population of 126 million and temporary residents of 12. 36 million. Built-up areas in county seats accounted for 16. 6 thousand square kilometers.

The fixed assets investment in municipal utilities

In 2010, The fixed assets investment in the county seat municipal utilities reached 256. 98 billion. Among this fixed assets investment in the municipal utilities, the investment in roads and bridges, drainage, greening and landscaping accounted for 44. 1%, 14. 5%, 10. 6% of the total fixed assets investment in municipal utilities respectively.

The newly increased fixed assets in the municipal utilities amounted to198. 86 billion. The fixed assets delivery rate reached 77. 4%. The newly added production capacity or benefits of major utilities included: daily overall water production capacity was 3. 45 million m³, natural gas storage capacity was 3. 47 million m³, the supply capacity of central heating from steam and hot water was 2. 972 thousand tons per hour and 8. 109 thousand megawatts respectively, the length of County Seat roads totaled 5. 957 thousand kilometers, the drainage pipelines reached 9. 488 thousand kilometers, daily wastewater treatment capacity was 4. 28 million m³, and daily County Seat domestic garbage treatment capacity was 24 thousand tons.

County Seat water supply and water conservation

In 2010, the total quantity of County Seat water supplied was 9. 56 billion m³. The total quantity of water used for industrial production and operation was 2. 73 billion m³. The quantity of water used for public service was 1. 01 billion m³. The quantity of domestic water use came to 4. 08 billion m³. County Seat water coverage rate was 85. 1%, supplying a total population of 118 million. Daily per capita water consumption was 118. 9 liter. 360 million cubic meters of county seat water was saved in the year with total investment in water saving measures reaching RMB 470 million yuan.

County Seat gas and centralized heating

In 2010, the total quantity of man-made coal gas supply was 410 million m³, natural gas supply was 4 billion m³, and LPG supply was 2. 185 million tons. County Seat population supplied with gas was 90 million with coverage rate registering 64. 9%. By the end of 2010, the supply capacity of heating from steam and hot water reached 15 thousand tons per hour and 69 thousand megawatts respectively. The centrally heated area extended to reach 610 million square meters.

County Seat roads and bridge

At the end of 2010, the country claimed a total length of County Seat road of 106 thousand kilometers whose surface area was 1. 76 billion square meters with per capita area 12. 7 square meters.

County Seat drainage and wastewater treatment

At the end of 2010, there were a total of 1052 wastewater treatment plants in cities with daily treatment capacity of 20. 4 million cubic meters. The length of drainage pipelines reached 109 thousand kilometers. The total quantity of county seat wastewater treated within the year was 4. 33 billion cubic meters with treatment rate of 60. 1% and central treatment rate of 54. 2%.

County Seat greening and landscaping

By the end of 2010, the area in built-up district covered by greenery totaled 413 thousand hectare. The coverage rate increased to 24. 9%. The total green space in built-up areas amounted to 330 thousand hectares with coverage rate of 19. 9%. The country claimed 107 thousand hectares of public green space with public green space per capita was 7. 7 square meters.

The County Seat environmental sanitation

By the end of 2010, the total surface area of road cleaned and maintained was 1. 41 billion square meters, of which mechanically cleaned area was 260 million square meters with a mechanical cleaning rate of 18. 4%. The total amount of domestic garbage and night soil cleared and transported throughout the year was 71 million tons.

2-1-1　全国历年县城市政公用设施水平

2-1-1　Level of Service Facilities of National County Seat in Past Years

指标 Item 年份 Year	用水 普及率 （%） Water Coverage Rate （%）	燃气 普及率 （%） Gas Coverage Rate （%）	每万人拥有 公共交通 车辆 （标台） Motor Vehicle for Public Fransport Per 10,000 Persons （standard unit）	人均道路 面积 （平方米） Road Surface Area Per Capita （m²）	污水 处理率 （%） Wastewater Treatment Rate （%）	园林绿化			每万人 拥有公厕 （座） Number of Public Lavatories per 10,000 Persons （unit）
						人均公园 绿地面积 （平方米） Public Recreational Green Space Per Capita （m²）	建成区 绿地率 （%） Green Space Rate of Built District （%）	建成区绿化 覆盖率 （%） Green Coverage Rate of Built District （%）	
2000	84.83	54.41	2.64	11.20	7.55	5.71	6.51	10.86	2.21
2001	76.45	44.55	1.89	8.51	8.24	3.88	9.08	13.24	3.54
2002	80.53	49.69	2.51	9.37	11.02	4.32	9.78	14.12	3.53
2003	81.57	53.28	2.52	9.82	9.88	4.83	10.79	15.27	3.59
2004	82.26	56.87	2.77	10.30	11.23	5.29	11.65	16.42	3.54
2005	83.18	57.8	2.86	10.80	14.23	5.67	12.26	16.99	3.46
2006	76.43	52.45	2.59	10.30	13.63	4.98	14.01	18.7	2.91
2007	81.15	57.33	3.07	10.70	23.38	5.63	15.41	20.20	2.90
2008	81.59	59.11	3.04	11.21	31.58	6.12	16.90	21.52	2.90
2009	83.72	61.66		11.95	41.64	6.89	18.37	23.48	2.96
2010	85.14	64.89		12.68	60.12	7.7	19.92	24.89	2.94

注：1. 自 2006 年起，人均和普及率指标按县城人口和县城暂住人口合计为分母计算，以公安部门的户籍统计和暂住人口统计为准。

　2. "人均公园绿地面积"指标 2005 年及以前年份为"人均公共绿地面积"。

　3. 从 2009 年起，县城公共交通内容不再统计，增加轨道交通建设情况内容。

Note：1. Since 2006, figure in tems of per capita and coverage rate have been calculated based on denominator which combines both permanent and temporary residents in county seat areas. And the population should come from statistics of police.

　2. Since 2006, Public Green Space Per Capita is changed to be Public Recreational Green Space Per Capita.

　3. Since 2009, Statistics on county seat public transport have been removed, and relevant information on the constraction of rail transit system has been added.

2-1-2 全国历年县城数量及人口、面积情况

2-1-2 National Changes in Number of Counties, Population and Area in Past Years

面积计量单位：平方公里 Area Measurement Unit：Square Meter

人口计量单位：万人 Population Measurement Unit：10,000 persons

指标 Item 年份 Year	县及其他个数 Number of Counties	县城人口 Couty Seat Population	县城暂住人口 Couty Seat Temporary Population	县城面积 Couty Seat Area	建成区面积 Area of Built District	城市建设用地面积 Area of Urban Construction Land
2000	1674	14157		53197	13135	8788
2001	1660	9012		57651	10427	9157
2002	1649	8874		56138	10496	9455
2003	1642	9235		53197	11115	10180
2004	1636	9641		53649	11774	11106
2005	1636	10030		63382	12383	12383
2006	1635	10963	934	76508	13229	13456
2007	1635	11581	1011	93887	14260	14680
2008	1635	11947	1079	130813	14776	15534
2009	1636	12259	1120	154603	15558	15671
2010	1633	12637	1236	175926	16585	16405

2-1-3 全国历年县城维护建设资金收入

2-1-3 National Revenue of County Seat Maintenance and Construction Fund in Past Years

计量单位：万元　Measurement Unit：10,000 RMB

指标 Item / 年份 Year	合计 Total	城市维护建设税 Urban Maintenance and Construction Tax	城镇公用事业附加 Extra-Charges for Municipal Utilities	中央财政拨款 Financial Allocation From Central Government Budget	地方财政拨款 Financial Allocation From Local Government Budget	水资源费 Water Source Fee	国内贷款 Domestic Loan	利用外资 Foreign Investment	企事业单位自筹资金 Self-Raised Funds by Enterprises and Institutions	其他收入 Other Revenues
2000	1475288	218874	45849	83404	209840	5421	177939	52215	243841	437904
2001	2339413	284380	47428	68460	378484	7807	261940	65162	535359	690393
2002	3165232	319198	49195	163717	552206	9087	374804	76792	775543	844690
2003	4703331	418992	52225	249529	829818	14283	603166	131672	1261785	1141861
2004	5178923	482254	58156	159856	1080049	13112	645288	134733	1203808	1401667
2005	6043627	562226	66971	173570	1405247	16618	698906	158159	1440598	1521332
2006	5280388	624690	87843	281139	121727	30201				4134788
2007	7218834	827944	115565	255958	2022760	55081				3941526
2008	9736493	1109612	217957	647527	2927932	59435				4774030
2009	13820241	1272267	165937	1125862	5319207	88990				5847978
2010	20582038	1520894	215283	1410514	5465372	116924				11853051

注：自2006年起，县城维护建设资金收入仅包含财政性资金，不含社会融资。地方财政拨款中包括省、市财政专项拨款和市级以下财政资金；其他收入中包括市政公用设施配套费、市政公用设施有偿使用费、土地出让转让金、资产置换收入及其他财政性资金。

Note：Since 2006, national revenue of county seats'maintenance and construction fund includes the fund fiscal budget, not including social funds. Local Financail Allocation include province and city special finacial allocation, and Other Revenues include fee for expansion of municipal utilites capacity, fee for use of municaipal utilities, land drainage facilities, water resource fee, property displace fee and so on.

2-1-4 全国历年县城维护建设资金支出

指标 Item / 年份 Year	支出合计 Total	按用途分 By Purpose			供水 Water Supply	燃气 Gas Supply	集中供热 Central Heating
		固定资产投资支出 Expenditure From Investment in Fixed Assets	维护支出 Maintenance Expenditure	其他支出 Other Expenditures			
2000	1543701	1224032	280838	38831	159991	17394	44294
2001	2336929	1746365	333699	256865	203748	42053	81911
2002	3196841	2529827	389298	277716	237120	82809	100698
2003	4661734	3907547	459527	294660	350503	120290	176962
2004	5077874	4221092	559888	296894	418492	132216	226354
2005	5927238	4831130	659689	436419	486596	187305	270791
2006	4971017	3660147	858483	452387	335755	84706	138289
2007	6806308	4796581	1207586	802141	356545	91517	227936
2008	9192126	6722788	1434309	1020577	429065	161977	322488
2009	13182941	10266437	1773499	1322453	581938	195643	471494
2010	20451108	16006075	2348570	2096535	764970	347357	607139

注：从2009年起，县城公共交通内容不再统计，增加轨道交通建设情况内容。

Note：Since 2009, statistics on county seat public transport have been removed, and relevant information on the construction of

2-1-4 National Expenditure of County Seat Maintenance and
Construction Fund in Past Years

计量单位：万元　Measurement Unit：10,000RMB

按行业分　By Indurstry						
轨道交通 Public Transportation	道路桥梁 Road and Bridge	排水 Sewerage	防洪 Flood Control	园林绿化 Landscaping	市容环境 卫　生 Environmental Sanitation	其他 Other
21325		113500		81017	69388	226679
56570	900589	170371	84847	167091	105395	524354
69067	1267934	256982	107759	213189	129337	731946
92844	2040028	401354	149805	293000	208242	828706
110896	2068361	447482	164216	386914	206046	916897
136966	2390132	545025	192193	419119	239892	1059219
93385	2192650	533822	144505	434397	284086	729422
164390	2897997	781286	191378	605518	398862	1090879
232359	3904437	1098048	183828	964899	524292	1370733
2125	5120827	2278356	299657	1375296	1009819	1847786
53845	8356614	2383811	418408	2543138	1380225	3595601

rail transit system has been added.

2-1-5 按行业分全国历年县城市政公用设施建设固定资产投资
2-1-5 National Fixed Assets Investment of County Seat Sevice Facilities by Industry in Past Years

计量单位：亿元　Measurement Unit：100 million RMB

指标 Item / 年份 Year	本年固定资产投资总额 Completed Investment of this Year	供水 Water Supply	燃气 Gas Supply	集中供热 Central Heating	公共交通 Public Transportation	道路桥梁 Road and Bridge	排水 Sewerage	污水处理及其再生利用 Wastewater Treatment and Reuse	防洪 Flood Control	园林绿化 Landscaping	市容环境卫生 Environmental Sanitation	垃圾处理 Garbage Treatment	其他 Other
2000													
2001	337.4	23.6	6.2	8.3	10.0	117.2	20.4	5.3	11.8	18.2	6.9	1.6	114.9
2002	412.2	28.1	10.5	13.2	10.6	152.9	33.0	12.9	13.7	22.0	10.6	3.9	117.7
2003	555.7	38.8	13.9	18.5	11.8	228.3	44.6	16.1	17.5	30.5	14.9	7.0	136.6
2004	656.8	44.4	15.1	24.3	12.3	246.7	52.5	17.2	19.1	41.0	14.7	4.5	186.7
2005	719.1	53.4	21.9	29.8	14.1	285.1	63.5	24.6	20.4	45.0	17.0	5.4	169.8
2006	730.5	44.3	24.1	28.9	10.3	319.1	72.1	37.0	11.6	46.2	42.2	7.6	132.4
2007	812.0	42.3	26.9	42.4	17.7	358.1	107.1	67.2	17.5	76.0	29.2	16.4	94.9
2008	1146.1	48.2	35.7	58.5	18.3	532.1	141.2	80.8	26.4	174.1	37.2	23.2	74.4
2009	1681.4	78.2	37.0	72.9		690.3	305.7	225.7	42.1	222.8	94.7	62.9	137.6
2010	2569.8	88.1	67.2	124.2		1132.1	271.1	165.7	45.8	373.6	121.9	83.4	345.9

注：从 2009 年起，县城公共交通内容不再统计，增加轨道交通建设情况内容。

Note：Since 2009, statistics on county seat public transport have been removed, and relevant information on the construction of rail transit system has been added.

2-1-6 按资金来源分全国历年县城市政公用设施建设固定资产投资

2-1-6 National Fixed Assets Investment of County Seat Service Facilities by Capital Source in Past Years

计量单位：亿元　Measurement Unit：100 million RMB

指标 Item 年份 Year	本年资金来源合计 Completed Investment of this Year	上年末结余资金 The Balance of the Previous Year	本年资金来源 Sources of Fund							
			小计 Subtotal	中央财政拨款 Financial Allocation from the Central Government Budget	地方财政拨款 Financial Allocation from Local Governments Budget	国内贷款 Domestic Loan	债券 Securities	利用外资 Foreign Investment	自筹资金 Self-Raised Funds	其他资金 Other Funds
2000										
2001	306.4	7.6	298.8	13.7	47.4	33.2	1.5	23.4	116.1	63.5
2002	377.1	4.2	372.9	19.7	74.2	46.3	1.2	12.6	149.5	69.4
2003	518.1	6.8	511.3	30.2	101.6	69.0	1.6	25.1	202.2	81.7
2004	619.2	7.3	611.9	20.6	133.4	84.1	2.2	38.7	222.1	110.7
2005	682.8	9.5	673.3	25.1	170.1	76.9	2.2	39.9	247.3	111.9
2006	755.2	16.9	738.3	54.8	255.4	89.6	1.5	26.2	234.2	76.6
2007	833.0	13.1	819.8	34.5	346.7	88.1	2.2	26.3	240.3	81.8
2008	1126.7	16.3	1110.4	52.5	520.4	107.6	1.4	28.0	297.0	103.5
2009	1682.9	20.8	1662.1	107.0	662.0	298.6	11.7	32.9	385.5	164.4
2010	2559.8	34.3	2525.5	325.5	985.8	332.6	4.1	44.3	606.6	226.6

2-1-7 全国历年县城供水情况
2-1-7 National County Seat Water Supply in Past Years

指标 Item 年份 Year	综合生产 能　力 （万立方米/日） Integrated Production Capacity （10,000m³/day）	供水管道 长　度 （公里） Length of Water Supply Pipelines （km）	供水总量 （万立方米） Total Quantity of Water Supply （10,000m³）	生活用量 Residential Use	用水人口 （万人） Population with Access to Water Supply （10,000 persons）	人均日生活 用　水　量 （升） Daily Water Consumption Per Capita （liter）	用　水 普及率 （%） Water Coverage Rate （%）
2000	3662	70046	593588	310331	6931.2	122.7	84.83
2001	3754	77316	577948	327081	6889.2	130.1	76.45
2002	3705	78315	567915	338689	7145.7	129.9	80.53
2003	3400	87359	606189	363311	7532.9	132.1	81.57
2004	3680	92867	653814	395181	7931.1	136.5	82.26
2005	3862	98980	676548	409045	8342.2	134.3	83.18
2006	4207	113553	746892	407389	9093.4	122.7	76.43
2007	5744	131541	794495	448943	10218.7	120.4	81.15
2008	5976	142507	826300	459866	10628.4	119.4	81.59
2009	4775	148578	856291	484644	11200.7	118.6	83.72
2010	4683	159905	925705	509266	11811.4	118.9	85.14

2-1-8 全国历年县城节约用水情况
2-1-8 National County Seat Water Conservation in Past Years

指标 Item 年份 Year	计划用水量 （万立方米） Planned Quantity of Water Use （10,000m³）	新水取用量 （万立方米） Fresh Water Used （10,000m³）	工 业 用 水 重复利用量 （万立方米） Quantity of Industrial Water Recycled （10,000m³）	节约用水量 （万立方米） Water Saved （10,000m³）
2000	115591	109069	95763	20322
2001	161795	133634	24206	28161
2002	110702	91610	26321	19092
2003	120551	94938	24815	25613
2004	123176	98004	25790	25163
2005	155933	118727	32852	37206
2006		122700	32523	21546
2007		127318	99648	22675
2008		122275	53278	20480
2009		139735	130864	23135
2010		157563	133337	35963

2-1-9 全国历年县城燃气情况

2-1-9 National County Seat Gas in Past Years

指标 Item 年份 Year	人工煤气 Man-Made Coal Gas				天然气 Natural Gas				液化石油气 LPG				燃气普及率（%） Gas Coverage Rate（%）
	供气总量（亿立方米） Total Gas Supplied（100 million m³）	家庭用量 Domestic Consumption	用气人口（万人） Population with Access to Gas（10,000 persons）	管道长度（公里） Length of Gas Supply Pipeline（km）	供气总量（亿立方米） Total Gas Supplied（100 million m³）	家庭用量 Domestic Consumption	用气人口（万人） Population with Access to Gas（10,000 persons）	管道长度（公里） Length of Gas Supply Pipeline（km）	供气总量（吨） Total Gas Supplied（ton）	家庭用量 Domestic Consumption	用气人口（万人） Population with Access to Gas（10,000 persons）	管道长度（公里） Length of Gas Supply Pipeline（km）	
2000	1.72	1.63	73.10	615	3.31	2.25	237	5268	110.84	98.23	2723	96	54.41
2001	2.14	1.85	89.85	424	4.37	2.71	274	6400	127.55	109.90	3653	674	44.55
2002	1.19	1.13	68.30	493	6.36	3.30	316	7398	142.42	124.23	4025	760	49.69
2003	0.73	0.60	51.33	519	7.67	4.16	361	8397	174.45	140.17	4508	1033	53.28
2004	1.80	1.51	81.91	551	10.97	5.43	437	9881	188.94	156.37	4961	1172	56.87
2005	3.04	2.01	127.35	830	18.12	5.83	519	12602	185.90	147.10	5151	1203	57.80
2006	1.26	0.49	54.58	745	16.47	7.11	780	17487	195.04	147.07	5405	1728	52.45
2007	1.44	0.51	58.52	1158	24.45	7.01	943	21882	203.22	158.60	6217	2355	57.33
2008	2.68	1.84	72.22	1426	23.26	9.00	1123	27110	202.14	160.60	6504	2899	59.11
2009	1.78	0.97	69.12	1459	32.16	13.79	1404	34214	212.58	171.00	6776	3136	61.66
2010	4.06	1.03	69.97	1520	39.98	17.09	1835	42156	218.50	174.97	7098	3053	64.89

2-1-10 全国历年县城集中供热情况
2-1-10 National County Seat Centralized Heating in Past Years

指标 Item 年份 Year	供热能力 Heating Capacity		供热总量 Total Heat Supplied		管道长度（公里） Length of Pipelines（km）		集中供热 面 积 （亿平方米）
	蒸汽 （吨/小时） Steam （ton/hour）	热水 （兆瓦） Hot Water （mega watts）	蒸汽 （万吉焦） Steam （10,000 gigajoules）	热水 （万吉焦） Hot Water （10,000 gigajoules）	蒸汽 Steam	热水 Hot Water	Heated Area （100 million m²）
2000	4418	11548	1409	9076	1144	4187	0.67
2001	3647	11180	1872	20568	658	4478	0.92
2002	4848	14103	2627	27245	881	4778	1.45
2003	5283	19446	2871	22286	904	6136	1.73
2004	5524	20891	3194	21847	991	7094	1.72
2005	8837	20835	8781	18736	1176	8048	2.06
2006	9193	26917	8520	23535	1367	9450	2.37
2007	13461	35794	15780	39071	1564	12795	3.17
2008	12370	44082	14708	75161	1612	14799	3.74
2009	16675	62330	12519	56013	1874	18899	4.81
2010	15091	68858	16729	103005	1773	23737	6.09

注：2000 年蒸汽供热总量计量单位为万吨。

Note：Heating capacity through steam in 2000 is measured with the unit of 10,000 tons.

2-1-11 全国历年县城道路和桥梁情况

2-1-11 National County Seat Road and Bridge in Past Years

指标 Item 年份 Year	道路长度 （万公里） Length of Roads （10,000 km）	道路面积 （亿平方米） Surface Area of Roads （100 million m²）	防洪堤长度 （万公里） Length of Flood Control Dikes （10,000 km）	人均城市道路面积 （平方米） Urban Road Surface Area Per Capita （m²）
2000	5.04	6.24	0.93	11.20
2001	5.10	7.67	0.90	8.51
2002	5.32	8.31	0.96	9.37
2003	5.77	9.06	0.93	9.82
2004	6.24	9.92	1.00	10.30
2005	6.68	10.83	0.98	10.80
2006	7.36	12.26	1.32	10.30
2007	8.38	13.44	1.17	10.70
2008	8.88	14.6	1.33	11.21
2009	9.5	15.98	1.19	11.95
2010	10.6	17.60	1.25	12.68

2-1-12 全国历年县城排水和污水处理情况

2-1-12 National County Seat Drainage and Wastewater Treatment in Past Years

指标 Item 年份 Year	排水管道 长 度 （万公里） Length of Drainage Pipelines （10,000km）	污 水 年排放量 （亿立方米） Annual Quantity of Wastewater Discharged （100million m³）	污水处理厂		污 水 年处理总量 （亿立方米） Annual Treatment Capacity （100million m³）	污水处理率 （％） Wastewater Treatment Rate （％）
			座数 （座） Number of Wastewater Treatment Plant （unit）	处理能力 （万立方米/日） Treatment Capacity （10,000m³/day）		
2000	4.00	43.20	54	55	3.26	7.55
2001	4.40	40.14	54	455	3.31	8.24
2002	4.44	43.58	97	310	3.18	11.02
2003	5.32	41.87	93	426	4.14	9.88
2004	6.01	46.33	117	273	5.20	11.23
2005	6.04	47.40	158	357	6.75	14.23
2006	6.86	54.63	204	496	6.00	13.63
2007	7.68	60.10	322	725	14.10	23.38
2008	8.39	62.29	427	961	19.70	31.58
2009	9.63	65.70	664	1412	27.36	41.64
2010	10.89	72.02	1052	2040	43.30	60.12

2-1-13　全国历年县城园林绿化情况

2-1-13　National County Seat Landscaping in Past Years

计量单位：公顷　Measurement Unit：Hectare

指标 Item 年份 Year	建成区绿化 覆盖面积 Built District Green Coverage Area	建成区 绿地面积 Built District Area of Green Space	公园绿地 面积 Area of Public Recreational Green Space	公园 面积 Park Area	人均公园 绿地面积 （平方米） Public Recreational Green Space Per Capita （m²）	建成区 绿地率 （％） Green Space Rate of Built District （％）	建成区绿化 覆盖率 （％） Green Coverage Rate of Built District （％）
2000	142667	85452	31807	15736	5.71	6.51	10.86
2001	138338	94803	35082	69829	3.88	9.08	13.24
2002	148214	102684	38378	73612	4.32	9.78	14.12
2003	169737	119884	44628	28930	4.83	10.79	15.27
2004	193274	137170	50997	33678	5.29	11.65	16.42
2005	210393	151859	56869	32830	5.67	12.26	16.99
2006	247318	185389	59244	39422	4.98	14.01	18.7
2007	288085	219780	70849	54488	5.63	15.41	20.2
2008	317981	249748	79773	51510	6.12	16.90	21.52
2009	365354	285850	92236	56015	6.89	18.37	23.48
2010	412730	330318	106872	67325	7.70	19.92	24.89

注：1. 自2006年起，"公共绿地"统计为"公园绿地"。

2. 自2006年起，"人均公共绿地面积"统计为以城区人口和城区暂住人口合计为分母计算的"人均公园绿地面积"。

Note：1. Since 2006, Public Green Space is changed to Public Recreatinal Green Space.

2. Since 2006, Public recreational green space per capita has been calculated based on denominator which combines both permanent and temporary resiclents in urban areas.

2-1-14　全国历年县城市容环境卫生情况

2-1-14　National County Seat Environmental Sanitation in Past Years

指标 Item 年份 Year	生活垃圾 清运量 （万吨） Quantity of Domestic Garbage Collected and Transported （10,000tons）	垃圾无害 化处理厂 （场）座数 （座） Number of Harmless Treatment Plants/ Grounds （unit）	无害化 处理能力 （吨/日） Harmless Treatment Capacity （ton/day）	垃圾无害化 处理量 （万吨） Quantity of Harmlessly Treated Garbage （10,000tons）	粪便清运量 （万吨） Volume of Soil Collected and Transported （10,000tons）	公厕数量 （座） Number of Latrine （unit）	市容环卫 专用车辆 设备总数 （台） Number of Vehicles and Equipment Designated for Municipal Environmental Sanitation （unit）	每万人 拥有公厕 （座） Number of Latrine per 10,000 Population （unit）
2000	5560	358	18493	782.52	1301	31309	13118	2.21
2001	7851	489	29300	1551.88	1709	31893	13472	3.54
2002	6503	460	31582	1056.61	1659	31282	13817	3.53
2003	7819	380	29546	1159.35	1699	33139	15114	3.59
2004	8182	295	26032	865.13	1256	34104	16144	3.54
2005	9535	203	23049	688.78	1312	34753	17697	3.46
2006	6266	124	15245	414.30	710	34563	17367	2.91
2007	7110	137	18785	496.56	2507	36542	19220	2.90
2008	6794	211	34983	838.69	1151	37718	20947	2.90
2009	8085	286	45430	1220.15	759	39618	22905	2.96
2010	6317	448	69310	1732.51	811	40818	25249	2.94

2-2-1 全国县城市政公用设施水平 (2010年)

地区名称 Name of Regions	人口密度 （人/平方公里） Population Density (person/square kilometer)	人均日生活 用水量 （升） Daily Water Consumption Per Capita (liter)	用水普及率 （%） Water Coverage Rate （%）	燃气普及率 （%） Gas Coverage Rate （%）	建成区供水 管道密度 （公里/ 平方公里） Density of Water Supply Pipelines in Built District (kilometer/ square kilometer)	人均道路 面 积 （平方米） Road Surface Area Per Capita （m²）
全 国 National Total	789	118.89	85.14	64.89	9.64	12.68
天 津 Tianjin	1702	59.59	100.00	100.00	10.29	20.70
河 北 Hebei	1731	107.57	95.08	69.11	9.58	17.74
山 西 Shanxi	2772	77.05	93.99	58.18	10.85	11.46
内 蒙 古 Inner Mongolia	360	68.69	75.35	48.44	8.62	13.87
辽 宁 Liaoning	1318	103.51	77.86	61.83	10.54	10.32
吉 林 Jilin	2262	102.98	67.71	56.44	9.51	8.27
黑 龙 江 Heilongjiang	2622	75.05	73.97	53.39	8.97	10.84
江 苏 Jiangsu	1778	123.82	96.46	93.81	13.81	16.39
浙 江 Zhejiang	903	146.21	99.06	97.01	20.45	16.99
安 徽 Anhui	1674	115.35	81.50	69.26	8.94	12.61
福 建 Fujian	2153	153.66	95.93	92.89	14.67	10.74
江 西 Jiangxi	4706	118.80	92.09	78.20	9.09	13.28
山 东 Shandong	1134	120.39	93.75	85.50	6.36	17.81
河 南 Henan	2380	124.37	64.96	30.17	5.46	11.32
湖 北 Hubei	2556	128.71	88.75	74.49	8.52	12.21
湖 南 Hunan	3645	153.71	86.20	66.71	10.13	11.91
广 东 Guangdong	1185	141.78	87.18	84.52	13.15	11.82
广 西 Guangxi	497	164.73	82.90	70.90	9.82	10.50
海 南 Hainan	3317	168.51	80.91	75.26	5.75	15.77
重 庆 Chongqing	1696	106.71	83.36	83.74	12.71	8.21
四 川 Sichuan	984	139.40	80.65	63.26	10.72	10.21
贵 州 Guizhou	1948	98.21	77.90	37.10	6.67	5.75
云 南 Yunnan	3788	112.69	88.45	44.74	11.28	11.51
西 藏 Tibet	9	179.17	63.98	40.57	3.28	10.58
陕 西 Shaanxi	3650	85.00	87.89	60.68	6.49	10.59
甘 肃 Gansu	4039	68.09	83.21	39.54	8.93	10.58
青 海 Qinghai	1685	103.43	85.10	19.56	8.94	10.19
宁 夏 Ningxia	3092	110.85	91.46	65.19	9.08	25.13
新 疆 Xinjiang	2773	102.69	89.47	69.66	9.00	15.59
新疆兵团 Xinjiang Producti-on and Constructi-on Corps	1308	190.88	83.63	33.56	17.38	19.54

2-2-1 Level of National County Seat Service Facilities (2010)

建成区排水管道密度（公里/平方公里） Density of Sewers in Built District (kilometer/square kilometer)	污水处理率（%） Wastewater Treatment Rate (%)	污水处理厂集中处理率 Centralized Treatment Rate of Wastewater Treatment Plants	人均公园绿地面积（平方米） Public Recreational Green Space Per Capita (m²)	建成区绿化覆盖率（%） Green Space Rate of Built District (%)	建成区绿地率（%） Green Coverage Rate of Built District (%)	生活垃圾处理率（%） Domestic Garbage Treatment Rate (%)	生活垃圾无害化处理率（%） Domestic Garbage Harmless Treatment Rate (%)	地区名称 Name of Regions
6.57	60.12	54.19	7.70	24.89	19.92	60.61	27.43	全　国
6.74	57.65	57.65	12.11	42.67	38.01	38.70	38.70	天　津
7.27	77.15	66.28	8.28	27.44	21.47	48.84	21.26	河　北
6.89	71.69	64.99	8.05	31.11	20.84	11.84	9.79	山　西
4.78	51.70	51.70	8.57	17.02	12.22	46.08	27.71	内蒙古
4.80	52.46	46.18	7.11	13.51	11.84	60.99	30.37	辽　宁
5.13	32.62	28.65	7.81	26.08	21.14	75.61	6.18	吉　林
4.07	14.76	13.41	8.63	17.53	12.99	7.51	7.51	黑龙江
9.53	69.38	59.82	9.55	38.41	35.47	93.85	27.51	江　苏
12.51	74.34	71.26	10.90	35.74	32.20	96.47	88.57	浙　江
7.20	73.56	70.23	6.53	23.87	16.54	84.15	9.00	安　徽
8.21	68.15	61.27	10.11	36.43	32.73	92.22	65.18	福　建
7.76	64.80	62.26	12.71	39.07	34.68	98.04	20.20	江　西
6.34	84.36	83.45	11.85	33.44	27.84	79.50	44.45	山　东
5.67	74.81	74.63	4.60	12.53	9.27	71.58	56.71	河　南
6.65	41.73	16.76	6.22	23.14	16.96	67.20	22.16	湖　北
7.78	63.92	62.10	6.34	25.18	21.01	58.53	13.39	湖　南
5.87	42.71	34.34	8.86	30.29	25.68	45.86	5.45	广　东
7.02	51.31	41.40	6.20	24.50	20.60	43.21	35.95	广　西
5.89	29.46	25.53	8.75	31.05	24.15	32.27	13.02	海　南
9.73	79.85	79.85	11.09	35.90	31.61	96.13	93.17	重　庆
6.89	34.61	25.75	5.57	23.45	19.90	42.50	31.26	四　川
4.28	49.48	49.48	3.05	14.77	9.03	42.43	0.62	贵　州
7.29	22.98	17.57	7.76	23.07	18.57	74.36	38.65	云　南
2.96	20.11		2.04	6.29	1.04			西　藏
5.51	36.20	31.30	4.56	19.71	12.08	40.34	23.13	陕　西
4.70	8.57	8.37	4.80	15.54	10.46	84.74	9.75	甘　肃
3.55	12.27	12.27	3.99	14.33	9.83	79.91	26.69	青　海
7.08	42.81	10.94	13.14	26.42	21.12	36.21	12.49	宁　夏
4.78	57.14	37.74	9.52	28.80	24.71	64.84		新　疆
4.51	32.01		6.00	13.73	7.79			新疆兵团

2-2-2 全国县城人口和建设用地（2010 年）

地区名称 Name of Regions	县面积 County Area	县人口 County Permanent Population	县暂住人口 County Temporary Population	县城面积 County Seat Area	县城人口 County Seat Permanent Population	县城暂住人口 County Seat Temparory Population	建成区面积 Area of Built District	小计 Subtotal	居住用地 Residential Land
全国 National Total	7420425	69558	2529	175925.83	12637.47	1236.09	16585.47	16405.26	5778.93
天津 Tianjin	4361	178	5	220.23	36.03	1.46	67.37	67.36	25.76
河北 Hebei	149572	4344	154	5509.55	875.35	78.20	1209.03	1164.85	415.25
山西 Shanxi	127097	2050	85	1958.30	500.41	42.43	601.07	542.77	217.90
内蒙古 Inner Mongolia	1050516	1558	102	12777.76	406.50	53.17	837.23	853.25	344.99
辽宁 Liaoning	83101	1228	29	1713.17	215.08	10.70	343.48	355.82	133.64
吉林 Jilin	90551	820	12	853.80	186.28	6.89	189.03	184.16	72.86
黑龙江 Heilongjiang	252945	1497	28	1387.35	347.84	15.88	516.09	523.05	247.55
江苏 Jiangsu	39083	2265	47	2852.74	486.79	20.31	600.57	609.04	186.71
浙江 Zhejiang	51472	1551	297	4871.97	354.02	85.82	516.38	555.44	170.13
安徽 Anhui	102792	4550	121	4400.29	674.32	62.47	851.58	822.80	284.89
福建 Fujian	80537	1756	73	1613.95	315.24	32.26	362.80	406.71	131.14
江西 Jiangxi	134535	3103	72	1551.92	685.92	44.37	794.76	825.62	256.47
山东 Shandong	74982	4102	88	8242.83	869.85	64.84	1268.92	1203.20	359.68
河南 Henan	123593	6774	217	4962.45	1070.38	110.51	1396.95	1269.84	443.39
湖北 Hubei	98961	2207	69	1781.73	422.18	33.21	439.28	431.22	137.99
湖南 Hunan	164982	4576	182	2221.04	714.42	95.26	823.82	863.47	284.82
广东 Guangdong	85524	2520	107	4402.75	464.91	56.92	497.09	585.72	207.39
广西 Guangxi	180855	3427	72	10782.72	500.68	35.22	557.89	525.52	208.03
海南 Hainan	13838	316	10	195.71	58.72	6.20	87.24	108.20	34.03
重庆 Chongqing	56788	1743	79	1983.46	297.89	38.52	266.30	236.00	80.72
四川 Sichuan	435829	5648	106	9827.48	909.79	57.40	916.67	914.00	292.20
贵州 Guizhou	153686	3117	116	2444.73	425.66	50.67	509.03	525.08	205.73
云南 Yunnan	334157	3351	111	1366.73	464.88	52.87	611.79	583.10	215.71
西藏 Tibet	1171077	263	29	82867.18	58.47	16.49	195.31	152.44	60.76
陕西 Shaanxi	186682	2598	124	1580.52	505.00	71.84	658.40	598.91	212.15
甘肃 Gansu	367138	1825	75	712.84	256.97	30.96	339.94	318.06	110.24
青海 Qinghai	251286	427	18	573.96	87.07	9.66	166.05	142.98	50.07
宁夏 Ningxia	38578	322	13	249.26	66.19	10.88	111.33	136.81	40.77
新疆 Xinjiang	1457290	1245	63	1073.28	275.42	22.16	501.15	518.51	201.38
新疆兵团 Xinjiang Production and Construction Corps	58617	199	27	946.13	105.21	18.52	348.92	381.33	146.58

2-2-2　County Seat Population and Construction Land（2010）

县城建设用地面积 County Seat Construction Land Area								本年征用土地面积		地区名称
公共设施用地 Land for Public Facilities	工业用地 Industrial Land	仓储用地 Land for Storage	对外交通用地 Land for Transport-ation System	道路广场用地 Land for Roads and Plazas	市政公用设施用地 Land for Municipal Utilities	绿地 Greenland	特殊用地 Land for Special Purposes	本年征用土地面积 Area of Land Requisition this Year	耕地 Arable Land	Name of Regions
2112.23	2666.49	515.54	643.99	1890.37	631.59	1884.99	281.13	639.67	242.92	全　国
6.66	15.97	2.14	3.01	7.56	1.79	2.96	1.51	21.30	7.64	天　津
150.22	169.51	34.61	56.66	148.68	43.97	131.68	14.27	33.41	14.29	河　北
69.56	57.51	13.28	18.95	63.55	17.24	75.73	9.05	4.65	1.85	山　西
106.61	103.56	27.05	20.40	116.71	27.22	94.81	11.90	19.15	2.12	内　蒙　古
33.32	79.78	12.39	9.37	35.17	9.70	35.39	7.06	13.48	5.21	辽　宁
19.40	33.69	9.56	4.50	18.06	5.22	18.09	2.78	5.67	0.81	吉　林
60.50	61.80	28.65	21.07	47.69	12.89	35.82	7.08	2.64	0.78	黑　龙　江
77.55	128.78	16.64	21.08	73.40	24.61	71.62	8.65	33.33	15.94	江　苏
59.91	149.50	8.12	15.28	56.02	16.27	76.38	3.83	45.36	15.65	浙　江
96.06	165.36	25.98	27.91	98.64	26.18	90.03	7.75	59.30	16.67	安　徽
47.72	77.10	10.16	13.71	47.63	13.48	58.73	7.04	17.97	6.48	福　建
104.84	153.70	22.42	26.57	97.40	30.96	123.74	9.52	46.79	13.99	江　西
153.54	286.99	32.55	40.45	136.02	34.92	148.14	10.91	25.96	5.83	山　东
162.90	203.84	43.99	66.88	154.94	55.09	114.55	24.26	23.08	12.60	河　南
51.53	83.33	15.50	18.60	46.98	19.16	49.66	8.47	9.97	2.39	湖　北
124.91	123.22	28.86	31.03	105.34	40.50	105.41	19.38	49.21	15.78	湖　南
73.14	87.69	18.93	30.14	59.93	30.15	60.90	17.45	10.74	1.93	广　东
63.11	83.98	18.03	22.00	52.90	15.46	53.83	8.18	16.96	5.70	广　西
12.78	18.21	8.07	3.82	11.55	4.52	14.19	1.03	0.89	0.06	海　南
29.15	39.09	5.04	11.32	30.13	10.79	25.91	3.85	24.47	11.97	重　庆
123.52	161.28	31.54	41.23	112.77	36.58	100.34	14.54	41.97	15.26	四　川
70.76	70.60	13.46	23.04	51.68	19.77	61.66	8.38	20.77	10.31	贵　州
95.59	53.70	15.84	22.39	70.79	24.78	70.73	13.57	49.41	28.50	云　南
26.30	6.84	3.01	5.90	19.57	10.20	12.84	7.02	7.88	1.56	西　藏
88.79	74.91	19.54	25.38	69.97	28.64	69.16	10.37	28.61	15.20	陕　西
54.77	33.35	11.39	11.69	35.85	16.35	36.75	7.67	8.92	5.31	甘　肃
21.40	16.56	4.74	7.59	12.41	8.36	16.88	4.97	2.21	1.04	青　海
18.97	8.15	1.22	4.17	14.77	8.81	37.09	2.86	7.07	4.73	宁　夏
61.23	73.45	13.21	19.05	56.15	21.53	58.01	14.50	5.83	2.00	新　疆
47.49	45.04	19.62	20.80	38.11	16.45	33.96	13.28	2.67	1.32	新疆兵团

2-2-3 全国县城维护建设资金（财政性资金）收入（2010 年）

地区名称 Name of Cities		合计 Total	中央财政拨款 Financial Allocation From Central Government Budget	省级财政拨款 Financial Allocation From Provincial Government Budget	合计 Total	县财政专项拨款 Special Financial Allocation From County Government Budget	城市维护建设税 Urban Maintenance and Construction Tax	城镇公用事业附加 Extra-Charges for Municipal Utilities	市政公用设施配套费 Fee for Expansion of Municipal Utilities Capacity
全 国	National Total	20582038	1410514	702115	17228037	4763257	1520894	215283	830942
天 津	Tianjin	73219		6161	65830	15591	19530		8040
河 北	Hebei	2670361	62890	41174	2117794	613175	129836	32566	56370
山 西	Shanxi	590251	30146	19550	469914	293503	64107	8683	30193
内 蒙 古	Inner Mongolia	1091425	47986	60813	941012	255380	83631	7464	32947
辽 宁	Liaoning	262482	7560	31443	223239	34466	32836	2353	22120
吉 林	Jilin	198197	22452	19124	153049	63898	18352	2825	8385
黑 龙 江	Heilongjiang	280896	56665	14089	201384	75752	39839	2710	8037
江 苏	Jiangsu	996288	11428	10320	960049	153945	98862	14536	58745
浙 江	Zhejiang	1154565	18795	7461	1091910	228221	104164	10243	44574
安 徽	Anhui	1308432	41000	20210	1194687	282534	69013	5265	50696
福 建	Fujian	819003	26551	13005	755228	130312	30335	6266	16792
江 西	Jiangxi	2053331	53717	62123	1701970	368643	103464	10220	37056
山 东	Shandong	1610886	19411	10224	1541420	182227	141187	24060	98073
河 南	Henan	677412	11624	3584	644136	183780	58372	7687	36455
湖 北	Hubei	302858	51479	6520	235970	45584	26949	1602	14078
湖 南	Hunan	833937	65909	39751	671280	130794	72852	8281	27307
广 东	Guangdong	302699	1995	17258	274259	46429	43136	7765	20300
广 西	Guangxi	560389	79348	20191	451805	191834	44841	3867	21756
海 南	Hainan	137774	14001	5469	117292	46446	12642	275	6230
重 庆	Chongqing	396249	9080	48342	338827	10434	35443	3832	95298
四 川	Sichuan	1326339	244969	51511	990262	289188	79130	7620	44774
贵 州	Guizhou	389843	42210	23335	321089	143222	30707	3538	7839
云 南	Yunnan	549552	92344	52688	383468	167453	38110	5749	16643
西 藏	Tibet	55285	33330	7078	13596	8564	1974		1164
陕 西	Shaanxi	880434	59121	33357	726353	507226	57333	6245	36340
甘 肃	Gansu	311505	99534	20768	182080	103260	15127	2629	9952
青 海	Qinghai	108464	51542	2699	54223	41530	5110	512	2200
宁 夏	Ningxia	197066	40375	24975	131716	35876	10668	27883	4825
新 疆	Xinjiang	341526	63335	24806	237751	104947	51523	509	10213
新疆兵团	Xinjiang Production and Construction Corps	101370	51717	4086	36444	9043	1821	98	3540

2-2-3 Revenue of County Seat Maintenance and Construction Fund （Fiscal Budget）（2010）

计量单位：万元　Measurement Unit：10,000 RMB

县财政资金 County Financial Fund									县级以下财政资金	地区名称
市政公用设施有偿使用费 Fee for Use of Municipal Utilities	过桥过路费 Tolls on Roads and Bridges	污水处理费 Wastewater Treatment Fee	垃圾处理费 Garbage Treatment Fee	排水设施有偿使用费 Fee for Use of Drainage Facilities	土地出让转让收入 Land Transfer Revenue	水资源费 Water Source Fee	资产置换收入 Property Replacement Revenue	其他收入 Other Revenues	Others	Name of Cities
464586	22067	275188	89440	23043	7675586	116924	111960	1532135	1238692	全　国
					5664	421	16246	338	1228	天　津
34480	2309	22858	5795	2813	533300	15363	4724	697980	448503	河　北
5435		2172	1849	622	30695	803	300	36195	70641	山　西
13538	1210	1519	1748	182	515628	2553	9347	20524	41614	内　蒙　古
4846		1214	3021	611	115112	939		10567	240	辽　宁
7506	300	3836	223	1084	47309	389	850	3535	3572	吉　林
1298	220	555	201	262	68650	1376	195	3527	8758	黑　龙　江
28948		20320	6857	115	582066	5987	3050	13910	14491	江　苏
95750	5386	82721	4062	1480	579982	10073		18903	36399	浙　江
18724	20	12259	4317	401	752814	2731	479	12431	52535	安　徽
20207	387	12440	6051		536394	4973		9949	24219	福　建
21678	1623	9455	2238	833	853011	20490	22888	264520	235521	江　西
28015	1130	18315	6364	83	949095	8388	22962	87413	39831	山　东
28669	20	16530	8198	255	313791	6039	397	8946	18068	河　南
11786	756	7608	2216	235	97363	947	6766	30895	8889	湖　北
23333	1689	11202	7297	1462	299760	7968	3749	100766	54317	湖　南
16019	1103	7695	1665	4800	117079	1554	60	21917	9187	广　东
32850	1700	25294	5396	141	131541	4492	540	20084	9045	广　西
558	20	247	171	124	23379	3151	1650	22961	1012	海　南
10761		3176	3528	1105	179544	1743	1727	45		重　庆
14278	1022	4169	5058	594	533136	850	220	21066	39597	四　川
8562	94	2988	3085	1530	117886	355	1469	7511	3209	贵　州
7717	617	2307	2847	70	110820	6868	2617	27491	21052	云　南
411	6	56	193	10	90	6		1387	1281	西　藏
13151	1652	2605	2407	644	66120	1917	9972	28049	61603	陕　西
4926	2	1201	2044	356	27083	639	707	17757	9123	甘　肃
689	102	169	347	9	2606	1513		63		青　海
845	24	290	159	20	32635	1778	934	16272		宁　夏
7897	547	1294	1638	3071	46146	1024		15492	15634	新　疆
1709	128	693	465	131	6887	1594	111	11641	9123	新疆兵团

2-2-4 全国县城维护建设资金（财政性资金）支出（2010年）

地区名称 Name of Regions	合计 Total	按用途分 By Purpose				供水 Water Supply	燃气 Gas Supply	集中供热 Central Heating
		固定资产投资支出 Expenditure From Investment in Fixed Assets	维护支出 Maintenance Expenditure	其他支出 Other Expenditures	偿还贷款 Payment for Loans			
全　　国　National Total	20451108	2348570	16006075	2096535	419027	764970	347357	607139
天　　津　Tianjin	59706	12128	44916	2662				
河　　北　Hebei	2729112	314138	2235637	177537	52018	53319	61070	84873
山　　西　Shanxi	642704	93386	474658	75164	1584	21484	22215	110453
内　蒙　古　Inner Mongolia	682338	136462	473370	72506	10293	34337	26194	90591
辽　　宁　Liaoning	1243572	147135	957185	139252	150	31885	369	32727
吉　　林　Jilin	203092	27805	128270	47017	8	9393	3756	24548
黑　龙　江　Heilongjiang	280140	41750	226500	11890	1640	18003	4040	11381
江　　苏　Jiangsu	1029199	83635	760618	184946	7300	51217	9573	400
浙　　江　Zhejiang	929449	159106	606805	163538	94300	36764	6941	
安　　徽　Anhui	1223807	77245	1013456	118319	34898	50301	25941	
福　　建　Fujian	461443	37148	395690	28605	16289	22973	1000	
江　　西　Jiangxi	2245224	150762	1974332	121963	11484	80771	31414	
山　　东　Shandong	1572680	137531	1258593	176556	58376	41553	24527	88438
河　　南　Henan	615896	106780	475059	34057	30602	28722	5002	719
湖　　北　Hubei	308184	29476	256463	22245	2471	29105	4896	
湖　　南　Hunan	888992	124629	705030	56835	13693	48217	26694	
广　　东　Guangdong	199055	49872	111603	37676	2107	5965	651	
广　　西　Guangxi	525443	55134	454155	16154	2396	24318	58	
海　　南　Hainan	108292	29469	61623	10754		3445		
重　　庆　Chongqing	390276	74828	281693	33755	29072	1554	1101	
四　　川　Sichuan	1240686	127268	826842	286681	1321	34944	19556	100
贵　　州　Guizhou	343274	30996	263643	48634	20698	15581	1794	
云　　南　Yunnan	507681	55509	387542	64680	9396	23751	1038	11796
西　　藏　Tibet	21470	5974	36859	1634		314		
陕　　西　Shaanxi	1029146	126449	834672	68025	10312	26830	39651	35887
甘　　肃　Gansu	303509	22786	251290	29433	6515	29704	1264	34836
青　　海　Qinghai	108049	10506	96842	701	53	6935	1630	8392
宁　　夏　Ningxia	152140	31785	89282	31073	584	5892	4478	14089
新　　疆　Xinjiang	308697	32058	257568	19071	651	21241	21444	34562
新疆兵团　Xinjiang Production and Construction Corps	97852	16820	65879	15172	816	6452	1060	23347

2-2-4 Expenditure of County Seat Maintenance and Construction Fund (Fiscal Budget) (2010)

计量单位：万元　Measurement Unit：10,000RMB

按行业分　By Industry										地区名称
轨道交通	道路桥梁	排水	污水处理	再生水利用	防洪	园林绿化	市容环境卫生	垃圾处理	其他	
Public Transportation	Road and Bridge	Sewerage	Wastewater Treatment and Reuse	Wastewater Recycled and Reused	Flood Control	Landscaping	Environmental Sanitation	Domestic Garbage Treatment	Other Industry	Name of Regions
53845	8356614	2383811	1326750	42039	418408	2543138	1380225	669772	3595601	全　　国
	4037	5058				43000	7316		295	天　　津
	1245637	227554	132175	7689	30369	464742	126575	56826	434973	河　　北
	177184	87607	73154		6002	57624	49774	22730	110361	山　　西
	274619	81344	43224	2746	3429	86750	44167	21242	40907	内　蒙　古
	227428	56522	10855		7119	71425	24336	11721	791761	辽　　宁
	60049	48047	32404	40	4537	11972	19485	7950	21305	吉　　林
	75160	87756	57489	2452	495	29607	40996	23318	12702	黑　龙　江
	445737	96052	30737	680	9291	219824	41437	24685	155668	江　　苏
	352109	119419	72456	7045	20965	74026	65131	24906	254094	浙　　江
	677995	124985	64261	820	22279	108222	48799	26352	165285	安　　徽
	268576	65582	54326		13383	36474	38112	27834	15343	福　　建
	973405	245029	108009	875	85906	382111	95672	41017	350916	江　　西
	622269	143692	48920	5768	6550	343584	75627	25164	226440	山　　东
	321046	80837	43583		4406	103260	63321	28591	8583	河　　南
	142509	64747	40465		5412	17162	18096	5877	26257	湖　　北
53139	404174	125002	84130	2070	24172	44307	96807	62220	66480	湖　　南
606	69155	32548	10980	589	19369	13920	18618	4255	38223	广　　东
	173576	155275	123074	825	15471	32656	103372	70802	20717	广　　西
	45206	20581	8632	700	12000	7125	9367	1961	10568	海　　南
100	215549	23312	9624		16710	96832	33209	6413	1909	重　　庆
	501771	97649	47667	4470	50272	85002	84142	28787	367250	四　　川
	141662	53461	39137	97	3010	13209	69611	44215	44946	贵　　州
	177444	108019	84616	8	2851	34265	63463	36659	85054	云　　南
	2260	795	27	27	1068	639	2266	242	14128	西　　藏
	435874	126123	54642	5027	38010	87990	78162	33975	160619	陕　　西
	119953	37194	23692		3335	27016	19445	15122	30762	甘　　肃
	57188	15590	8920		4786	7300	6215	1447	13	青　　海
	33069	19082	5820		360	8777	9355	1626	57038	宁　　夏
	106986	30311	12530		4960	29832	24808	12928	34553	新　　疆
	4987	4638	1201	111	1891	4485	2541	907	48451	新疆兵团

2-2-5　按行业分全国县城市政公用设施建设固定资产投资（2010年）

地区名称 Name of Regions		本年完成 投　　资 Completed Investment of this Year	供水 Water Supply	燃气 Gas Supply	集中供热 Central Heating	道路桥梁 Road and Bridge	排水 Sewerage
全　国	National Total	25698485	880515	671514	1242284	11321096	2711245
天　津	Tianjin	148684		8300		92205	6698
河　北	Hebei	4005976	93499	175565	301328	1757690	323365
山　西	Shanxi	785104	24655	60593	161399	235804	91378
内　蒙　古	Inner Mongolia	1467750	48400	22818	222489	689369	146253
辽　宁	Liaoning	302861	11276	6060	92412	110175	31753
吉　林	Jilin	133660	5985	5250	17294	50215	37548
黑　龙　江	Heilongjiang	371170	18517	6600	95092	76056	110066
江　苏	Jiangsu	785988	58636	20507	1000	386270	62382
浙　江	Zhejiang	816265	79423	17684	14165	445561	48690
安　徽	Anhui	1429369	72534	48486		918098	123767
福　建	Fujian	456027	22118	7175		275986	49110
江　西	Jiangxi	1902468	81258	30013		1067362	78516
山　东	Shandong	1553155	31141	60902	152633	540642	131934
河　南	Henan	676625	40792	31703	8960	324962	52601
湖　北	Hubei	373911	23654	25158		178204	72395
湖　南	Hunan	1254003	52192	43296		590798	129624
广　东	Guangdong	198622	5873	3000		80216	30021
广　西	Guangxi	911297	31296	4266		413302	227183
海　南	Hainan	103077	4197	100		46428	12496
重　庆	Chongqing	1198048	17137	18830		738009	24771
四　川	Sichuan	1536849	48691	14288	100	956812	110003
贵　州	Guizhou	250584	9873			111288	50155
云　南	Yunnan	1067370	27670	4898	10600	440042	236437
西　藏	Tibet	41988	1471			16651	918
陕　西	Shaanxi	887949	11983	26372	38669	423141	118961
甘　肃	Gansu	291118	24301	1900	36150	127534	39982
青　海	Qinghai	106198	5230	5620	8087	55053	13625
宁　夏	Ningxia	106009	5239		12705	46564	11947
新　疆	Xinjiang	322976	19633	22110	51875	118917	35165
新疆兵团	Xinjiang Produc- tion and Constru- ction Corps	2213384	3841	20	17326	7742	303501

2-2-5　National Investment in Fixed Assets of County Seat Service Facilities by Industry（2010）

计量单位：万元　Measvrement Unit：10,000 RMB

污水处理 Wastewater Treatment and Reuse	再生水利用 Wastewater Recycled and Reused	防洪 Flood Control	园林绿化 Landscaping	市容环境卫生 Environmental Sanitation	垃圾处理 Domestic Garbage Treatment	其他 Other	本年新增固定资产 Newly Added Fixed Assets of This Year	地区名称 Name of Regions
1629935	**27079**	**458026**	**3735566**	**1219288**	**834126**	**3458951**	**19886250**	全　　国
			41481				45374	天　　津
204516	4916	81324	849737	218678	128836	204790	3291761	河　　北
72454	2055	11767	82620	54742	44367	62146	417354	山　　西
96309	10531	4989	265108	68324	40812		1016128	内　蒙　古
17503		5647	28548	16535	15314	455	299270	辽　　宁
27547	40		7546	9792	7043	30	86615	吉　　林
79429			33649	29840	28673	1350	276585	黑　龙　江
36349			226734	23231	7470	7228	650851	江　　苏
23840		11105	116666	18943	12649	64028	521099	浙　　江
51582		26395	190066	36112	17840	13911	1267505	安　　徽
36346		10137	45756	22927	11108	22818	331264	福　　建
21269		67973	500255	75919	53321	1172	1461548	江　　西
65749	3623	2465	441045	43774	30722	148619	1402189	山　　东
11783	500	490	198686	11445	4196	6986	614617	河　　南
55388		2704	15027	17835	15335	38934	307635	湖　　北
109975	200	20081	52192	106980	74734	258840	822471	湖　　南
25348		9802	9585	1544	754	58581	134997	广　　东
217370		14274	33914	155770	126907	31292	766377	广　　西
7846	1650	5052	6519	8790	4676	19495	58780	海　　南
13153		105947	260079	19667	9410	13608	804485	重　　庆
79463		35394	97452	44107	30250	230002	837380	四　　川
46560		18708	17544	43016	40553		188674	贵　　州
201587	1553	3332	65830	93167	76401	185394	743489	云　　南
		404	125	1596	508	20823	29126	西　　藏
72996		13162	70495	51823	29902	133343	619957	陕　　西
27428		1647	38070	21534	9411		213141	甘　　肃
8615		4655	8305	5098	850	525	97465	青　　海
3130	200	471	8493	2300	404	18290	100207	宁　　夏
16098	1811		22532	14241	11529	38503	277078	新　　疆
302		101	1507	1558	151	1877788	2202828	新疆兵团

2-2-6 按资金来源分全国县城市政公用设施建设固定资产投资（2010 年）

地区名称 Name of Regions		合计 Total	上年末 结余资金 The Balance of the Previous Year	小计 Subtotal	中央财政 拨 款 Financial Allocation from the Central Government Budget	地方财政 拨 款 Financial Allocation from Local Governments Budget	国内贷款 Domestic Loan
全 国	**National Total**	**25598449**	**343493**	**25254956**	**3255067**	**9857769**	**3325597**
天 津	Tianjin	150461		150461		35440	90000
河 北	Hebei	4035195	13432	4021763	53841	1335910	366433
山 西	Shanxi	707209	5670	701539	40806	395077	40629
内 蒙 古	Inner Mongolia	1360032	1274	1358758	37085	365998	49741
辽 宁	Liaoning	297446	1800	295646	3969	101245	80185
吉 林	Jilin	142537	600	141937	20128	56384	20800
黑 龙 江	Heilongjiang	363561		363561	55414	166891	15460
江 苏	Jiangsu	753649	165	753484	4118	485366	13474
浙 江	Zhejiang	804077	49878	754199	9678	289856	210663
安 徽	Anhui	1400703	1410	1399293	44464	880701	128285
福 建	Fujian	470158	1238	468920	13719	270123	39367
江 西	Jiangxi	1927238	6697	1920541	33302	1019526	214065
山 东	Shandong	1540001	5841	1534160	21645	1057278	5535
河 南	Henan	645417		645417	8473	433598	1780
湖 北	Hubei	378714	1927	376787	46706	182119	58744
湖 南	Hunan	1325973	16841	1309132	76231	245264	397821
广 东	Guangdong	209019	2277	206742	6603	87977	13180
广 西	Guangxi	935349	6667	928682	70530	294209	346714
海 南	Hainan	115438	97	115341	8583	69423	30525
重 庆	Chongqing	1161350	1466	1159884	10474	276429	596643
四 川	Sichuan	1436299	14951	1421348	308442	590022	189743
贵 州	Guizhou	257849	6594	251255	30869	91732	99636
云 南	Yunnan	1145602	193647	951955	164196	235827	154915
西 藏	Tibet	41203	337	40866	32881	2562	
陕 西	Shaanxi	908069	740	907329	46065	534752	63430
甘 肃	Gansu	305377	3495	301882	104431	129973	8792
青 海	Qinghai	111699	5441	106258	49672	27162	18396
宁 夏	Ningxia	109858	121	109737	26135	38178	9691
新 疆	Xinjiang	334134	607	333527	34787	157789	60950
新疆兵团	Xinjiang Produc- tion and Constru- ction Corps	2224832	280	2224552	1891820	958	

2-2-6　National Investment in Fixed Assets of County Seat Service Facilities by Capital Source（2010）

计量单位：万元　Measurement Unit：10,000 RMB

本年资金来源 Fund Resources						各项应付款	地区名称
债券	利用外资	外商直接投资	自筹资金	单位自有资金	其他资金		
Securities	Foreign Investment	Foreign Direct Investment	Self-Raised Funds	Self-Owned Funds	Other Funds	Sum Payable This Year	Name of Regions
40896	443487	260206	6065974	769053	2266166	3733957	全　国
			8775	475	16246		天　津
9050	45817	12600	1517523	181454	693189	80201	河　北
	29900	29900	155776	5109	39351	98070	山　西
	898	898	755581	38916	149455	74554	内　蒙　古
457			107932	21750	1858	6439	辽　宁
1949	1800	1800	38928	13792	1948	2353	吉　林
	1620		106703	25868	17473	18459	黑　龙　江
900	2300	2300	174857	34862	72469	211625	江　苏
	1240	147	162674	37680	80088	89116	浙　江
	71003	44415	234639	32594	40201	97670	安　徽
2000	5690	4890	115792	10873	22229	5998	福　建
950	52457	45907	322706	19699	277535	207793	江　西
2100	52381	30300	331181	80570	64040	146754	山　东
	2900	1900	82513	9162	116153	21736	河　南
1461	12384	4400	46230	6886	29143	33699	湖　北
3054	78646	32303	422801	28057	85315	81313	湖　南
	5470	3500	81484	5313	12028	17274	广　东
623	9240	2940	175222	11275	32144	28497	广　西
84			6726	1828		13077	海　南
	4341		222055	62073	49942	46958	重　庆
5140	9500	6500	151098	39667	167403	163953	四　川
1300	4500	4500	14198	1269	9020	40562	贵　州
3623	34548	27760	197093	41222	161753	157048	云　南
			965		4458	3841	西　藏
5200	16362	2756	150531	24336	90989	102838	陕　西
460	490	490	44641	6975	13095	39750	甘　肃
			11028			155	青　海
2545			31528		1660	14252	宁　夏
			64931	6244	15070	43211	新　疆
			329863	21104	1911	1886761	新疆兵团

2-2-7 全国县城市政公用设施建设施工规模和新增生产能力（或效益）（2010年）

	指标名称		Index	计量单位	Measurement Unit
1	供水综合生产能力	1	Integrated Water Production Capacity	万立方米/日	10,000m³/day
2	供水管道长度	2	Length of Water Pipelines	公里	Kilometer
3	人工煤气生产能力	3	Production Capacity of Man－made Coal Gas	万立方米/日	10,000m³/day
4	人工煤气储气能力	4	Storage Capacity of Man－made Coal Gas	万立方米	10,000m³
5	人工煤气供气管道长度	5	Length of Man－made Gas Pipelines	公里	Kilometer
6	天然气储气能力	6	Storage Capacity of Natural Gas	万立方米	10,000m³
7	天然气供气管道长度	7	Length of Natural Gas Pipelines	公里	Kilometer
8	液化石油气储气能力	8	LPG Storage Capacity	吨	Ton
9	液化石油气供气管道长度	9	Length of LPG Pipelines	公里	Kilometer
10	集中供热能力：蒸汽	10	Central Heating Capacity（Steam）	吨/小时	Ton/Hour
11	集中供热能力：热水	11	Central Heating Capacity（Hot Water）	兆瓦	Mega Watts
12	集中供热管道长度：蒸汽	12	Length of Central Heating Pipelines（Steam）	公里	Kilometer
13	集中供热管道长度：热水	13	Length of Central Heating Pipelines（Hot Water）	公里	Kilometer
14	轨道交通运营线路长度	14	Length of Operational Lines for Rail Transit	公里	Kilometer
15	桥梁座数	15	Number of Bridges	座	Unit
16	道路新建、扩建长度	16	Length of Extension of Roads and New Roads	公里	Kilometer
17	道路新建、扩建面积	17	Surface Area of Extension of Roads and New Roads	万平方米	10,000m²
18	排水管道长度	18	Length of Sewerage Piplines	公里	Kilometer
19	污水处理厂处理能力	19	Wastewater Treatment Capacity	万立方米/日	10,000m³/day
20	再生水管道长度	20	Length of Recycled Water Piplines	公里	Kilometer
21	再生水生产能力	21	Recycled Water Production Capacity	万立方米/日	10,000m³/day
22	COD 削减能力	22	COD Reduction Ability	万吨/年	10,000ton/year
23	绿地面积	23	Area of Green Space	公顷	Hectare
24	垃圾无害化处理能力	24	Garbage Treatment Capacity	吨/日	Ton/day

2-2-7 National County Seat Service Facilities Construction Scale and Newly Added Production Capacity（or Benefits）（2010）

建设规模 Construction Scale	本年施工规模 Construction Scale This Year	本年新开工 Newly Started This Year	累计新增 生产能力 （或效益） Accumulated Newly Added Productivity （or Benefits）	本年新增 Newly Added This Year
480	423	379	375	345
10384	8811	8453	8006	7760
1	1	1	1	1
3	2		2	
131	131	131	115	115
523	479	472	347	347
6523	5119	4798	4877	4637
1018	980	980	949	949
297	208	208	204	204
3122	3122	2892	2972	2972
13095	9754	9689	8224	8109
272	272	264	240	239
4384	3603	3522	3351	3318
642	617	478	470	462
10534	9056	8164	7266	5957
18437	15846	14116	12693	12373
14448	11239	10407	9938	9488
741	563	446	472	428
71	71	42	38	38
38	29	21	17	17
6	6	6	6	6
34601	30801	29454	28018	27805
44886	36420	28858	26054	24024

2-2-8 县城供水（2010 年）

地区名称 Name of Regions	综合生产能力 （万立方米/日） Integrated Production Capacity (10,000 m³/day)	地下水 Underground Water	供水管道长度 （公里） Length of Water Supply Pipelines (km)	供水总量（万立方米）			
				合计 Total	生产运营用水 The Quantity of Water for Production and Operation	公共服务用水 The Quantity of Water for Public Service	居民家庭用水 The Quantity of Water for Household Use
全 国 National Total	4683.5	1763.4	159905	925705	273232	101396	407869
天 津 Tianjin	8.0	8.0	693	1400	143	121	695
河 北 Hebei	307.3	288.3	11579	69193	25631	7050	28437
山 西 Shanxi	119.2	96.4	6523	25255	7895	4032	10209
内 蒙 古 Inner Mongolia	90.8	86.3	7220	14225	3402	2553	6079
辽 宁 Liaoning	64.8	38.7	3619	12134	2598	2283	4276
吉 林 Jilin	42.7	16.4	1797	9293	1810	1073	3813
黑 龙 江 Heilongjiang	89.0	73.6	4632	13583	4051	2132	5203
江 苏 Jiangsu	164.2	42.6	8295	41970	13440	4297	17734
浙 江 Zhejiang	283.9	7.1	10561	63814	29221	4144	19095
安 徽 Anhui	223.7	79.6	7611	44426	12901	4870	20312
福 建 Fujian	173.4	17.8	5323	31697	8016	2838	15791
江 西 Jiangxi	260.4	24.5	7228	47470	10340	6133	22894
山 东 Shandong	346.1	244.3	8066	80717	35238	10488	27915
河 南 Henan	301.3	225.8	7624	67446	23734	8389	26328
湖 北 Hubei	191.5	10.8	3744	33862	9547	3301	15469
湖 南 Hunan	363.3	36.6	8342	66995	14882	6329	32012
广 东 Guangdong	211.5	6.2	6536	40439	8158	3304	19988
广 西 Guangxi	219.7	37.9	5479	43849	11377	2910	23771
海 南 Hainan	48.6	4.6	502	8897	5031	674	2557
重 庆 Chongqing	94.8	5.1	3384	17023	3247	1524	9343
四 川 Sichuan	297.7	39.9	9831	62225	12873	7053	32492
贵 州 Guizhou	111.0	24.0	3397	19455	2759	1659	11575
云 南 Yunnan	146.4	20.2	6901	28264	4349	3118	15340
西 藏 Tibet	36.5	8.3	640	3670	250	708	2264
陕 西 Shaanxi	129.0	61.8	4272	24256	4996	2982	12671
甘 肃 Gansu	55.0	37.6	3035	9376	2152	1170	4771
青 海 Qinghai	42.7	35.9	1485	4645	884	812	2285
宁 夏 Ningxia	46.4	43.0	1011	11953	8018	1006	1830
新 疆 Xinjiang	105.0	74.3	4510	16894	3093	2714	7251
新疆兵团 Xinjiang Production and Construction Corps	109.5	67.7	6066	11277	3197	1730	5467

2-2-8 County Seat Water Supply (2010)

Total Quantity of Water Supply (10,000m³)			漏损水量	用水户数(户)	家庭用户	用水人口(万人)	地区名称
消防及其他用水	免费供水量	生活用水量					
The Quantity of Water for Fire Control and Other Purposes	The Quantitiy of Free Water Supply	Domestic Water Use	The Lossed Water	Number of Households with Access to Water Supply (unit)	Household User	Population with Access to Water Supply (10,000persons)	Name of Regions
40945	20856	3282	81406	29354646	26359303	11811.35	全　　国
	200		242	46692	43897	37.49	天　　津
2895	704	109	4476	2411782	2186083	906.65	河　　北
1072	511	109	1537	1048771	900885	510.24	山　　西
718	387	52	1085	1056389	944215	346.37	内 蒙 古
595	251	82	2130	579541	494352	175.79	辽　　宁
498	314	30	1785	489862	438179	130.8	吉　　林
541	329	35	1328	870352	798592	269.05	黑 龙 江
1376	1500	75	3622	1386191	1303770	489.15	江　　苏
1643	1256	13	8455	1266572	1136077	435.69	浙　　江
1303	767	100	4273	1639968	1512709	600.47	安　　徽
1531	472	67	3048	799114	737512	333.36	福　　建
3269	1481	136	3354	1550308	1373216	672.56	江　　西
3649	850	103	2578	1992409	1894183	876.3	山　　东
3156	1264	103	4575	1827294	1684531	767.06	河　　南
1152	1029	218	3364	873716	824344	404.16	湖　　北
2328	3010	818	8433	1643953	1394569	697.98	湖　　南
3611	589	249	4789	1056786	898372	454.91	广　　东
1163	668	30	3960	981298	924528	444.24	广　　西
83	32		520	92180	88277	52.53	海　　南
736	166	55	2008	739009	667083	280.42	重　　庆
2294	732	144	6780	2319733	2061528	780.02	四　　川
1108	679	67	1676	649269	564457	371.08	贵　　州
1177	1320	379	2962	987944	859148	457.97	云　　南
153	212	164	83	134177	106196	47.96	西　　藏
1457	453	76	1698	1121035	898627	506.98	陕　　西
516	237	14	530	470532	430786	239.58	甘　　肃
214	48	11	402	195664	183310	82.32	青　　海
730	90	16	278	145062	127091	70.49	宁　　夏
1396	1228	14	1211	587698	520267	266.25	新　　疆
581	78	12	223	391345	362519	103.48	新疆兵团

2-2-9 县城供水（公共供水）（2010 年）

地区名称 Name of Regions		综合生产能力 （万立方米/日） Integrated Production Capacity (10,000m³/day)	地下水 Underground Water	供水管道长度 （公里） Length of Water Supply Pipelines (km)	供水总量（万立方米）			
					合计 Total	售水量 The Quantity		
						小计 Subtotal	生产运营用水 The Quantity of Water for Production and Operation	公共服务用水 The Quantity of Water for Public Service
全　　国	National Total	3864.5	1183.7	148286	754878	652615	168936	83184
天　　津	Tianjin	8.0	8.0	693	1400	958	143	121
河　　北	Hebei	215.8	200.0	10112	48227	43047	13003	5331
山　　西	Shanxi	76.4	62.1	5570	17879	15831	3488	2819
内　蒙　古	Inner Mongolia	74.5	70.1	7054	12025	10552	2216	2194
辽　　宁	Liaoning	57.8	32.2	3454	10459	8078	1569	1887
吉　　林	Jilin	33.5	9.0	1696	7563	5464	900	867
黑　龙　江	Heilongjiang	70.1	55.0	4577	10868	9210	2034	1645
江　　苏	Jiangsu	135.6	18.5	8094	35859	30737	9766	3531
浙　　江	Zhejiang	259.9	5.0	10349	56818	47107	22340	4144
安　　徽	Anhui	187.2	50.1	7345	35819	30779	7623	3935
福　　建	Fujian	159.7	7.0	5201	28339	24819	5305	2726
江　　西	Jiangxi	245.2	17.3	6906	45142	40308	9616	5834
山　　东	Shandong	227.8	132.9	6924	48671	45243	15617	6205
河　　南	Henan	202.9	133.2	6650	44125	38286	11028	5129
湖　　北	Hubei	175.5	8.2	3529	30395	26002	7250	3153
湖　　南	Hunan	323.5	22.2	7916	60288	48844	10351	5748
广　　东	Guangdong	192.8	4.4	6328	38472	33094	7490	3245
广　　西	Guangxi	175.0	19.9	4840	35638	31010	5731	2808
海　　南	Hainan	48.4	4.4	496	8840	8288	5031	674
重　　庆	Chongqing	90.5	5.0	3294	15049	12875	1753	1429
四　　川	Sichuan	265.4	34.1	9044	56498	48985	10167	6359
贵　　州	Guizhou	106.6	21.3	3274	18472	16118	2392	1537
云　　南	Yunnan	132.4	13.1	6828	27044	22763	3906	3032
西　　藏	Tibet	25.7	6.3	497	2312	2018	155	512
陕　　西	Shaanxi	99.9	42.2	3686	19310	17159	2992	2328
甘　　肃	Gansu	49.0	34.9	2891	8585	7817	1651	1098
青　　海	Qinghai	39.5	32.6	1451	4396	3945	738	806
宁　　夏	Ningxia	19.0	15.6	853	3105	2736	549	320
新　　疆	Xinjiang	89.3	61.4	4206	15204	12764	2224	2372
新疆兵团	Xinjiang Production and Construction Corps	77.8	57.8	4528	8080	7779	1911	1396

| Total Quantity of Water Supply（10,000m³） | | | | 漏损水量 | 用水户数（户） | 家庭用户 | 用水人口（万人） | 地区名称 |
| of Water of Sale | | 免费供水量 | 生活用水量 | | | | | |
居民家庭用水 The Quantity of Water for Household Use	消防及其他用水 The Quantity of Water for Fire Control and Other Purposes	The Quantitiy of Free Water Supply	Domestic Water Use	The Lossed Water	Number of Households with Access to Water Supply（unit）	Household User	Population with Access to Water Supply（10,000 persons）	Name of Regions
367452	33043	20856	3282	81406	26901345	24255411	10925.47	全　国
695		200		242	46692	43897	37.49	天　津
22842	1871	704	109	4476	2012909	1842909	761.79	河　北
8747	777	511	109	1537	925845	790438	458.04	山　西
5565	578	387	52	1085	988537	898029	329.15	内　蒙　古
4077	545	251	82	2130	561159	476886	164.57	辽　宁
3313	384	314	30	1785	417651	372862	116.69	吉　林
5062	469	329	35	1328	848274	778214	262.10	黑　龙　江
16235	1205	1500	75	3622	1333479	1258372	470.20	江　苏
19024	1599	1256	13	8455	1262389	1132159	434.47	浙　江
17991	1229	767	100	4273	1486089	1367872	548.66	安　徽
15297	1491	472	67	3048	777519	717013	325.53	福　建
21695	3163	1481	136	3354	1478800	1314175	648.88	江　西
21599	1822	850	103	2578	1661064	1599057	717.93	山　东
20240	1889	1264	103	4575	1509295	1399319	626.23	河　南
14573	1026	1029	218	3364	839694	791121	387.71	湖　北
30496	2249	3010	818	8433	1575702	1345973	667.61	湖　南
18984	3375	589	249	4789	1026101	871031	443.39	广　东
21474	997	668	30	3960	884775	833308	414.27	广　西
2500	83	32		520	91880	87977	52.32	海　南
9070	624	166	55	2008	716869	645682	273.31	重　庆
30573	1887	732	144	6780	2215239	1966560	758.79	四　川
11258	930	679	67	1676	637246	553637	366.87	贵　州
14752	1073	1320	379	2962	958325	832298	445.43	云　南
1292	59	212	164	83	63969	55848	31.37	西　藏
10786	1053	453	76	1698	977285	804950	462.77	陕　西
4676	393	237	14	530	460852	422014	235.76	甘　肃
2189	213	48	11	402	186904	174924	80.41	青　海
1541	326	90	16	278	124645	111324	66.90	宁　夏
6846	1321	1228	14	1211	532884	485886	252.52	新　疆
4060	411	78	12	223	299273	281676	84.31	新疆兵团

2-2-10 县城供水（自建设施供水）（2010 年）

地区名称 Name of Regions		综合 生产能力 （万立方米/日） Integrated Production Capacity （10,000m³/day）	地下水 Underground Water	供水管道 长 度 （公里） Length of Water Supply Pipelines （km）	供水总量（万立方米）	
					合计 Total	生产运营 用 水 The Quantity of Water for Production and Operation
全 国	National Total	818.9	579.7	11619	170828	104296
河 北	Hebei	91.5	88.3	1467	20967	12628
山 西	Shanxi	42.8	34.3	953	7376	4407
内 蒙 古	Inner Mongolia	16.3	16.3	165	2200	1187
辽 宁	Liaoning	7.0	6.5	165	1675	1029
吉 林	Jilin	9.3	7.5	101	1730	910
黑 龙 江	Heilongjiang	19.0	18.7	55	2716	2017
江 苏	Jiangsu	28.6	24.1	201	6111	3674
浙 江	Zhejiang	24.0	2.1	212	6997	6881
安 徽	Anhui	36.5	29.5	266	8607	5278
福 建	Fujian	13.7	10.8	123	3358	2712
江 西	Jiangxi	15.2	7.1	322	2328	724
山 东	Shandong	118.3	111.4	1142	32047	19621
河 南	Henan	98.3	92.5	973	23321	12706
湖 北	Hubei	16.0	2.6	215	3468	2297
湖 南	Hunan	39.9	14.5	425	6707	4531
广 东	Guangdong	18.7	1.8	208	1966	668
广 西	Guangxi	44.7	18.0	638	8211	5646
海 南	Hainan	0.2	0.2	6	57	
重 庆	Chongqing	4.3	0.1	90	1974	1494
四 川	Sichuan	32.3	5.7	787	5727	2707
贵 州	Guizhou	4.4	2.8	123	983	367
云 南	Yunnan	13.9	7.1	73	1220	443
西 藏	Tibet	10.8	2.0	143	1358	95
陕 西	Shaanxi	29.2	19.6	587	4947	2004
甘 肃	Gansu	6.0	2.7	145	792	501
青 海	Qinghai	3.2	3.2	34	249	146
宁 夏	Ningxia	27.4	27.4	158	8848	7469
新 疆	Xinjiang	15.8	12.9	304	1691	869
新疆兵团	Xinjiang Production and Construction Corps	31.7	9.9	1537	3197	1286

2-2-10 County Seat Water Supply

(Suppliers with Self-Built Facilities) (2010)

Total Quantity of Water Supply (10,000m³)			用水户数 （户）	家庭用户	用水人口 （万人）	地区名称
公共服务 用　水 The Quantity of Water for Public Service	居民家庭 用　水 The Quantity of Water for Household Use	消 防 及 其他用水 The Quantity of Water for Fire Control and Other Purposes	Number of Households with Access to Water Supply （unit）	Household User	Population with Access to Water Supply （10,000persons）	Name of Regions
18212	**40417**	**7902**	**2453301**	**2103892**	**885.88**	全　　国
1719	5595	1024	398873	343174	144.86	河　　北
1212	1462	295	122926	110447	52.20	山　　西
359	514	141	67852	46186	17.22	内 蒙 古
396	199	50	18382	17466	11.22	辽　　宁
206	500	114	72211	65317	14.11	吉　　林
487	141	71	22078	20378	6.95	黑 龙 江
767	1499	172	52712	45398	18.95	江　　苏
	71	45	4183	3918	1.22	浙　　江
935	2321	74	153879	144837	51.81	安　　徽
112	494	41	21595	20499	7.83	福　　建
299	1199	105	71508	59041	23.68	江　　西
4283	6316	1827	331345	295126	158.37	山　　东
3260	6088	1267	317999	285212	140.83	河　　南
148	896	127	34022	33223	16.45	湖　　北
581	1516	79	68251	48596	30.37	湖　　南
59	1004	236	30685	27341	11.52	广　　东
102	2297	166	96523	91220	29.97	广　　西
	57		300	300	0.21	海　　南
95	273	112	22140	21401	7.11	重　　庆
694	1919	407	104494	94968	21.23	四　　川
122	317	177	12023	10820	4.21	贵　　州
86	588	104	29619	26850	12.54	云　　南
196	973	94	70208	50348	16.59	西　　藏
654	1885	403	143750	93677	44.21	陕　　西
71	96	123	9680	8772	3.82	甘　　肃
6	96	1	8760	8386	1.91	青　　海
686	289	404	20417	15767	3.59	宁　　夏
342	405	74	54814	34381	13.73	新　　疆
335	1407	169	92072	80843	19.17	新疆兵团

2-2-11 县城节约用水 (2010年)

地区名称 Name of Regions		实际用水量 Actual Quantity of Water Used					
		合计 （万立方米） Total （10,000m³）	工业 Industry	新水取水量 （万立方米） Fresh Water Used （10,000m³）	工业 Industry	重复利用量 （万立方米） Water Reused （10,000m³）	工业 Industry
全　国	National Total	**298787**	**197396**	**157563**	**64059**	**141224**	**133337**
河　北	Hebei	108498	91995	23275	7099	85223	84896
山　西	Shanxi	15222	7866	11574	4883	3648	2983
内　蒙　古	Inner Mongolia	1686	838	1554	710	132	128
辽　宁	Liaoning	720	260	680	240	40	20
吉　林	Jilin	3623	1555	3138	1302	485	253
黑　龙　江	Heilongjiang	6345	2332	4554	1863	1791	469
江　苏	Jiangsu	32444	23147	21208	12359	11236	10788
浙　江	Zhejiang	4505	2840	2480	1190	2025	1650
安　徽	Anhui	1769	520	1756	512	13	8
福　建	Fujian	3053	552	3053	552		
山　东	Shandong	647	103	647	103		
河　南	Henan	37801	26991	16280	7356	21521	19635
湖　北	Hubei	30989	15666	25558	11308	5431	4358
湖　南	Hunan	1014	60	1012	60	2	
广　东	Guangdong	4607	1367	4552	1343	55	24
海　南	Hainan	8605	7628	6282	5335	2323	2293
重　庆	Chongqing	3315	1957	2119	868	1196	1089
四　川	Sichuan	13757	6531	10205	3464	3552	3067
贵　州	Guizhou	1722	119	1510	83	212	36
云　南	Yunnan	3180	309	3102	241	78	68
陕　西	Shaanxi	3681	982	3208	699	473	283
甘　肃	Gansu	1797	586	1628	431	169	155
宁　夏	Ningxia	1063	975	334	248	729	727
新　疆	Xinjiang	5017	1253	4806	1129	211	124
新疆兵团	Xinjiang Production and Construction Corps	3727	964	3048	681	679	283

2-2-11 County Seat Water Conservation（2010）

节约用水量 （万立方米） Water Saved （10,000m³）	工业 Industry	重复利用率 （%） Reuse Rate	工业用水 重复利用率 Reuse Rate of Water for Industrial Purpose	再 生 水 利 用 量 （建筑中水） Volume of Recycled Water Used （Recycled Water Used in Buildings）	节水措施 投资总额 （万 元） Total Investment in Water-Saving Measures （10,000yuan）	地区名称 Name of Regions
35963	28619	47.27	67.55	5500	47285	全　　国
2642	2570	78.55	92.28	724	3074	河　　北
1710	1134	23.97	37.92	548	1385	山　　西
86	83	7.83	15.27		30	内　蒙　古
129	86	5.56	7.69	10		辽　　宁
380	263	13.39	16.27	138	79	吉　　林
740	704	28.23	20.11		200	黑　龙　江
10250	9665	34.63	46.61	225	3246	江　　苏
1681	222	44.95	58.10	1098	4070	浙　　江
16	3	0.73	1.54		2	安　　徽
158	76				7	福　　建
						山　　东
2983	2337	56.93	72.75	1308	12583	河　　南
6245	4347	17.53	27.82	29	527	湖　　北
4	1	0.20		1	1	湖　　南
496	176	1.19	1.76			广　　东
2658	2183	27.00	30.06	450		海　　南
1244	1119	36.08	55.65		3200	重　　庆
3352	3026	25.82	46.96	48	12935	四　　川
170	15	12.31	30.25	1	92	贵　　州
36	15	2.45	22.01	9	75	云　　南
393	168	12.85	28.82	710	3475	陕　　西
217	186	9.40	26.45		13	甘　　肃
130	130	68.58	74.56	75	1880	宁　　夏
106	36	4.21	9.90	111	239	新　　疆
137	74	18.22	29.36	15	172	新疆兵团

2-2-12 县城人工煤气 (2010 年)

地区名称 Name of Regions		生产能力 （万立方 米/日） Production Capacity （10,000m³）	储气能力 （万立方米） Gas Storage Capacity （10,000m³）	供气管道 长　度 （公里） Length of Gas Supply Pipeline （km）	自制气量 （万立方米） Self-Produced Gas （10,000m³）	外购气量 （万立方米） Purchased Gas （10,000m³）
全　国	**National Total**	**162.0**	**1974.7**	**1520**	**13991**	**35032**
河　北	Hebei		7.0	131		3709
山　西	Shanxi	129.5	1299.5	848	13991	5878
山　东	Shandong	20.0	3.0	132		1700
河　南	Henan			63		16560
湖　北	Hubei			24		150
四　川	Sichuan	12.5	4.5	178		4500
云　南	Yunnan		210.0	145		2079
新疆兵团	Xinjiang Production and Construction Corps		450.7			456

2-2-12 County Seat Man-Made Coal Gas（2010）

供气总量（万立方米） Total Gas Supplied（10,000m³）				用气户数 （户）		用气人口 （万人）	地区名称
合计 Total	销售气量 Quantity Sold	居民家庭 Households	燃气损失量 Loss Amount	 Number of Household with Access to Gas（unit）	家庭用户 Household User	 Population with Access to Gas（10,000 persons）	 Name of Regions
40604	**39158**	**10347**	**1447**	**173676**	**169044**	**69.97**	全　　国
3709	3657	1280	52	23385	23332	8.18	河　　北
14511	14320	6732	191	91683	87637	40.11	山　　西
1700	1670	536	30	21616	21538	8.04	山　　东
16560	15898	172	662	5816	5750	2.30	河　　南
147	145	120	2	2895	2800	1.00	湖　　北
2000	1500	1250	500	16200	16150	5.20	四　　川
1971	1962	250	10	8394	8150	3.84	云　　南
6	6	6	—	3687	3687	1.30	新疆兵团

2-2-13 县城天然气（2010 年）

地区名称 Name of Regions	储气能力 （万立方米） Gas Storage Capacity （10,000m³）	供气管道 长 度 （公里） Length of Gas Supply Pipeline （km）	外购气量 （万立方米） Purchased Gas （10,000m³）	供气总量（万立方米） Total Gas Supplied（10,000m³）		
				合计 Total	销售气量 Quantity Sold	居民家庭 Households
全 国 National Total	**2583.7**	**42156**	**354560**	**399789**	**390808**	**170885**
天 津 Tianjin		247	43	43	43	5
河 北 Hebei	403.1	2144	16695	17454	17168	8168
山 西 Shanxi	95.4	2058	19363	25211	24808	11032
内 蒙 古 Inner Mongolia	14.0	546	2511	2508	2455	1350
辽 宁 Liaoning	10.4	438	914	919	845	766
吉 林 Jilin	13.4	301	1704	1701	1695	564
黑 龙 江 Heilongjiang		4				
江 苏 Jiangsu	101.3	1722	4805	4772	4684	2196
浙 江 Zhejiang	57.3	1350	7656	7749	7736	1143
安 徽 Anhui	44.5	1586	7933	8221	8032	2828
福 建 Fujian	107.0	162	3723	3697	3636	51
江 西 Jiangxi	329.6	881	4071	3561	3546	1622
山 东 Shandong	222.0	3799	46288	49777	49429	11783
河 南 Henan	94.2	1588	7714	7669	7550	5112
湖 北 Hubei	49.0	1273	3729	3796	3717	1809
湖 南 Hunan	62.1	1354	9678	9111	8947	1655
广 东 Guangdong	40.0	136	1376	1298	1286	320
广 西 Guangxi	18.0	48	15	22	22	19
海 南 Hainan	80.0	145	6800	6800	6800	
重 庆 Chongqing	32.0	5824	35766	55459	54251	32761
四 川 Sichuan	163.3	11908	115728	121679	116901	62328
云 南 Yunnan	28.9	96	933	2715	2619	2482
陕 西 Shaanxi	228.0	1887	17362	21284	21077	9818
甘 肃 Gansu	10.0	123	1463	1744	1739	505
青 海 Qinghai	17.5	239	10890	10805	10783	1908
宁 夏 Ningxia	0.2	368	7562	7417	7115	2565
新 疆 Xinjiang	242.3	1736	17314	21262	20834	5518
新疆兵团 Xinjiang Production and Construction Corps	120.3	194	2524	3114	3094	2579

2-2-13 County Seat Natural Gas （2010）

燃气损失量 Loss Amount	用气户数 （户） Number of Household with Access to Gas （unit）	家庭用户 Household User	用气人口 （万人） Population with Access to Gas （10，000 persons）	天然气汽车 加 气 站 （座） Gas Stations for CNG- Fueled Motor Vehicles （unit）	地区名称 Name of Regions
8980	5460788	5193404	1835. 42	252	全　　国
	4473	4465	0. 80		天　　津
285	374349	364892	133. 85	12	河　　北
403	170655	152351	90. 63	2	山　　西
53	75986	67990	25. 82	8	内 蒙 古
74	74634	74366	22. 81	1	辽　　宁
6	49786	49347	18. 32	1	吉　　林
					黑 龙 江
88	216597	210324	80. 98	2	江　　苏
14	114713	113644	41. 76	1	浙　　江
189	142996	139138	53. 27	9	安　　徽
61	8916	8602	2. 33		福　　建
16	70176	61121	21. 03		江　　西
348	532720	525067	204. 71	45	山　　东
119	166851	153324	57. 38	12	河　　南
79	88485	80721	49. 57	4	湖　　北
164	111609	103343	45. 85	4	湖　　南
12	10384	10276	2. 96		广　　东
1	4660	4590	4. 47		广　　西
	500		1. 20		海　　南
1208	655669	631498	201. 83	16	重　　庆
4778	1918675	1807914	523. 10	56	四　　川
96	24435	22543	9. 06	2	云　　南
207	273821	253671	109. 20	25	陕　　西
6	20874	19306	6. 45	4	甘　　肃
22	35058	27967	9. 70	3	青　　海
303	65709	65052	14. 20	7	宁　　夏
428	208282	202247	89. 93	36	新　　疆
20	39775	39645	14. 21	2	新疆兵团

2-2-14 县城液化石油气 (2010 年)

地区名称 Name of Regions		储气能力 （吨） Gas Storage Capacity （ton）	供气管道 长 度 （公里） Length of Gas Supply Pipeline （km）	外购气量 （吨） Purchased Gas （ton）	供气总量 （吨） Total Gas	销售气量 Quantity Sold	居民家庭 Households
全 国	National Total	**289273. 8**	**3053**	**2066371**	**2185048**	**2173682**	**1749680**
天 津	Tianjin	582. 0		20781	20802	20802	11625
河 北	Hebei	7172. 0	79	110935	111608	110787	98040
山 西	Shanxi	7209. 0	18	32204	31063	30562	25917
内 蒙 古	Inner Mongolia	3687. 5	13	18980	18849	18695	16995
辽 宁	Liaoning	6350. 0	58	32352	30396	30238	25055
吉 林	Jilin	2738. 0	35	36840	42417	42361	34261
黑 龙 江	Heilongjiang	6743. 0	1	37069	38741	38623	33868
江 苏	Jiangsu	15270. 3	297	160024	156273	155466	125466
浙 江	Zhejiang	15246. 0	950	167845	175511	175188	132358
安 徽	Anhui	16276. 3	122	156835	162846	162182	121978
福 建	Fujian	8925. 7	242	121378	120760	120633	104725
江 西	Jiangxi	13809. 8	75	171627	176521	173987	152111
山 东	Shandong	34246. 9	300	142488	204924	204371	109769
河 南	Henan	11762. 5	1	97277	96172	95045	85243
湖 北	Hubei	9327. 5	62	53604	53727	53424	50045
湖 南	Hunan	26192. 1		120069	121455	120535	105498
广 东	Guangdong	31734. 9	32	189075	223108	222727	179564
广 西	Guangxi	9677. 9	110	142115	139373	139251	119720
海 南	Hainan	1673. 0		11364	11473	11466	10032
重 庆	Chongqing	3996. 0		33371	31967	31965	23638
四 川	Sichuan	4245. 2	536	30474	30687	30279	24999
贵 州	Guizhou	4809. 0	51	28763	30710	30619	27004
云 南	Yunnan	16133. 7	44	47127	46186	45988	37984
西 藏	Tibet	1709. 2	11	2839	3288	3237	3421
陕 西	Shaanxi	13002. 7	3	34319	38568	38185	33226
甘 肃	Gansu	3197. 9		15850	16308	15962	13949
青 海	Qinghai	496. 5		1266	1101	1094	1069
宁 夏	Ningxia	3252. 0	9	6667	6901	6874	5572
新 疆	Xinjiang	8003. 7	—	29940	29253	29102	23605
新疆兵团	Xinjiang Produc- tion and Constru- ction Corps	1803. 8	2	12895	14062	14037	12945

2-2-14 County Seat LPG Supply（2010）

燃气损失量 Loss Amount	用气户数 （户） Number of Household with Access to Gas （unit）	家庭用户 Household User	用气人口 （万人） Population with Access to Gas （10,000persons）	液化石油气 汽　车 加气站 LPG （座） Gas Stations for LPG-Fueled Motor Vehicles （unit）	地区名称 Name of Regions
11367	19208015	17765006	7097.78	150	全　　国
	104100	104100	36.69		天　　津
821	1355213	1317820	516.96	1	河　　北
501	452596	421792	185.06	9	山　　西
155	523363	493923	196.86	1	内　蒙　古
158	443545	367997	116.80	21	辽　　宁
56	269170	246626	90.70	2	吉　　林
118	623626	562848	194.20	10	黑　龙　江
808	1138505	1089785	394.74	3	江　　苏
323	1216469	1030307	384.93		浙　　江
664	1351048	1270165	457.01	3	安　　徽
127	825128	771601	320.47	6	福　　建
2533	1951151	1625190	550.03		江　　西
552	1506836	1462884	586.42	14	山　　东
1127	826248	797012	296.65	7	河　　南
303	732725	716082	288.66		湖　　北
920	1246245	1208939	494.25	15	湖　　南
382	892948	857239	438.11	9	广　　东
121	924985	825807	375.50		广　　西
7	95651	92245	47.66		海　　南
2	251000	202548	79.88		重　　庆
409	254912	228184	83.51	4	四　　川
91	365637	333449	176.70	3	贵　　州
197	495721	445622	218.75	3	云　　南
51	60340	51601	30.41	16	西　　藏
384	592983	559950	240.80		陕　　西
346	233179	218632	107.39	1	甘　　肃
7	17260	17056	9.22		青　　海
27	87598	86470	36.04		宁　　夏
150	265411	255431	117.37	20	新　　疆
25	104422	103701	26.01	2	新疆兵团

2-2-15 县城集中供热（2010 年）

地区名称 Name of Regions		蒸汽 Steam						管道长度 （公里） Length of Pipelines （km）	供热能力 （兆瓦） Heating Capacity （mega watts）
		供热能力 （吨／小时） Heating Capacity （ton／hour）	热电厂 供热 Heating By Co- Generation	锅炉房 供热 Heating By Boilers	供热总量 （万吉焦） Total Heat Supplied （10,000 gcal）	热电厂 供热 Heating By Co- Generation	锅炉房 供热 Heating By Boilers		
全 国	**National Total**	**15091**	**10562**	**3658**	**16729**	**15123**	**1071**	**1773**	**68858**
天 津	Tianjin	238	200	38	82	62	20	5	794
河 北	Hebei	3482	1070	2347	1349	875	456	328	10650
山 西	Shanxi	715	609	85	5909	5787	101	162	6061
内 蒙 古	Inner Mongolia								10035
辽 宁	Liaoning	1004	309	695	341	206	133	56	4666
吉 林	Jilin								3912
黑 龙 江	Heilongjiang	330	205	125	139	108	31	50	5146
江 苏	Jiangsu	440	440		800	800		24	
浙 江	Zhejiang	3057	2807	25	3481	3469	12	339	4
山 东	Shandong	5039	4402	77	4071	3401	210	643	12690
河 南	Henan	200	140	60	100	80	20	24	251
西 藏	Tibet								2
陕 西	Shaanxi	136	96	40	106	65	7	49	1114
甘 肃	Gansu								3124
青 海	Qinghai	35	10	25	45	13	32	14	725
宁 夏	Ningxia	30	30		23	23			1698
新 疆	Xinjiang	14		14	8		8	23	5017
新疆兵团	Xinjiang Produc- tion and Constru- ction Corps	371	244	127	275	234	41	56	2969

2-2-15　County Seat Central Heating（2010）

热水　Hot Water					管道长度 （公里） Length of Pipelines （km）	供热面积 （万平方米） Heated Area （10,000m²）	住宅 Housing	地区名称 Name of Regions
热电厂 供　热 Heating By Co-Generation	锅炉房 供　热 Heating By Boilers	供热总量 （万吉焦） Total Heat Supplied （10,000gcal）	热电厂 供　热 Heating By Co-Generation	锅炉房 供　热 Heating By Boilers				
19930	**46308**	**103005**	**9041**	**91934**	**23737**	**60946.4**	**43959.7**	全　　国
	794	481	97	384	1086	1174.8	984.4	天　　津
1144	8040	7411	807	6017	3255	10962.0	7909.3	河　　北
1067	4599	6671	957	5425	2649	8847.2	6419.6	山　　西
1886	8030	8828	1081	7748	3481	8299.4	5677.9	内　蒙　古
1406	3266	3358	393	2963	2052	3809.5	2807.5	辽　　宁
	3912	3470		3379	1745	3945.9	2700.2	吉　　林
1705	3410	4354	1870	2327	1861	5809.5	4249.6	黑　龙　江
						59.0	40.0	江　　苏
	4	13		13	6	312.8	52.7	浙　　江
11418	851	3623	2304	576	1970	6015.8	4838.6	山　　东
240	11	219	199	20	136	314.3	237.5	河　　南
					9	3.3	2.0	西　　藏
300	814	1422	924	497	236	992.3	805.4	陕　　西
	3117	6456		6444	994	2559.1	1912.2	甘　　肃
103	574	813	133	680	274	353.7	208.7	青　　海
	1698	1350		1350	509	1339.2	947.8	宁　　夏
201	4718	4064	186	3732	1928	4052.4	2610.0	新　　疆
460	2470	50472	90	50379	1546	2096.2	1556.3	新疆兵团

2-2-16 县城道路和桥梁(2010 年)

2-2-16 County Seat Roads and Bridges (2010)

地区名称 Name of Regions	道路长度(公里) Length of Roads (km)	道路面积(万平方米) Surface Area of Roads (10,000 m²)	人行道面积 Surface Area of Sidewalks	桥梁数(座) Number of Bridges (unit)	立交桥 Intersection	道路照明灯盏数(盏) Number of Road Lamps (unit)	安装路灯道路长度(公里) Length of The Road with Street Lamp (km)	防洪堤长度(公里) Length of Flood Control Dikes (km)	百年一遇 Length of Dikes to withsland The Biggest Floods Every A Century	五十年一遇 Length of Dikes to withsland The Biggest Floods Every 50 Years
全 国 National Total	105903	175980	43393	14685	484	4898909	62098	12496	1815	5289
天 津 Tianjin	258	776	101	28	3	17851	212			
河 北 Hebei	8974	16916	4437	873	69	284109	5141	744	30	283
山 西 Shanxi	3421	6223	1576	357	35	177711	1868	295	53	144
内 蒙 古 Inner Mongolia	3581	6376	1621	269	16	254056	2149	720	177	265
辽 宁 Liaoning	1479	2331	564	234	6	117323	1038	178	8	84
吉 林 Jilin	1102	1598	406	106	7	71345	581	135	31	79
黑 龙 江 Heilongjiang	3529	3942	772	265	15	148682	1524	436	108	211
江 苏 Jiangsu	4358	8312	1872	711	11	233716	3321	683	74	279
浙 江 Zhejiang	4854	7475	1831	1376	22	203606	4081	784	40	494
安 徽 Anhui	4723	9294	2255	753	16	210023	2934	618	80	173
福 建 Fujian	2546	3734	763	440	22	123759	1902	438	23	143
江 西 Jiangxi	5636	9695	2412	697	33	264192	3671	533	74	246
山 东 Shandong	8115	16651	3563	1417	51	352887	5340	385	84	151
河 南 Henan	6699	13367	3207	1442	22	310361	4464	733	138	314
湖 北 Hubei	2808	5561	1388	401	5	86830	1888	603	89	150
湖 南 Hunan	5246	9644	2500	510		190388	2915	709	116	364
广 东 Guangdong	3477	6168	1535	308	8	225685	1897	508	102	245
广 西 Guangxi	3554	5625	1352	677	8	288933	2253	245	12	79
海 南 Hainan	480	1024	269	43		32574	288	62	4	11
重 庆 Chongqing	1604	2763	878	308	9	107069	1168	141	35	78
四 川 Sichuan	10284	9879	2853	817	19	424587	3786	643	79	279
贵 州 Guizhou	1824	2738	708	350	13	98328	1125	211	52	112
云 南 Yunnan	3488	5959	1433	546	11	190412	2407	617	62	179
西 藏 Tibet	648	793	219	141		12411	297	215		127
陕 西 Shaanxi	3488	6111	1756	486	57	157956	2170	628	149	307
甘 肃 Gansu	1770	3045	829	294	11	61622	988	327	16	156
青 海 Qinghai	774	986	273	135		28385	300	137	36	94
宁 夏 Ningxia	868	1937	444	60	10	37085	523	88	32	48
新 疆 Xinjiang	2737	4639	1151	386	5	167274	1355	255	30	132
新疆兵团 Xinjiang Production and Construction Corps	3582	2418	425	255		19749	512	425	81	62

2-2-17 县城排水和污水处理（2010 年）

地区名称 Name of Regions		污水排放量 （万立方米） Annual Quantity of Wastewater Discharged (10, 000 m³)	排水管道长度 （公里） Length of Drainage Piplines (km)	污水管道 Sewers	污水处理厂 Wastewater Treatment Plant						
					座数 （座） Number of Wastewater Treatment Plant (unit)	二、三级处理 Secondary and Tertiary Treatment	处理能力 （万立方米/日） Treatment Capacity (10, 000 m³/day)	二、三级处理 Secondary and Tertiary Treatment	处理量 （万立方米） Quantity of Wastewater Treated (10, 000 m³)	二、三级处理 Secondary and Tertiary Treated
全　国	National Total	720178	108907	35919	1052	813	2040. 3	1593. 1	390243	308367
天　津	Tianjin	2928	454	116	6	5	10. 9	9. 4	1688	1504
河　北	Hebei	56207	8786	2289	85	47	218. 8	125. 0	37256	22726
山　西	Shanxi	19844	4143	1253	77	49	96. 8	65. 0	12897	9151
内 蒙 古	Inner Mongolia	11293	4001	2263	33	30	57. 3	54. 8	5838	5589
辽　宁	Liaoning	10005	1650	400	15	13	33. 6	29. 6	4620	3674
吉　林	Jilin	7048	969	125	8	2	13. 5	4. 0	2019	519
黑 龙 江	Heilongjiang	10288	2098	450	6	6	10. 0	10. 0	1380	1380
江　苏	Jiangsu	33432	5723	1440	26	26	80. 5	80. 5	19998	19998
浙　江	Zhejiang	46820	6460	3458	36	31	177. 8	169. 4	33366	32109
安　徽	Anhui	36395	6135	1977	55	39	118. 5	85. 5	25562	19008
福　建	Fujian	23135	2977	1253	44	44	61. 7	61. 7	14175	14175
江　西	Jiangxi	36748	6166	1466	71	71	80. 9	80. 9	22878	22878
山　东	Shandong	68224	8051	2291	63	41	220. 0	133. 5	56933	34235
河　南	Henan	54055	7923	2254	83	68	193. 5	162. 0	40341	34001
湖　北	Hubei	25149	2920	587	15	10	31. 0	21. 0	4214	2855
湖　南	Hunan	54027	6408	1692	76	64	161. 8	140. 0	33551	28397
广　东	Guangdong	32512	2919	481	31	26	57. 8	46. 9	11163	9207
广　西	Guangxi	33899	3919	832	68	47	110. 9	80. 0	14034	10049
海　南	Hainan	10736	514	177	3	2	11. 5	4. 5	2741	541
重　庆	Chongqing	13876	2590	1295	25	18	51. 0	36. 5	11080	7417
四　川	Sichuan	47362	6319	2317	39	33	62. 8	52. 6	12197	11260
贵　州	Guizhou	15458	2180	1193	72	51	48. 5	33. 8	7648	5461
云　南	Yunnan	21149	4457	1148	32	22	40. 0	28. 4	3715	3059
西　藏	Tibet	2387	578	59						
陕　西	Shaanxi	18361	3625	1235	40	32	45. 0	37. 3	5747	4417
甘　肃	Gansu	6904	1599	582	4	4	4. 8	4. 8	578	578
青　海	Qinghai	3513	590	42	9	9	6. 6	6. 6	431	431
宁　夏	Ningxia	4104	788	253	2	2	2. 5	2. 5	449	449
新　疆	Xinjiang	9921	2393	1821	28	21	32. 3	26. 9	3744	3299
新疆兵团	Xinjiang Production and Constru-ction Corps	4398	1572	1170						

干污泥产生量（吨）Quantity of Dry Sludge Produced（ton）	干污泥处置量（吨）Quantity of Dry Sludge Treated（ton）	其他污水处理设施 Other Wastewater Treatment Facilities		污水处理总量（万立方米）Total Quantity of Wastewater Treated（10,000m³）	再生水 Recycled Water			地区名称 Name of Regions
		处理能力（万立方米/日）Treatment Capacity（10,000 m³/day）	处理量（万立方米）Quantity of Wastewater Treated（10,000m³）		生产能力（万立方米/日）Recycled Water Production Capacity（10,000 m³/day）	利用量（万立方米）Annual Quantity of Wastewater Recycled and Reused（10,000m³）	管道长度（公里）Length of Piplines（km）	
1037692	1009379	329.3	42722	432965	127.8	12160	492	全　　国
4221	4221			1688				天　　津
101383	101271	58.0	6110	43366	20.2	1238	92	河　　北
59712	59216	8.1	1329	14226	16.5	1456	171	山　　西
44113	41414			5838	3.5	183	32	内　蒙　古
8686	8686	6.3	629	5249	4.0	360	2	辽　　宁
5467	5467	4.0	280	2299				吉　　林
2437	2437	1.0	138	1518				黑　龙　江
61513	60880	21.5	3196	23194	7.2	486	5	江　　苏
112017	111972	5.9	1439	34805	1.6	203	47	浙　　江
82026	72822	16.7	1210	26772	2.0	200	9	安　　徽
75284	70232	6.5	1592	15767	1.3	179	23	福　　建
28836	28717	4.8	933	23811				江　　西
146201	144986	15.0	622	57555	47.1	6888	71	山　　东
89168	84881	4.0	100	40441	7.4	75		河　　南
4504	4420	30.6	6280	10494	3.2	1	1	湖　　北
29505	29433	5.3	984	34535	1.4	121	4	湖　　南
23573	21851	19.5	2723	13886	0.5	225		广　　东
5423	5370	28.5	3359	17393				广　　西
46051	46051	4.4	422	3163				海　　南
24823	24811			11080	6.4	174	19	重　　庆
35421	35421	33.7	4196	16393	0.1	8	1	四　　川
10764	10715			7648	0.5			贵　　州
6329	6324	9.9	1146	4861	3.6	362	13	云　　南
		1.5	480	480				西　　藏
22712	21224	6.3	899	6646	0.6			陕　　西
2414	1772	3.9	14	592				甘　　肃
730	730			431				青　　海
1008	1008	10.5	1308	1757				宁　　夏
3371	3047	11.7	1925	5669	1.0	1	2	新　　疆
		11.7	1408	1408				新疆兵团

2-2-18 县城园林绿化 （2010 年）

2-2-18 County Seat Landscaping （2010）

地区名称 Name of Regions	绿化覆盖 面 积 （公顷） Green Coverage Area （hectare）	建成区 Built District	绿地面积 （公顷） Area of Green Space （hectare）	建成区 Built District	公园绿地 面 积 （公顷） Area of Public Recreational Green Space （hectare）	公园个数 （个） Number of Parks （unit）	公园面积 （公顷） Park Area （hectare）
全 国 National Total	**574299**	**412730**	**405640**	**330318**	**106872**	**4054**	**67325**
天 津 Tianjin	2875	2875	2561	2561	454	7	224
河 北 Hebei	42558	33175	28340	25958	7900	407	5246
山 西 Shanxi	21336	18698	13941	12524	4372	188	2905
内 蒙 古 Inner Mongolia	18707	14252	11836	10231	3940	150	2658
辽 宁 Liaoning	5194	4639	4459	4067	1606	57	1189
吉 林 Jilin	6998	4930	4931	3996	1509	30	638
黑 龙 江 Heilongjiang	11044	9047	7991	6706	3138	138	2126
江 苏 Jiangsu	38001	23066	29821	21304	4841	114	1746
浙 江 Zhejiang	24208	18458	21359	16627	4795	296	2718
安 徽 Anhui	37407	20325	24828	14081	4810	174	3707
福 建 Fujian	15157	13218	12126	11874	3514	201	2448
江 西 Jiangxi	42148	31051	30832	27559	9279	288	6575
山 东 Shandong	54710	42429	40811	35332	11075	181	5855
河 南 Henan	20332	17507	13863	12949	5437	170	3662
湖 北 Hubei	13271	10166	8453	7449	2832	116	1513
湖 南 Hunan	26591	20743	19995	17312	5133	143	3091
广 东 Guangdong	20913	15057	15500	12767	4621	180	4258
广 西 Guangxi	17220	13669	12942	11490	3325	144	1825
海 南 Hainan	7573	2709	2271	2107	568	18	288
重 庆 Chongqing	10651	9561	9505	8419	3730	98	1235
四 川 Sichuan	23526	21498	19531	18244	5383	199	2931
贵 州 Guizhou	26322	7516	16825	4599	1453	74	977
云 南 Yunnan	19233	14111	14746	11362	4020	238	4089
西 藏 Tibet	3822	1228	745	203	153	21	92
陕 西 Shaanxi	19285	12975	9879	7955	2630	141	1064
甘 肃 Gansu	8215	5283	4382	3557	1381	96	1413
青 海 Qinghai	3129	2379	1883	1632	386	29	232
宁 夏 Ningxia	3947	2941	3249	2351	1013	31	874
新 疆 Xinjiang	16129	14433	14004	12384	2832	95	1320
新疆兵团 Xinjiang Production and Construction Corps	13797	4791	4031	2718	742	30	426

2-2-19　县城市容环境卫生（2010 年）

地区名称 Name of Regions	道路清扫保洁面积（万平方米） Surface Area of Roads Cleaned and Maintained (10,000 m²)	机械化 Mechanization	清运量（万吨） Collected and Transported (10,000 tons)	密闭车（箱）清运量（万吨） Quantity of Garbage Transported by Air-tight Vehicle (10,000 tons)	生活垃圾处理量（万吨） Volume of Domestic Garbage Treated (10,000 tons)	无害化处理厂（场）数（座） Number of Harmless Treatment Plants/Grounds (unit)	生活垃圾				
							卫生填埋 Sanitary Landfill	堆肥 Compost	焚烧 Incineration	无害化处理能力（吨/日） Harmless Treatment Capacity (ton/day)	卫生填埋 Sanitary Landfill
全　国　National Total	140715	25617	6316.58	3362.73	3828.56	448	421	6	15	69310	62081
天　津　Tianjin	864	234	23.62	23.62	9.14	1	1			200	200
河　北　Hebei	10532	2761	518.34	201.73	253.15	32	32			5185	5185
山　西　Shanxi	5474	1116	274.77	141.91	32.53	15	14		1	1827	1627
内　蒙　古　Inner Mongolia	4485	817	166.41	69.70	76.68	20	19			2474	2027
辽　宁　Liaoning	2311	452	121.11	33.04	73.87	14	14			2406	2406
吉　林　Jilin	2406	301	141.55	80.42	107.03	3	3			345	345
黑　龙　江　Heilongjiang	3023	166	255.59	40.51	19.20	2	2			534	534
江　苏　Jiangsu	6012	2181	174.60	128.46	163.87	6	6			1723	1723
浙　江　Zhejiang	6755	2119	243.41	223.68	234.81	31	24	2	4	8029	5624
安　徽　Anhui	6552	977	307.42	176.18	258.70	1	1			181	181
福　建　Fujian	2725	403	150.37	118.91	138.67	37	33		4	6612	4877
江　西　Jiangxi	7031	669	312.57	178.57	306.45	2	2			175	175
山　东　Shandong	13533	3939	345.28	201.80	274.49	31	25	4	2	6492	5410
河　南　Henan	10536	855	433.94	261.51	310.61	60	59			9620	9460
湖　北　Hubei	3579	464	194.97	98.96	131.02	14	14			1759	1759
湖　南　Hunan	7071	1184	384.63	194.28	225.11	9	9			1775	1775
广　东　Guangdong	8865	536	198.18	74.44	90.88	2	2			160	160
广　西　Guangxi	4238	246	187.09	104.40	80.85	29	26		3	2887	2567
海　南　Hainan	823	28	37.62	14.76	12.14	1	1			50	50
重　庆　Chongqing	2450	1097	120.92	92.31	116.24	20	20			3544	3544
四　川　Sichuan	7283	2141	387.37	279.47	164.64	28	27		1	3715	3315
贵　州　Guizhou	2543	343	215.25	51.03	91.33	1	1			200	200
云　南　Yunnan	5120	211	287.02	209.42	213.43	38	35			4337	3857
西　藏　Tibet	1351	29	29.89	4.67							
陕　西　Shaanxi	4967	825	292.49	186.87	118.00	35	35			4012	4012
甘　肃　Gansu	2080	75	168.69	41.89	142.94	7	7			438	438
青　海　Qinghai	724		44.51	20.47	35.57	7	7			510	510
宁　夏　Ningxia	1237	239	30.02	16.61	10.87	2	2			120	120
新　疆　Xinjiang	4092	734	210.26	77.67	136.34						
新疆兵团　Xinjiang Production and Construction Corps	2053	475	58.69	15.44							

2-2-19　County Seat Environmental Sanitation （2010）

Domestic Garbage						粪便		公厕数（座）	三类以上	市容环卫专用车辆设备总数（台）	地区名称
堆肥	焚烧	无害化处理量（万吨）	卫生填埋	堆肥	焚烧	清运量（万吨）	无害化处理量（万吨）				
Compost	Incineration	Volume of Harmlessly Treated Garbage （10,000 tons）	Sanitary Landfill	Compost	Incineration	Quantity of Excrement Transported （10,000 tons）	Quantity of Excrement Treated （10,000 tons）	Number of Latrines （unit）	Grade Ⅲ and Above	Number of Vehicles and Equipment Designated for Municipal Environmental Sanitation （unit）	Name of Regions
1282	4685	1732.51	1536.52	36.98	115.74	811.38	204.57	40818	15036	25249	全　国
		9.14	9.14			1.36		137	91	99	天　津
		110.22	107.82		2.40	106.32	11.38	3792	847	2387	河　北
	200	26.89	26.22		0.67	37.75	2.19	1078	333	1551	山　西
		46.11	41.69			61.31	16.44	5428	642	1493	内　蒙　古
		36.78	36.78			26.68	6.70	1719	158	523	辽　宁
		8.75	8.75			24.26	16.62	876	104	410	吉　林
		19.20	19.20			76.59	2.35	2552	276	1323	黑　龙　江
		48.03	43.19		4.84	39.54	32.27	1803	1047	733	江　苏
580	1650	215.60	145.29	25.50	38.19	27.95	13.12	1332	1112	1207	浙　江
		27.68	15.26		12.42	31.58	13.19	1728	872	766	安　徽
	1735	98.01	81.73		16.28	3.58		666	424	518	福　建
		63.14	63.14			6.89	4.88	1330	745	686	江　西
702	380	153.47	119.45	11.48	12.13	54.30	50.23	1389	830	1824	山　东
		246.09	242.59			66.41	5.64	2707	1473	1666	河　南
		43.21	43.21			9.29	4.19	830	341	517	湖　北
		51.50	51.50			5.84	0.50	1355	683	1044	湖　南
		10.80	10.80			22.66	2.13	539	214	936	广　东
	320	67.25	50.74		14.21	8.74	1.18	634	306	693	广　西
		4.90	4.90			2.30	0.01	90	23	164	海　南
		112.66	112.66			6.41	0.10	645	453	539	重　庆
	400	121.08	106.48		14.60	18.76	0.31	1784	982	1667	四　川
		1.33	1.33			6.88	1.13	950	441	706	贵　州
		110.94	94.92			30.37	10.74	1393	618	924	云　南
						1.86		480	20	109	西　藏
		67.66	67.66			17.34	0.84	1640	701	1160	陕　西
		16.44	16.44			15.23	3.61	1055	543	504	甘　肃
		11.88	11.88					206	27	159	青　海
		3.75	3.75			2.28	0.07	245	95	176	宁　夏
						6.14	4.75	1125	466	565	新　疆
						92.76		1310	169	200	新疆兵团

三、村镇部分

Statistics for Villages and Small Towns

2010 年村镇建设统计概述

    概况   2010 年末，全国共有建制镇 19410 个，乡（苏木、民族乡、民族苏木）14571 个。据 16774 个建制镇、13735 个乡（苏木、民族乡、民族苏木）、721 个镇乡级特殊区域和 272.98 万个自然村（其中村民委员会所在地 56.35 万个）统计汇总，村镇户籍总人口 9.44 亿，其中，建制镇建成区 1.39 亿人，占村镇总人口的 14.7%；乡建成区 0.324 亿人，占村镇总人口的 3.4%；镇乡级特殊区域建成区 0.037 亿人，占村镇总人口的 0.4%；村庄 7.688 亿，占村镇总人口的 81.4%。

    2010 年末，全国建制镇建成区面积 317.9 万公顷，平均每个建制镇建成区占地 190 公顷，人口密度 5215 人/平方公里（含暂住人口）；乡建成区 75.1 万公顷，平均每个乡建成区占地 55 公顷，人口密度 4645 人/平方公里（含暂住人口）；镇乡级特殊区域建成区 10.4 万公顷，平均每个镇乡级特殊区域建成区占地 145 公顷，人口密度 4059 人/平方公里（含暂住人口）。

    规划管理   2010 年末，全国有总体规划的建制镇 14676 个，占所统计建制镇总数的 87.5%，其中本年编制 1788 个；有总体规划的乡 8448 个，占所统计乡总数的 61.5%，其中本年编制 1254 个；有总体规划的镇乡级特殊区域 466 个，占所统计镇乡级特殊区域总数的 64.6%，其中本年编制 76 个；有规划的行政村 269849 个，占所统计行政村总数的 47.88%，其中本年编制 40986 个。2010 年全国村镇规划编制投入达 34.16 亿元。

    建设投入   2010 年，全国村镇建设总投入 10808 亿元。按地域分，建制镇建成区 4356 亿元，乡建成区 558 亿元，镇乡级特殊区域建成区 201 亿元，村庄 5692 亿元，分别占总投入的 40.3%、5.2%、1.9%、52.7%。按用途分，房屋建设投入 8496 亿元，市政公用设施建设投入 2312 亿元，分别占总投入的 78.6%、21.4%。

    在房屋建设投入中，住宅建设投入 5612 亿元，公共建筑投入 962 亿元，生产性建筑投入 1921 亿元，分别占房屋建设投入的 66.1%、11.3%、22.6%。

    在市政公用设施建设投入中，供水 336 亿元，道路桥梁 987 亿元，分别占市政公用设施建设总投入的 14.5% 和 42.7%。

    房屋建设   2010 年，全国村镇房屋竣工建筑面积 9.74 亿平方米，其中住宅 6.71 亿平方米，公共建筑 0.95 亿平方米，生产性建筑 2.08 亿平方米。2010 年末，全国村镇实有房屋建筑面积 355.5 亿平方米，其中住宅 298.5 亿平方米，公共建筑 23.4 亿平方米，生产性建筑 33.7 亿平方米，分别占 83.9%、6.6%、9.5%。

    2010 年末，全国村镇人均住宅建筑面积 31.62 平方米。其中，建制镇建成区人均住宅建筑面积 32.46 平方米，乡建成区人均住宅建筑面积 29.93 平方米，镇乡级特殊区域建成区人均住宅建筑面积 29.15 平方米，村庄人均住宅建筑面积 31.55 平方米。

    公用设施建设   在建制镇、乡和镇乡级特殊区域建成区内，年末实有供水管道长度 43.79 万公里，排水管道长度 13.24 万公里，排水暗渠长度 6.4 万公里，铺装道路长度 33.19 万公里，铺装道路面积 23.38 亿平方米，公共厕所 13.2 万座。

    2010 年末，建制镇建成区用水普及率 79.56%，人均日生活用水量 99.3 升，燃气普及率 45.05%，人均道路面积 11.4 平方米，排水管道暗渠密度 5.29 公里/平方公里，人均公园绿地面积 2.03 平方米。乡建成区用水普及率 65.64%，人均日生活用水量 81.4 升，燃气普及率 18.98%，人均道路面积 11.24 平方米，排水管道暗渠密度 3.12 公里/平方公里，人均公园绿地面积 0.88 平方米。镇乡级特殊区域建成区用水普及率 85.02%，人均日生活用水量 86.65 升，燃气普及率 45.66%，人均道路面积 13.25 平方米，排水管道暗渠密度 4.59 公里/平方公里，人均公园绿地面积 2.58 平方米。

    2010 年末，全国 52.3% 的行政村有集中供水，6% 的行政村对生活污水进行了处理，37.6% 的行政村有生活垃圾收集点，20.8% 的行政村对生活垃圾进行处理。

Overview

General Situation

By the end of 2010, there were a total of 19, 410 towns and 14, 571 townships. Based on the data collected from 16, 774 towns, 13, 735 townships, 721 special districts at township level, and 2. 7298 million natural villages among which 563. 5 thousand villages accommodate villagers' committees, rural population totaled 944 million. Among the total, 139 million people lived in the built area of towns, constituting 14. 7% ; 32. 4 million in the built area of townships, making up 3. 4% ; 3. 7 million in the built area of special districts at township level, taking a share of 0. 4% ; and 768. 8 million were village inhabitants, accounting for 81. 4% .

By the end of 2010, the total built area of towns covered 3. 179 million hectares with 190 hectares of built area per town on average and population density of 5215 people per square kilometer; the total built area of townships covered 0. 75 million hectares with 55 hectares per township on average and population density of 4645 people per square kilometer; and the total built area of special districts at township level covered 0. 104 million hectares with 145 hectares per special district at township level on average and population density of 4059 people per square kilometer.

Planning and Administration

By the end of 2010, there were 14676 towns having master plans, accounting for 87. 5% of the total number of towns surveyed, and among them, 1788 towns had their plans completed or revised this year; there were 8448 townships having master plans, accounting for 61. 5% of the total number of townships surveyed, and among them, 1254 townships had their plans completed or revised this year; there were 466 special districts at township level having master plans, accounting for 64. 6% of the total number of special districts at township level surveyed, and among them, 76 special districts at township level had their plans completed or revised this year; there were 269, 849 administrative villages having development plans, accounting for 47. 88% of the total number of administrative villages surveyed, and among them, 40, 986 villages had their plans completed or revised this year. The total investment in the development of village and town plans across the country in 2010 reached 3. 416 billion yuan.

Construction Input

In 2010, the investment in the villages and towns development across the country totaled 1080. 8 billion yuan. Divided by region, the investment in the built areas of towns, townships, special districts at township level, and villages was 435. 6 billion yuan, 55. 8 billion yuan, 20. 1 billion yuan, and 569. 2 billion yuan respectively, constituting 40. 3% , 5. 2% , 1. 9% , and 52. 7% of the total investment respectively. Broken down by purpose, the investment in the construction of buildings and public service facilities was 849. 6 billion yuan and 231. 2 billion yuan respectively, accounting for 78. 6% and 21. 4% of the total investment respectively.

With respect to building construction, the investment in housing, public buildings, and industrial buildings was 561. 2 billion yuan, 96. 2 billion yuan, and 192. 1 billion yuan respectively, making up 66. 1% , 11. 3% , and 22. 6% of the total investment in building construction respectively.

Regarding the development of public service facilities, the investment in water supply, roads & bridges reached 33. 6 billion yuan, 98. 7 billion yuan respectively, accounting for 14. 5% and 42. 7% of the total investment in the development of public service facilities respectively.

Building Construction

In 2010, the new building completion in the country' s villages and towns covered a total of floor space of 974 million square meters, among which, the completed floor space of housing, public buildings, and industrial buildings amounted to 671 million, 95 million, and 208 million square meters respectively. By the end of 2010, the total floor space of the building stock in the country's villages and towns covered 35. 55 billion square meters, among which, housing, public building, and industrial buildings covered 29. 85 billion, 2. 34 billion, and 3. 37 billion square meters respectively, constituting 83. 9% , 6. 6% , and 9. 5% of the total floor space respectively.

By the end of 2010, the per capita housing floor space in villages and towns nationwide was 31. 62 square meter. This per capita figure in the built areas of towns, townships, special districts at township level, and villages was 32. 46, 29. 93, 29. 15, and 31. 55 square meters respectively.

The Development of Public Service Facilities

By the end of 2010, within the boundary of the built areas of towns, townships, and farms, there were water supply pipelines, drainage pipelines and drainage ducts of which the respective length was 437. 9 thousand kilometers, 132. 4 thousand kilometers, and 64 thousand kilometers; there were paved roads extending 331. 9 thousand kilometers and covering an area of 2. 338 billion square meters; and there were 132 thousand public latrines.

By the end of 2010, in the built areas of towns, the water coverage rate was 79. 56% , daily per capita domestic water consumption was 99. 3 liters, gas coverage rate was 45. 05% , per capita area of paved roads was 11. 4 square meters, drainage pipelines & ducts density was 5. 29 kilometers per square kilometers, and per capita area of public green space was 2. 03 square meters. In the built areas of townships, the water coverage rate was 65. 64% , daily per capita domestic water consumption was 81. 4 liters, gas coverage rate was 18. 98% , per capita area of paved roads was 11. 24 square meters, drainage pipelines & ducts density was 3. 12 kilometers per square kilometers, and per capita area of public green space was 0. 88 square meters. In the built areas of special districts at township level, the water coverage rate was 85. 02% , daily per capita domestic water consumption was 86. 65 liters, gas coverage rate was 45. 66% , per capita area of paved roads was 13. 25 square meters, drainage pipelines & ducts density was 4. 59 kilometers per square kilometers, and per capita area of public green space was 2. 58 square meters.

By the end of 2010, 52. 3% of the administrative villages nationwide had access to central water supply, domestic wastewater had been treated in 6% of the administrative villages, domestic garbage collection facilities had been set up in 37. 6% of the administrative villages, and domestic garbage had been treated in 20. 8% of the administrative villages.

3-1-1 全国历年建制镇及住宅基本情况

3-1-1 Summary of Towns and Residential Building in Past Years

指标 Item 年份 Year	建制镇 个 数 （万个） Number of Towns (10,000 units)	建成区 面 积 （万公顷） Surface Area of Build Districts (10,000 hectare)	人 口 （亿人） Population (100million persons)	非农 人口 Nonagric- ulture Population	本年建设 投 入 （亿元） Construction Input This Year (100million RMB)	住宅 Residential Building	公用 设施 Public Facilities	本年住宅 竣工建筑 面 积 （亿平 方米） Floor Space Completed of Residen- tial Building This Year (10,000 m²)	年末实有 住宅建筑 面 积 （亿平 方米） Total Floor Space of Residential Buildings (year-end) (10,000 m²)	居住人口 （亿人） Resident Population (100million persons)	人均住宅 建筑面积 （平方米） Per Capita Floor Space (m²)
1990	1.01	82.5	0.61	0.28	156	76	15	0.49	12.3	0.61	19.9
1991	1.03	87.0	0.66	0.30	192	84	19	0.54	12.9	0.65	19.8
1992	1.20	97.5	0.72	0.32	284	115	28	0.62	14.8	0.72	20.5
1993	1.29	111.9	0.79	0.34	458	189	56	0.80	15.8	0.78	20.2
1994	1.43	118.8	0.87	0.38	616	265	79	0.90	17.6	0.85	20.6
1995	1.50	138.6	0.93	0.42	721	305	104	1.00	18.9	0.91	20.7
1996	1.58	143.7	0.99	0.42	915	373	116	1.10	20.5	0.97	21.1
1997	1.65	155.3	1.04	0.44	821	382	122	1.06	21.8	1.01	21.5
1998	1.70	163.0	1.09	0.46	872	402	141	1.09	23.3	1.07	21.8
1999	1.73	167.5	1.16	0.49	980	464	160	1.20	24.8	1.13	22.0
2000	1.79	182.0	1.23	0.53	1123	530	185	1.41	27.0	1.19	22.6
2001	1.81	197.2	1.30	0.56	1278	575	220	1.47	28.6	1.26	22.7
2002	1.84	203.2	1.37	0.60	1520	655	265	1.69	30.7	1.32	23.2
2003											
2004	1.78	223.6	1.43	0.64	2373	903	437	1.82	33.7	1.40	24.1
2005	1.77	236.9	1.48	0.66	2644	1000	476	1.90	36.8	1.43	25.7
2006	1.77	312.0	1.40		3013	1139	580	2.04	39.1	1.40	27.9
2007	1.67	284.3	1.31		2950	1061	614	1.28	38.9		29.7
2008	1.70	301.6	1.38		3285	1211	726	1.33	41.5		30.1
2009	1.69	313.1	1.38		3619	1465	798	1.47	44.2		32.1
2010	1.68	317.9	1.39		4356	1828	1028	1.67	45.1		32.5

3-1-2 全国历年建制镇市政公用设施情况
3-1-2 Municipal Public Facilities of Towns in Past Years

指标 Item / 年份 Year	年供水总量（亿立方米）Annual Supply of Water (10,000 m³)	生活用水 Domestic Water Consumption	用水人口（亿人）Population with Access to Water (100million persons)	用水普及率（%）Water Coverage Rate (%)	人均日生活用水量（升）Per Capita Daily Water Consumption (liter)	道路长度（万公里）Length of Roads (10,000 km)	桥梁数（万座）Number of Bridges (10,000 units)	排水管道长度（万公里）Length of Drainage Piplines (10,000 km)	公园绿地面积（万公顷）Public Green Space (10,000 hectare)	人均公园绿地面积（平方米）Public Recreational Green Space Per Capita (m²)	环卫专用车辆设备（万台）Number of Special Vehicles for Environmental Sanitation (10,000 units)	公共厕所（万座）Number of Latrines (10,000 units)
1990	24.4	10.0	0.37	60.1	74.3	7.7	2.4	2.7	0.85	1.4	0.5	4.9
1991	29.5	11.6	0.42	63.9	76.1	8.4	2.7	3.2	1.06	1.6	0.7	5.4
1992	35.0	13.6	0.48	65.8	78.1	9.6	3.1	4.0	1.22	1.7	0.8	6.1
1993	39.5	15.8	0.54	68.5	80.7	10.9	3.5	4.8	1.37	1.7	1.1	6.8
1994	47.1	17.7	0.62	71.5	78.3	12.6	3.9	5.5	1.74	2.2	1.2	7.6
1995	53.7	21.5	0.69	74.2	85.5	13.4	4.2	6.2	2.00	2.2	1.6	8.3
1996	62.2	24.7	0.74	75.0	91.7	15.5	4.8	7.5	2.27	2.3	1.7	8.7
1997	68.4	27.0	0.80	76.6	92.6	17.8	5.1	8.1	2.61	2.5	2.0	9.2
1998	72.8	30.0	0.86	79.1	95.1	18.7	5.4	8.8	2.99	2.7	2.3	9.7
1999	81.4	34.3	0.93	80.2	100.8	19.4	5.6	10.0	3.32	2.9	2.5	10.1
2000	87.7	37.1	0.99	80.7	102.7	21.0	6.1	11.1	3.71	3.0	2.9	10.3
2001	91.4	39.6	1.04	80.3	104.0	22.8	6.4	11.9	4.39	3.4	3.2	10.7
2002	97.3	42.3	1.10	80.4	105.4	24.3	6.8	13.0	4.84	3.5	3.3	11.2
2003												
2004	110.7	49.0	1.20	83.6	112.1	27.5	7.2	15.7	6.01	4.2	3.9	11.8
2005	136.5	54.2	1.25	84.7	118.4	30.1	7.7	17.1	6.81	4.6	4.2	12.4
2006	131.0	44.7	1.17	83.8	104.2	26.0	7.2	11.9	3.3	2.4	4.8	9.4
2007	112.0	42.1	1.19	76.6	97.1	21.6	8.3	8.8	2.72	1.8	5.0	9.0
2008	129.0	45.0	1.27	77.8	97.1	23.4	9.1	9.9	3.09	1.9	6.0	12.1
2009	114.6	46.1	1.28	78.3	98.9	24.5	9.9	10.7	3.14	1.9	6.6	11.6
2010	113.5	47.8	1.32	79.6	99.3	25.8	10.0	11.5	3.36	2.0	6.9	9.8

注：1. 自 2006 年起，"公共绿地"统计为"公园绿地"。

2. 自 2006 年起，"人均公共绿地面积"统计为以城区人口和城区暂住人口合计为分母计算的"人均公园绿地面积"。

Note：1. Since 2006, Public Green Space is changed to Public Recreatinal Green Space.

2. Since 2006, Public recreational green space per capita has been calculated based on denominator which combines both permanent and temporary resiclents in urban areas.

3-1-3 全国历年乡及住宅基本情况

3-1-3 Summary of Townships and Residential Building in Past Years

指标 Item 年份 Year	乡个数 （万个） Number of Townships (10,000 units)	建成区面积 （万公顷） Surface Area of Build Districts (10,000 hectare)	人口 （亿人） Population (100million persons)	非农人口 Nonagriculture Population	本年建设投入 （亿元） Construction Input This Year (100million RMB)	住宅 Residential Building	公用设施 Public Facilities	本年住宅竣工建筑面积 （亿平方米） Floor Space Completed of Residential Building This Year (10,000 m²)	年末实有住宅建筑面积 （亿平方米） Total Floor Space of Residential Buildings (year-end)(10,000m²)	居住人口 （亿人） Resident Population (100million persons)	人均住宅建筑面积 （平方米） Per Capita Floor Space (m²)
1990	4.02	110.1	0.72	0.17	121	61	7	0.52	13.8	0.72	19.1
1991	3.90	109.3	0.70	0.16	136	67	8	0.53	13.8	0.70	19.8
1992	3.72	98.1	0.66	0.15	168	76	10	0.55	13.4	0.65	20.6
1993	3.64	99.9	0.65	0.15	191	85	13	0.49	13.3	0.64	20.6
1994	3.39	101.2	0.62	0.14	234	113	16	0.51	12.8	0.63	20.3
1995	3.42	103.7	0.63	0.15	260	133	22	0.57	12.7	0.62	20.5
1996	3.15	95.2	0.60	0.14	296	151	26	0.59	12.2	0.58	21.0
1997	3.03	95.7	0.60	0.14	296	155	33	0.56	12.3	0.59	21.0
1998	2.91	93.7	0.59	0.15	316	175	37	0.57	12.3	0.58	21.4
1999	2.87	92.6	0.59	0.15	325	193	36	0.66	12.8	0.58	22.1
2000	2.76	90.7	0.58	0.14	300	175	35	0.60	12.6	0.56	22.6
2001	2.35	79.7	0.53	0.14	283	167	33	0.55	12.0	0.52	23.0
2002	2.26	79.1	0.52	0.14	325	188	39	0.57	12.0	0.51	23.6
2003											
2004	2.18	78.1	0.53	0.15	344	188	48	0.56	12.5	0.50	24.9
2005	2.07	77.8	0.52	0.14	377	186	55	0.56	12.8	0.50	25.5
2006	1.46	92.83	0.35		355	145	66	0.40	9.1	0.4	25.9
2007	1.42	75.89	0.34		352	147	75	0.26	9.1		27.1
2008	1.41	81.15	0.34		438	187	99	0.28	9.2		27.2
2009	1.39	75.76	0.33		471	212	101	0.29	9.4		28.8
2010	1.37	75.12	0.32		558	262	129	0.35	9.7		29.9

注：2006 年以后，统计范围由原来的集镇变为乡，数据和以往年度不可对比。

3-1-4 全国历年乡市政公用设施情况

3-1-4 Municipal Public Facilities of Townships in Past Years

指标 Item / 年份 Year	年供水总量（亿立方米）Annual Supply of Water (10,000 m³)	生活用水 Domestic Water Consumption	用水人口（亿人）Population with Access to Water (100million persons)	用水普及率（%）Water Coverage Rate (%)	人均日生活用水量（升）Per Capita Daily Water Consumption (liter)	道路长度（万公里）Length of Roads (10,000 km)	桥梁数（万座）Number of Bridges (10,000 units)	排水管道长度（万公里）Length of Drainage Piplines (10,000 km)	公园绿地面积（万公顷）Public Green Space (10,000 hectare)	人均公园绿地面积（平方米）Public Recreational Green Space Per Capita (m²)	环卫专用车辆设备（万台）Number of Special Vehicles for Environmental Sanitation (10,000 units)	公共厕所（万座）Number of Latrines (10,000 units)
1990	10.8	5.0	0.26	35.7	53.4	15.2	3.3	2.3	0.64	0.88	0.16	5.33
1991	12.3	5.1	0.27	39.3	51.1	14.9	3.5	2.3	0.83	1.19	0.26	5.74
1992	12.7	5.2	0.28	42.6	50.6	14.2	3.7	2.5	0.87	1.32	0.31	5.89
1993	12.3	5.6	0.27	40.6	58.2	14.2	3.4	2.4	0.91	1.4	0.29	5.77
1994	12.8	6.0	0.30	47.8	55.5	14.0	3.3	2.6	1.11	1.76	0.42	6.18
1995	13.7	6.4	0.32	49.9	55.4	14.4	3.4	3.7	1.09	1.73	0.50	6.42
1996	13.9	6.6	0.29	49.0	61.1	14.4	3.4	3.2	1.08	1.79	0.50	6.12
1997	16.2	7.3	0.31	52.3	63.7	14.5	3.5	3.1	1.15	1.91	0.54	6.25
1998	17.2	7.9	0.33	55.5	66.4	14.3	3.5	3.2	1.31	2.22	0.62	6.21
1999	17.3	8.8	0.35	58.2	69.7	14.4	3.5	3.2	1.32	2.23	0.65	6.04
2000	16.8	8.8	0.35	60.1	69.2	13.7	3.4	3.3	1.35	2.33	0.68	5.86
2001	15.7	8.2	0.32	61.0	69.3	12.1	2.9	3.1	1.36	2.56	0.70	5.03
2002	16.4	8.4	0.32	62.1	71.9	12.1	2.9	3.6	1.31	2.54	0.75	5.05
2003												
2004	17.4	9.5	0.35	65.8	74.8	12.6	2.8	4.3	1.41	2.57	0.77	4.58
2005	17.5	9.6	0.35	67.2	75.6	12.4	2.9	4.3	1.37	2.65	0.80	4.57
2006	25.8	6.3	0.22	63.4	78.0	7.0	2.2	1.9	0.29	0.85	0.88	2.92
2007	11.9	6.0	0.21	59.1	76.1	6.2	2.7	1.1	0.24	0.66	1.04	2.76
2008	11.9	6.3	0.23	62.6	75.5	6.4	2.6	1.2	0.26	0.72	1.30	3.34
2009	11.4	6.5	0.22	63.5	79.5	6.3	2.8	1.4	0.30	0.84	1.34	2.96
2010	11.8	6.8	0.23	65.6	81.4	6.6	2.7	1.4	0.31	0.88	1.45	2.75

注：1. 自2006年起，"公共绿地"统计为"公园绿地"。

2. 自2006年起，"人均公共绿地面积"统计为以城区人口和城区暂住人口合计为分母计算的"人均公园绿地面积"。

Note：1. Since 2006, Public Green Space is changed to Public Recreatinal Green Space.

2. Since 2006, Public recreational green space per capita has been calculated based on denominator which combines both permanent and temporary resiclents in urban areas.

3-1-5 全国历年村庄基本情况

3-1-5 Summary of Villages in Past Years

指标 Item / 年份 Year	村庄个数（万个）Number of Villages（unit）	村庄现状用地面积（万公顷）Area of Villages（10,000 hectare）	人口（亿人）Population（10,000 persons）	非农人口 Nonagriculture Population	本年建设投入（亿元）Construction Input This Year（100 million RMB）	住宅 Residential Building	公用设施 Public Facilities	本年住宅竣工建筑面积（亿平方米）Floor Space Completed of Residential Building This Year（10,000 m²）	年末实有住宅建筑面积（亿平方米）Total Floor Space of Residential Buildings（year-end）（10,000 m²）	居住人口（亿人）Resident Population（100 million persons）	人均住宅建筑面积（平方米）Per Capita Floor Space（m²）	道路长度（万公里）Length of Roads（10,000 km）	桥梁数（万座）Number of Bridges（10,000 units）
1990	377.32	1140.1	7.92	0.16	662	545	33	4.82	159.3	7.84	20.3	262.1	
1991	376.22	1127.2	8.00	0.16	744	618	26	5.54	163.3	7.95	20.5	240.0	37.7
1992	375.45	1187.7	8.06	0.16	793	624	32	4.86	167.4	8.01	20.9	262.9	40.2
1993	372.05	1202.7	8.13	0.17	906	659	57	4.38	170.0	8.12	20.9	268.7	43.0
1994	371.29	1243.8	8.15	0.18	1175	885	65	4.49	169.1	7.90	21.4	263.2	43.0
1995	369.52	1277.1	8.29	0.20	1433	1089	104	4.95	177.7	8.06	22.0	275.0	44.7
1996	367.57	1336.1	8.18	0.19	1516	1176	106	4.96	182.4	8.13	22.4	279.3	44.1
1997	365.93	1366.4	8.18	0.20	1538	1175	136	4.66	185.9	8.12	22.9	283.2	44.7
1998	355.77	1372.6	8.15	0.21	1585	1220	139	4.73	189.2	8.07	23.5	290.3	43.4
1999	358.99	1346.3	8.13	0.22	1607	1245	152	4.62	192.8	8.04	24.0	287.3	45.7
2000	353.75	1355.3	8.12	0.24	1572	1203	139	4.47	195.2	8.02	24.3	287.0	46.3
2001	345.89	1396.1	8.06	0.25	1558	1145	160	4.28	199.1	7.97	25.0	283.6	46.7
2002	339.60	1388.8	8.08	0.26	2002	1288	368	4.39	202.5	7.94	25.5	287.3	47.1
2003													
2004	320.74	1362.7	7.95	0.32	2064	1243	342	4.22	205.0	7.75	26.5	285.1	57.8
2005	313.71	1404.2	7.87	0.31	2304	1374	380	4.42	208.0	7.72	26.9	304.0	58.0
2006	270.9		7.14		2723	1524	501	4.75	202.9	7.14	28.4	221.9	50.7
2007	264.7	1389.9	7.63		3544	1923	616	3.65	222.7		29.2		
2008	266.6	1311.7	7.72		4294	2558	793	4.10	227.2		29.4		
2009	271.4	1362.8	7.70		5400	3456	863	4.91	237.0		30.8		
2010	273.0	1399.2	7.69		5692	3412	1105	4.56	242.6		31.6		

3-2-1　建制镇市政公用设施水平（2010 年）

3-2-1　Level of Municipal Public Facilities of Built-up Area of Towns（2010）

地区名称 Name of Regions		人口密度（人/平方公里）Population Density（person/km²）	人均日生活用水量（升）Per Capita Daily Water Consumption（liter）	用水普及率（%）Water Coverage Rate（%）	燃气普及率（%）Gas Coverage Rate（%）	人均道路面积（平方米）Road Surface Area Per Capita（m²）	排水管道暗渠密度（公里/平方公里）Density of Drains（km/km²）	人均公园绿地面积（平方米）Public Recreational Green Space Per Capita（m²）	绿化覆盖率（%）Green Coverage Rate（%）	绿地率（%）Green Space Rate（%）
全　　国	National Total	5215	99.3	79.6	45.1	11.4	5.29	2.03	14.9	7.8
北　　京	Beijing	4311	92.3	95.9	67.1	14.1	6.07	4.39	21.7	11.8
天　　津	Tianjin	4098	88.5	90.9	67.5	13.7	5.55	1.67	19.0	7.0
河　　北	Hebei	4784	59.0	77.3	37.7	10.5	2.28	0.67	9.2	3.2
山　　西	Shanxi	5186	74.3	82.5	9.5	12.5	4.13	0.99	22.2	8.3
内 蒙 古	Inner Mongolia	3415	59.2	66.3	14.6	6.9	1.27	1.36	9.5	4.7
辽　　宁	Liaoning	4121	70.6	72.4	34.0	13.1	3.49	1.30	10.4	3.1
吉　　林	Jilin	3867	72.5	72.5	18.8	9.2	1.54	0.68	5.0	1.8
黑 龙 江	Heilongjiang	3640	68.7	80.0	15.1	15.1	1.49	1.01	4.8	1.9
上　　海	Shanghai	5137	153.8	96.7	90.9	11.0	5.51	2.47	16.7	10.4
江　　苏	Jiangsu	5532	105.3	96.2	84.6	17.1	9.10	5.04	21.9	15.0
浙　　江	Zhejiang	5917	142.7	63.3	52.1	11.7	7.20	2.09	13.1	8.2
安　　徽	Anhui	5078	99.9	63.2	35.1	10.6	6.04	1.34	16.3	7.5
福　　建	Fujian	6969	113.6	85.5	60.7	11.4	5.78	4.64	19.0	13.3
江　　西	Jiangxi	5301	111.2	64.2	35.6	10.0	5.10	1.56	10.0	5.3
山　　东	Shandong	4461	68.9	88.7	41.8	17.1	6.19	4.17	23.8	13.6
河　　南	Henan	6182	73.4	72.5	4.4	8.9	4.10	1.79	23.1	4.1
湖　　北	Hubei	5297	95.0	82.9	47.6	9.4	5.17	0.96	16.8	8.4
湖　　南	Hunan	5308	97.9	67.0	32.6	8.5	4.38	1.47	13.8	8.2
广　　东	Guangdong	5530	142.3	86.1	70.8	12.0	7.27	1.98	15.7	9.7
广　　西	Guangxi	7198	105.0	84.1	68.8	10.7	7.66	0.47	8.4	3.7
海　　南	Hainan	4164	88.4	90.3	69.5	14.4	4.92	2.17	21.7	14.6
重　　庆	Chongqing	7116	101.3	92.1	51.7	7.6	6.33	0.74	10.3	4.9
四　　川	Sichuan	5706	95.8	81.7	41.8	8.2	5.31	0.60	8.7	3.9
贵　　州	Guizhou	5100	89.5	82.2	15.0	7.2	2.55	0.37	10.6	4.2
云　　南	Yunnan	5465	88.0	86.2	18.7	9.4	4.51	1.15	5.8	3.7
陕　　西	Shaanxi	5264	61.4	70.5	15.5	8.3	3.80	0.51	7.9	2.6
甘　　肃	Gansu	4106	50.2	66.9	4.5	10.9	1.94	0.57	6.6	2.9
青　　海	Qinghai	4022	98.1	64.9	19.6	10.5	1.66	0.14	10.7	6.4
宁　　夏	Ningxia	4495	73.7	77.1	26.5	10.6	3.37	0.59	6.9	3.2
新　　疆	Xinjiang	3149	78.1	81.8	14.3	15.6	1.75	2.43	13.6	9.7

3-2-2　建制镇基本情况（2010 年）

地区名称 Name of Regions		建制镇 个　数 （个） Number of Towns （unit）	建成区 面　积 （公顷） Surface Area of Built-up Districts （hectare）	建成区 户籍人口 （万人） Registered Permanent Population （10,000 persons）	建成区 暂住人口 （万人） Temporary Population （10,000 persons）	规划建设管理		
						设有村镇 建设管理 机构的个数 （个） Number of Towns with Construction Management Institution （unit）	村镇建设 管理人员 （人） Number of Construction Management Personnel （person）	专职人员 Full-time Staff
全　　国	**National Total**	**16774**	**3178925**	**13902.70**	**2675.34**	**14727**	**80202**	**47292**
北　京	Beijing	119	27945	76.31	44.18	111	1263	676
天　津	Tianjin	108	27042	84.31	26.52	103	731	456
河　北	Hebei	754	119388	506.06	65.08	529	2062	1330
山　西	Shanxi	470	50831	239.40	24.19	322	825	355
内　蒙　古	Inner Mongolia	421	101125	305.87	39.48	343	1493	838
辽　宁	Liaoning	550	87817	324.26	37.62	546	1769	1147
吉　林	Jilin	397	78591	277.15	26.73	380	1086	784
黑　龙　江	Heilongjiang	403	79456	274.78	14.41	391	930	600
上　海	Shanghai	98	97803	256.93	245.44	98	1127	706
江　苏	Jiangsu	814	259457	1175.68	259.73	813	7866	5380
浙　江	Zhejiang	683	200047	779.52	404.16	664	5152	3012
安　徽	Anhui	839	191930	874.20	100.37	691	3024	1934
福　建	Fujian	506	96607	527.74	145.55	489	1849	1244
江　西	Jiangxi	660	97444	468.93	47.62	653	3040	1474
山　东	Shandong	1065	278864	1107.22	136.85	1044	8578	5254
河　南	Henan	798	168236	920.47	119.65	793	6206	3424
湖　北	Hubei	695	165524	788.40	88.41	603	4208	2305
湖　南	Hunan	984	162914	771.38	93.45	857	4406	2644
广　东	Guangdong	1041	285652	1198.46	381.23	965	7588	4431
广　西	Guangxi	598	65857	443.34	30.66	543	2228	1602
海　南	Hainan	148	22913	85.31	10.11	120	704	299
重　庆	Chongqing	508	59560	367.85	55.96	474	1956	1401
四　川	Sichuan	1515	150886	729.70	131.30	1271	5993	2525
贵　州	Guizhou	609	77495	359.73	35.46	454	1054	738
云　南	Yunnan	466	54132	267.57	28.28	370	1531	865
陕　西	Shaanxi	807	78721	365.00	49.36	606	1874	945
甘　肃	Gansu	380	45141	170.52	14.81	258	931	478
青　海	Qinghai	98	9696	33.79	5.20	31	56	12
宁　夏	Ningxia	78	12768	52.87	4.52	64	267	178
新　疆	Xinjiang	162	25083	69.97	9.01	141	405	255

3-2-2　Summary of Towns（2010）

	Planning and Administer		市政公用设施建设财政性资金收入（万元） Fiscal Revenue for Municipal Public Facilities Construction（10,000RMB）					地区名称
有总体规划的建制镇个数（个） Number of Towns with Master Plans（unit）	本年编制 Compiled This Year	本年规划编制投入（万元） Input in Planning this Year（10,000 RMB）	合计 Total	中央财政 Financial Allocation from Central Government Budget	省级财政 Financial Allocation from Provincial Government Budgetl	市（县）财政 City（County）Goverment Financial Allocation	本级财政 Local Financial Allocation	Name of Regions
14676	**1788**	**239168**	**7810569**	**529911**	**672007**	**2511358**	**4097294**	全　　国
102	15	4522	377266		67057	227454	82754	北　　京
89	13	5615	81661	3282	4233	7854	66292	天　　津
560	94	5030	104115	23102	10658	32964	37391	河　　北
310	25	3033	53409	2867	4778	12049	33715	山　　西
325	37	3610	74663	7868	6260	36393	24142	内　蒙　古
494	25	1852	193762	34676	20642	39812	98631	辽　　宁
304	37	2121	68170	8880	17005	16771	25514	吉　　林
330	40	1167	36468	2627	2786	15436	15618	黑　龙　江
82	14	6316	673304	6227	23257	211176	432644	上　　海
794	143	23851	1020308	21289	65188	206883	726947	江　　苏
641	83	21453	1228926	39039	36449	394101	759338	浙　　江
790	126	16185	445661	45749	54034	126746	219133	安　　徽
478	98	13183	301263	29236	32134	160253	79639	福　　建
644	42	4087	128732	7436	14607	35704	70985	江　　西
1029	122	32308	696826	21956	27653	167788	479428	山　　东
753	179	11777	151785	31134	13267	23678	83706	河　　南
662	63	13043	205061	10538	39289	73512	81723	湖　　北
808	64	7384	190870	12644	17017	54008	107202	湖　　南
874	66	24214	636800	4846	33414	200903	397638	广　　东
520	41	1106	65776	5913	14008	34480	11375	广　　西
98	4	1331	39432	3176	7970	22581	5705	海　　南
480	35	4288	159001	9171	24495	69319	56016	重　　庆
1276	157	15167	393820	121459	16362	173358	82641	四　　川
469	64	3100	123532	24566	18723	48669	31573	贵　　州
414	39	4304	98205	13673	17308	36110	31114	云　　南
741	83	5983	144774	7750	59625	43147	34252	陕　　西
315	34	1602	57103	12889	10859	21898	11457	甘　　肃
75	14	468	10907	9132	538	1122	114	青　　海
68	15	280	19068	2289	5272	7203	4303	宁　　夏
151	16	787	29902	6496	7116	9984	6306	新　　疆

3-2-3 建制镇供水(2010 年)

地区名称		集中供水的建制镇个数（个）Number of Towns with Access to Piped Water (unit)	占全部建制镇的比例（%）Percentage of Total Rate (%)	公共供水 Public Water Supply			自备水源单位 Self-built Water Supply Facilities	
				设施个数（个）Number of Public Water Supply Facilities (unit)	水厂个数 Waterwork	综合生产能力（万立方米/日）Integrated Production Capacity (10,000 m³/day)	个数（个）Number of Self-built Water Supply Facilities (unit)	综合生产能力（万立方米/日）Integrated Production Capacity (10,000 m³/day)
全 国	National Total	15452	92.1	24943	13160	5107.6	42209	1295.9
北 京	Beijing	119	100.0	208	115	59.4	726	38.5
天 津	Tianjin	100	92.6	342	99	47.8	586	23.0
河 北	Hebei	599	79.4	1224	148	56.0	2354	57.6
山 西	Shanxi	464	98.7	670	140	39.2	1092	21.1
内 蒙 古	Inner Mongolia	365	86.7	638	217	40.2	513	19.9
辽 宁	Liaoning	454	82.6	832	402	62.6	1178	35.0
吉 林	Jilin	346	87.2	623	246	58.4	753	21.2
黑 龙 江	Heilongjiang	370	91.8	574	210	36.3	269	7.8
上 海	Shanghai	98	100.0	126	99	267.4	31	17.6
江 苏	Jiangsu	808	99.3	1785	1387	632.5	1215	68.3
浙 江	Zhejiang	670	98.1	1012	586	590.7	2492	100.3
安 徽	Anhui	679	80.9	1137	874	230.7	1307	42.4
福 建	Fujian	499	98.6	737	460	236.2	1485	45.8
江 西	Jiangxi	607	92.0	888	547	123.9	1736	22.8
山 东	Shandong	1037	97.4	2660	967	383.3	6354	209.2
河 南	Henan	781	97.9	1161	407	89.2	4629	75.2
湖 北	Hubei	671	96.6	941	712	283.2	1520	62.4
湖 南	Hunan	814	82.7	1133	732	225.9	3041	55.5
广 东	Guangdong	995	95.6	1441	970	887.1	2046	148.6
广 西	Guangxi	586	98.0	742	549	93.8	1183	31.1
海 南	Hainan	148	100.0	240	91	20.3	1076	7.6
重 庆	Chongqing	501	98.6	812	660	72.2	380	12.9
四 川	Sichuan	1433	94.6	1786	1340	268.2	2092	59.1
贵 州	Guizhou	580	95.2	858	348	71.2	945	15.6
云 南	Yunnan	442	94.9	598	275	69.7	719	35.4
陕 西	Shaanxi	699	86.6	1021	269	56.3	1770	40.6
甘 肃	Gansu	298	78.4	332	129	22.4	360	6.2
青 海	Qinghai	67	68.4	70	8	12.6	18	1.8
宁 夏	Ningxia	68	87.2	121	39	54.4	135	8.6
新 疆	Xinjiang	154	95.1	231	134	16.8	204	4.8

3-2-3 Water Supply of Towns（2010）

年供水总量 （万立方米） Annual Supply of Water （10,000m³）	年生活 用水量 Annual Domestic Water Consumption	年生产 用水量 Annual Water Consumption for Production	供水管道 长　度 （公里） Length of Water Supply Pipelines （km）	本年新增 Added This Year	用水人口 （万人） Population with Access to Water （10,000persons）	地区名称 Name of Regions
1134969	**478195**	**578488**	**335849**	**26627**	**13190.2**	全　　国
10412	3891	6035	4197	240	115.5	北　　京
9759	3256	5999	4624	439	100.8	天　　津
24688	9512	14084	7589	524	441.7	河　　北
15025	5900	8621	5294	306	217.5	山　　西
12046	4951	6630	7982	689	229.0	内　蒙　古
14989	6756	7421	9019	521	262.1	辽　　宁
13789	5830	7123	5719	375	220.4	吉　　林
8599	5803	2563	7407	199	231.3	黑　龙　江
86078	27254	54894	8562	305	485.6	上　　海
132656	53094	72150	48526	3081	1381.5	江　　苏
103374	39041	57324	25248	1929	749.3	浙　　江
39672	22462	15086	13984	2066	615.9	安　　徽
59382	23869	29387	10636	1007	575.6	福　　建
25296	13458	9630	7014	745	331.7	江　　西
100355	27757	65843	35027	3525	1103.5	山　　东
39246	20189	17804	10087	1120	753.7	河　　南
49955	25216	21889	14532	1601	727.1	湖　　北
40542	20698	16501	11450	965	579.5	湖　　南
184778	70643	93793	32829	2006	1360.3	广　　东
23805	15274	7049	8879	602	398.4	广　　西
3753	2779	742	3030	208	86.2	海　　南
25526	14416	9184	8553	661	390.1	重　　庆
44021	24596	17217	14336	1411	703.7	四　　川
17931	10608	6161	7277	481	324.6	贵　　州
24177	8192	14523	9166	458	255.1	云　　南
13066	6544	5645	5347	485	292.0	陕　　西
3884	2269	1428	4339	275	123.9	甘　　肃
2297	906	1328	729	56	25.3	青　　海
2418	1190	1071	1540	189	44.2	宁　　夏
3446	1842	1363	2928	157	64.6	新　　疆

3-2-4 建制镇燃气、供热、道路桥梁及防洪（2010年）
3-2-4 Gas, Central Heating, Road, Bridge and Flood Control of Towns (2010)

地区名称 Name of Regions	用气人口 （万人） Population with Access to Gas （10,000 persons）	集中供热 （万平方米） Area of Centrally Heated District （10,000 m²）	道路长度 （公里） Length of Roads （km）	本年新增 Added This Year	道路面积 （万平方米） Surface Area of Roads （10,000 m²）	本年新增 Added This Year	道路照明灯盏数 （盏） Number of Road Lamps （unit）	桥梁座数 （座） Number of Bridges （unit）	防洪堤长度 （公里） Length of Flood Control Dikes （km）
全　国　National Total	7468.9	18164	257922	19339	188962	14668	3483399	100123	63461
北　京　Beijing	80.8	1987	2459	142	1695	90	106389	852	598
天　津　Tianjin	74.8	1853	2390	255	1523	213	53754	909	644
河　北　Hebei	215.4	1222	9243	421	5974	299	110859	1531	1531
山　西　Shanxi	24.9	561	4661	192	3289	132	37504	912	934
内　蒙古　Inner Mongolia	50.4	1369	3399	323	2398	235	53943	987	1494
辽　宁　Liaoning	123.0	2137	7194	266	4757	216	61843	2386	2994
吉　林　Jilin	57.3	1469	4581	198	2803	125	31728	1346	1565
黑龙江　Heilongjiang	43.6	637	7113	146	4375	79	26443	679	952
上　海　Shanghai	456.6	30	4992	123	5535	180	103878	5126	870
江　苏　Jiangsu	1215.0	182	32505	2053	24591	1674	476014	17979	8280
浙　江　Zhejiang	616.3	876	17598	1342	13896	1202	365036	11556	6339
安　徽　Anhui	342.3	53	13612	1681	10293	1211	123907	5580	4561
福　建　Fujian	408.5		10584	881	7692	651	158281	2812	2231
江　西　Jiangxi	183.6		7716	678	5151	494	56907	1750	2023
山　东　Shandong	520.2	4504	29462	2987	21327	2398	418256	15916	5586
河　南　Henan	45.8	70	12146	990	9259	723	168870	2808	1922
湖　北　Hubei	417.1		11320	1151	8248	867	90225	2667	4001
湖　南　Hunan	281.9	45	10210	843	7315	576	76167	3338	2462
广　东　Guangdong	1118.8		24952	1476	18877	1016	507892	8977	6490
广　西　Guangxi	325.9	7	6610	558	5051	425	58683	1214	487
海　南　Hainan	66.3		2266	136	1375	85	21339	250	285
重　庆　Chongqing	219.0		3728	368	3237	287	69242	1425	537
四　川　Sichuan	360.2		9807	758	7020	552	146243	3574	1634
贵　州　Guizhou	59.3	101	3930	296	2825	214	45929	1011	587
云　南　Yunnan	55.2		3649	176	2773	120	35012	1273	1710
陕　西　Shaanxi	64.3	216	5353	453	3417	324	36749	1300	1377
甘　肃　Gansu	8.3	286	3053	206	2015	159	15154	545	760
青　海　Qinghai	7.6	82	594	32	410	16	4534	145	61
宁　夏　Ningxia	15.2	239	1016	82	611	32	7721	195	109
新　疆　Xinjiang	11.3	239	1780	127	1233	73	14897	1080	437

3-2-5 建制镇排水和污水处理（2010 年）

3-2-5 Drainage and Wastewater Treatment of Towns （2010）

地区名称 Name of Regions		污水处理厂 个数 （个） Number of Wastewater Treatment Plants （unit）	污水处理厂 处理能力 （万立方 米/日） Treatment Capacity （10,000 m³/day）	污水处理装置 个数 （个） Number of Wastewater Treatment Facilities （unit）	污水处理装置 处理能力 （万立方 米/日） Treatment Capacity （10,000 m³/day）	排水管道 长 度 （公里） Length of Drainage Piplines （km）	本年 新增 Added This Year	排水暗渠 长 度 （公里） Length of Drains （km）	本年 新增 Added This Year
全 国	National Total	1625	954.56	9513	623.78	114960	11458	53226	5613
北 京	Beijing	89	24.26	181	19.77	1327	117	370	72
天 津	Tianjin	28	14.88	38	2.25	1153	144	348	23
河 北	Hebei	15	15.26	33	9.95	1995	149	730	72
山 西	Shanxi	6	1.14	4	0.24	1357	87	743	48
内 蒙 古	Inner Mongolia	15	11.93	50	3.78	962	117	318	18
辽 宁	Liaoning	23	8.21	31	7.67	2121	172	942	98
吉 林	Jilin	7	0.96	9	2.02	939	98	268	39
黑 龙 江	Heilongjiang	1	0.08	1	0.08	761	107	423	62
上 海	Shanghai	39	44.22	150	32.78	4770	199	621	20
江 苏	Jiangsu	345	221.15	1519	129.45	17450	1759	6149	717
浙 江	Zhejiang	214	131.03	3260	124.06	11027	1148	3380	324
安 徽	Anhui	42	9.47	134	7.41	5959	941	5634	657
福 建	Fujian	27	49.36	73	37.18	4033	308	1555	148
江 西	Jiangxi	11	2.54	78	1.11	3244	337	1722	184
山 东	Shandong	268	150.07	1031	101.58	10989	1515	6277	937
河 南	Henan	20	12.12	24	5.26	4532	482	2364	222
湖 北	Hubei	48	28.30	110	17.16	5929	579	2623	308
湖 南	Hunan	15	4.60	37	2.75	5047	381	2086	179
广 东	Guangdong	112	158.34	216	80.36	14368	960	6407	451
广 西	Guangxi	5	0.38	10	0.45	3130	249	1914	126
海 南	Hainan	1	0.10	5	0.37	727	31	399	33
重 庆	Chongqing	84	9.69	199	6.03	2510	334	1261	191
四 川	Sichuan	153	38.62	2196	19.77	5073	643	2933	331
贵 州	Guizhou	16	4.07	36	2.97	893	96	1082	116
云 南	Yunnan	8	5.66	27	4.90	1476	94	967	55
陕 西	Shaanxi	17	5.21	40	2.69	1692	230	1302	142
甘 肃	Gansu	1	0.12			674	70	203	19
青 海	Qinghai	1	0.02	6		132	19	29	2
宁 夏	Ningxia	5	2.13	5	1.13	369	64	62	16
新 疆	Xinjiang	9	0.66	10	0.63	321	29	117	2

3-2-6 建制镇园林绿化及环境卫生（2010年）

3-2-6 Landscaping and Environmental Sanitation of Towns （2010）

地区名称 Name of Regions		园林绿化（公顷）Landscaping （hectare）				环境卫生 Environmental Sanitation		
		绿化覆盖面积 Green Coverage Area	绿地面积 Area of Parks and Green Space	本年新增 Added This Year	公园绿地面积 Public Green Space	生活垃圾中转站（座） Number of Garbage Transfer Station （unit）	环卫专用车辆设备（台） Number of Special Vehicles for Environmental Sanitation （unit）	公共厕所（座） Number of Latrines （unit）
全 国	National Total	474352	247930	14959	33575	27455	68771	98399
北 京	Beijing	6054	3308	121	530	488	2386	1995
天 津	Tianjin	5135	1905	144	186	303	1767	2515
河 北	Hebei	10929	3849	128	382	434	2064	2223
山 西	Shanxi	11296	4202	133	260	791	1765	1523
内 蒙 古	Inner Mongolia	9640	4782	124	471	395	890	4490
辽 宁	Liaoning	9116	2710	174	472	648	1145	2881
吉 林	Jilin	3898	1420	55	206	413	802	2271
黑 龙 江	Heilongjiang	3840	1534	129	293	173	941	2438
上 海	Shanghai	16308	10199	328	1241	1257	2198	3469
江 苏	Jiangsu	56834	38840	2675	7240	1884	8944	11489
浙 江	Zhejiang	26129	16338	955	2477	1472	7970	12206
安 徽	Anhui	31271	14410	640	1308	867	4071	5527
福 建	Fujian	18344	12869	1337	3125	816	3857	4727
江 西	Jiangxi	9756	5188	400	804	981	1133	2250
山 东	Shandong	66394	37977	3023	5188	1338	5141	5613
河 南	Henan	38810	6971	700	1857	1056	4684	3498
湖 北	Hubei	27741	13922	823	838	1331	1738	2876
湖 南	Hunan	22399	13293	537	1274	1252	1665	3103
广 东	Guangdong	44846	27578	804	3126	3016	6134	7447
广 西	Guangxi	5560	2453	155	223	305	1665	1962
海 南	Hainan	4965	3346	363	207	86	564	613
重 庆	Chongqing	6115	2908	300	315	885	941	1756
四 川	Sichuan	13146	5822	361	519	4418	3323	4158
贵 州	Guizhou	8173	3272	91	147	490	732	1594
云 南	Yunnan	3128	2014	92	339	313	567	1882
陕 西	Shaanxi	6236	2059	178	209	1385	788	1907
甘 肃	Gansu	2970	1316	50	106	382	404	754
青 海	Qinghai	1035	617	7	5	45	92	203
宁 夏	Ningxia	880	411	41	34	133	241	402
新 疆	Xinjiang	3406	2420	91	192	98	159	627

3-2-7　建制镇房屋（2010 年）

地区名称 Name of Regions		住宅　Residential Building						
		本年建房 户　数 （户） Number of Households of Building Housing This Year （unit）	在新址上 新　建 New Construction on New Site	年末实有 建筑面积 （万平方米） Total Floor Space of Buildings（year-end） （10,000m²）	混合结构 以　上 Mixed Strucure and Above	本年竣工 建筑面积 （万平方米） Floor Space Completed This Year（10,000m²）	混合结构 以　上 Mixed Strucure and Above	人均住宅 建筑面积 （平方米） Per Capita Floor Space（m²）
全　　国	National Total	993714	605536	451301.0	352260.3	16697.2	15524.9	32.46
北　京	Beijing	4237	2125	3511.0	2891.5	111.7	104.9	46.01
天　津	Tianjin	14653	12470	3633.6	2656.8	372.6	323.9	43.10
河　北	Hebei	25545	10447	15189.1	9694.7	367.8	315.3	30.01
山　西	Shanxi	12098	5407	6731.0	4324.8	137.3	128.4	28.12
内 蒙 古	Inner Mongolia	22364	12844	6953.5	5899.3	174.3	162.5	22.73
辽　宁	Liaoning	25670	10048	8128.4	4967.4	328.6	303.9	25.07
吉　林	Jilin	10563	2751	6247.9	3645.5	215.7	165.2	22.54
黑 龙 江	Heilongjiang	23211	2373	6214.5	5549.1	191.5	191.5	22.62
上　海	Shanghai	10912	9912	15984.3	15389.8	1045.7	1042.2	62.21
江　苏	Jiangsu	99394	72692	43471.1	35891.8	1838.6	1792.2	36.98
浙　江	Zhejiang	49942	36850	36440.9	30607.6	1321.3	1140.2	46.75
安　徽	Anhui	76475	49970	25209.2	19607.3	965.8	854.0	28.84
福　建	Fujian	21453	11994	20468.4	15946.8	524.2	503.6	38.78
江　西	Jiangxi	24740	14671	16181.4	13187.5	428.1	411.1	34.51
山　东	Shandong	185224	113396	33987.0	24902.1	1985.0	1911.4	30.70
河　南	Henan	35076	15596	28769.7	21942.2	748.0	688.3	31.26
湖　北	Hubei	32789	17914	24229.9	19579.4	598.8	547.0	30.73
湖　南	Hunan	32352	21545	26009.1	22274.2	628.2	609.3	33.72
广　东	Guangdong	41332	30753	33946.9	27073.6	1035.2	977.1	28.33
广　西	Guangxi	26050	17636	11703.7	9540.3	738.2	733.3	26.40
海　南	Hainan	7303	4598	2078.1	1213.7	132.7	111.0	24.36
重　庆	Chongqing	41217	30065	13162.6	11339.4	737.9	579.9	35.78
四　川	Sichuan	73605	50042	26687.8	21716.1	978.2	947.3	36.57
贵　州	Guizhou	25622	14422	9354.3	7086.8	313.0	296.0	26.00
云　南	Yunnan	11941	6960	9109.4	4808.6	195.3	165.5	34.05
陕　西	Shaanxi	22170	8886	9997.0	6801.3	237.9	221.9	27.39
甘　肃	Gansu	16791	6667	4144.7	1973.5	165.1	154.8	24.31
青　海	Qinghai	7512	3757	876.2	440.2	92.7	76.9	25.93
宁　夏	Ningxia	5482	4604	1230.9	497.3	25.5	19.2	23.28
新　疆	Xinjiang	7991	4141	1649.8	811.8	62.7	47.1	23.58

3-2-7　Building Construction of Towns （2010）

公共建筑　Public Building				生产性建筑　Industrial Building				地区名称
年末实有建筑面积（万平方米） Total Floor Space of Buildings（year-end）（10,000m²）	混合结构以　　上 Mixed Strucure and Above	本年竣工建筑面积（万平方米） Floor Space Completed This Year（10,000m²）	混合结构以　　上 Mixed Strucure and Above	年末实有建筑面积（万平方米） Total Floor Space of Buildings（year-end）（10,000m²）	混合结构以　　上 Mixed Strucure and Above	本年竣工建筑面积（万平方米） Floor Space Completed This Year（10,000m²）	混合结构以　　上 Mixed Strucure and Above	Name of Regions
104209.7	**87790.8**	**4346.0**	**4098.1**	**154720.4**	**131206.5**	**10564.1**	**9360.5**	全　　国
1021.9	962.5	24.6	23.3	1874.2	1793.2	85.2	84.3	北　　京
601.7	488.9	35.0	22.9	2867.9	2688.6	149.7	141.6	天　　津
3275.3	2436.8	96.5	80.7	5392.3	3823.7	274.5	201.7	河　　北
1697.0	1438.9	49.2	46.6	1472.4	1184.3	49.1	41.1	山　　西
1397.6	1103.9	63.3	62.0	1137.9	961.3	70.2	68.5	内　蒙　古
3698.0	2201.7	108.1	103.1	2692.7	2149.3	138.0	120.4	辽　　宁
1746.6	1370.2	42.5	39.4	1241.4	927.4	52.7	39.7	吉　　林
1685.2	1503.2	50.4	50.4	1289.1	1057.8	26.5	26.5	黑　龙　江
2986.3	2943.2	199.0	197.0	8185.9	8033.8	352.5	352.2	上　　海
11954.3	10242.3	551.9	531.9	27837.3	24996.2	2190.8	2041.9	江　　苏
7105.0	6556.8	320.7	316.0	24569.2	22625.6	1723.0	1668.2	浙　　江
4947.3	4323.4	290.0	263.0	5424.2	4303.1	616.7	502.0	安　　徽
4309.1	3694.3	163.5	154.9	5650.8	4699.3	490.4	412.8	福　　建
2518.4	2039.9	107.9	99.6	2198.1	1629.8	128.6	98.0	江　　西
11118.5	9336.1	557.7	527.5	16785.0	13720.0	1437.4	1275.2	山　　东
3556.9	2946.6	154.4	147.5	4577.4	3779.8	218.6	202.8	河　　南
5353.0	4635.3	178.9	164.6	4541.1	3708.1	347.5	319.3	湖　　北
4991.0	4520.4	200.4	190.9	4419.7	3539.2	323.1	304.3	湖　　南
9429.7	8100.7	296.6	273.1	18775.6	15114.8	908.9	741.2	广　　东
3508.7	2793.3	103.8	102.9	1933.9	1303.1	134.5	104.9	广　　西
536.2	302.0	45.5	32.7	202.5	122.0	17.9	14.0	海　　南
2558.4	2316.3	94.4	90.3	1731.3	1470.2	105.4	100.0	重　　庆
4588.3	3944.9	211.1	204.4	3799.7	2873.1	337.8	221.4	四　　川
1929.6	1689.1	109.5	103.3	976.7	851.3	90.1	84.5	贵　　州
2193.9	1756.1	77.1	74.8	1213.1	865.1	34.1	30.4	云　　南
2323.4	1897.4	86.1	77.3	1627.5	1297.9	165.5	90.0	陕　　西
1862.9	1230.7	88.2	82.8	1055.7	719.5	49.9	46.4	甘　　肃
411.5	304.0	10.1	8.4	305.5	285.4	3.4	3.1	青　　海
420.6	319.3	9.7	8.4	507.6	407.7	23.3	18.3	宁　　夏
483.6	392.8	20.0	18.5	434.8	276.0	19.0	5.8	新　　疆

3-2-8　建制镇建设投入（2010 年）

地区名称 Name of Regions		合计 Total	房屋　Building				本年建设投入		
			小计 Input of House	住宅 Residential Building	公共建筑 Public Building	生产性 建　筑 Industrial Building	小计 Input of Municipal Public Facilities	供水 Water Supply	燃气 Gas Supply
全　国	**National Total**	**43563585**	**33282621**	**18283371**	**4805366**	**10193884**	**10280964**	**1168326**	**297217**
北　京	Beijing	583541	382927	186248	36053	160626	200614	16067	12441
天　津	Tianjin	1518830	1225347	851771	125236	248340	293483	36704	20811
河　北	Hebei	844906	695357	378480	95948	220929	149549	11779	10431
山　西	Shanxi	238844	178278	105008	41829	31441	60566	7789	2192
内　蒙　古	Inner Mongolia	677242	408038	206830	91202	110006	269204	33810	7253
辽　宁	Liaoning	921706	667150	407689	116817	142644	254556	21185	4177
吉　林	Jilin	426296	307428	205586	48654	53188	118868	24611	627
黑　龙　江	Heilongjiang	300739	213848	149208	42997	21643	86891	8579	57
上　海	Shanghai	4050828	3612388	2627613	417124	567651	438440	50491	20158
江　苏	Jiangsu	6149219	4609716	1974824	611752	2023140	1539503	151290	30335
浙　江	Zhejiang	4491446	3476085	1423807	402720	1649558	1015361	121877	12028
安　徽	Anhui	2439615	1890119	930151	302041	657927	549496	82323	11724
福　建	Fujian	1634526	1150284	512739	157829	479716	484242	47197	4528
江　西	Jiangxi	674114	411336	259655	74218	77463	262778	25862	7456
山　东	Shandong	4979736	3835021	1986032	562386	1286603	1144715	108264	45436
河　南	Henan	990129	807842	531182	119441	157219	182287	26982	8300
湖　北	Hubei	1236931	939699	507444	155127	277128	297232	62737	5718
湖　南	Hunan	1165753	853682	442851	174854	235977	312071	52131	7095
广　东	Guangdong	3426583	2616472	1441362	322225	852885	810111	74558	12606
广　西	Guangxi	806848	696653	489977	95398	111278	110195	16497	396
海　南	Hainan	186410	151510	117152	24916	9442	34900	6443	181
重　庆	Chongqing	1060028	816272	610770	92870	112632	243756	36887	22950
四　川	Sichuan	2400462	1590344	1013009	257657	319678	810118	68921	43540
贵　州	Guizhou	524614	405651	222631	97276	85744	118963	21369	1137
云　南	Yunnan	374760	284748	170734	82854	31160	90012	14226	78
陕　西	Shaanxi	731775	461269	195359	106977	158933	270506	26825	1872
甘　肃	Gansu	369452	307489	161397	102437	43655	61963	6102	330
青　海	Qinghai	133493	115426	99575	12319	3532	18067	2019	2404
宁　夏	Ningxia	87618	61119	22599	12877	25643	26499	2277	459
新　疆	Xinjiang	137141	111123	51688	21332	38103	26018	2524	497

計量単位：万元　Measurement Unit：10,000 RMB

Construction Input of This Year									地区名称
市政公用设施　Municipal Public Facilities									
集中供热	道路桥梁	排水		防洪	园林绿化	环境卫生		其他	
			污水处理				垃圾处理		
Central Heating	Road and Bridge	Drainage	Wastewater Treatment	Flood Control	Lands-caping	Environ-mental Sanitation	Garbage Treatment	Other	Name of Regions
236647	**3848788**	**1554211**	**814713**	**431880**	**1027540**	**657972**	**275662**	**1058383**	全　　国
14398	73852	27390	17463	2789	20523	21427	5372	11727	北　京
34007	97729	37077	14605	606	29350	9861	4201	27338	天　津
8326	62029	17890	5975	4705	11347	11897	5710	11145	河　北
6202	19923	3810	283	1614	10141	3704	779	5191	山　西
25713	77471	33447	8427	5859	47251	6646	1550	31754	内 蒙 古
36107	42073	35568	7919	14039	34007	11089	5902	56311	辽　宁
7017	58878	7712	176	8073	3868	4356	1272	3726	吉　林
8149	27069	16249	120	278	9327	5955	1410	11228	黑 龙 江
94	180911	74174	40036	6096	48188	36134	16384	22194	上　海
1968	588166	248455	159874	44762	187206	92494	34933	194827	江　苏
4944	319005	213550	145172	73605	74023	80359	40770	115970	浙　江
652	239618	52955	16367	20278	38602	43897	23260	59447	安　徽
293	206136	57205	11804	28369	56343	27311	13388	56860	福　建
383	154553	18423	2641	9753	19852	10633	4893	15863	江　西
68657	399048	139442	59885	36136	194545	63861	27477	89326	山　东
104	69212	17250	5447	7011	15546	19494	8861	18388	河　南
655	122274	27056	5936	11135	17555	13439	4904	36663	湖　北
99	159003	25227	7351	9299	12813	16433	5783	29971	湖　南
352	206926	292449	233536	65829	50701	57199	26432	49491	广　东
20	66945	7068	196	5585	2796	4443	1971	6445	广　西
86	14725	1561	203	1476	3958	2502	396	3968	海　南
496	84520	24253	11301	11215	16209	15074	5140	32152	重　庆
907	307600	108514	41948	31087	87525	69804	23977	92220	四　川
271	48353	12959	8183	2661	3201	5759	2232	23253	贵　州
1	43405	7855	1089	3240	9124	4443	2337	7640	云　南
9385	130791	26444	1941	20209	15273	10131	2274	29576	陕　西
4145	28948	8357	1086	2999	2293	1939	344	6850	甘　肃
54	2758	2382	36	2346	2327	3596	2788	181	青　海
1137	9037	7832	5248	384	2149	2864	689	360	宁　夏
2025	7830	1657	465	442	1497	1228	233	8318	新　疆

3-2-9 乡市政公用设施水平(2010年)

3-2-9 Level of Municipal Public Facilities of Built-up Area of Townships (2010)

地区名称 Name of Regions	人口密度 （人/平方公里） Population Density (person/km²)	人均日生活用水量（升） Per Capita Daily Water Consumption (liter)	用水普及率（%） Water Coverage Rate (%)	燃气普及率（%） Gas Coverage Rate (%)	人均道路面积（平方米） Road Surface Area Per Capita (m²)	排水管道暗渠密度（公里/平方公里） Density of Drains (km/km²)	人均公园绿地面积（平方米） Public Recreational Green Space Per Capita (m²)	绿化覆盖率（%） Green Coverage Rate (%)	绿地率（%） Green Space Rate (%)
全 国 National Total	4645	81.4	65.6	19.0	11.2	3.12	0.88	12.8	4.9
北 京 Beijing	3491	92.0	97.4	33.8	13.1	5.72	1.99	28.3	8.3
天 津 Tianjin	1570	123.4	97.3	61.0	19.1	2.56	0.62	10.1	1.7
河 北 Hebei	4464	60.8	63.1	24.0	9.8	1.74	0.45	8.8	3.3
山 西 Shanxi	4683	55.9	80.9	7.5	12.8	2.97	0.72	19.6	6.9
内 蒙 古 Inner Mongolia	3517	58.4	40.1	11.2	7.8	0.45	0.98	8.1	4.0
辽 宁 Liaoning	3749	73.0	40.4	12.5	14.6	2.53	0.46	9.1	2.6
吉 林 Jilin	3127	72.7	52.1	10.2	13.6	1.05	0.29	5.0	2.5
黑 龙 江 Heilongjiang	2999	67.9	71.1	9.9	21.2	0.74	0.36	5.0	2.0
上 海 Shanghai	5811	120.1	50.5	50.5	15.1	12.61	1.04	36.4	10.3
江 苏 Jiangsu	5548	107.8	93.1	67.2	16.1	6.02	3.48	21.6	13.9
浙 江 Zhejiang	5602	104.6	69.4	52.6	10.3	5.63	0.79	8.1	4.4
安 徽 Anhui	4432	85.6	46.7	29.8	11.9	4.61	1.24	15.3	6.3
福 建 Fujian	7387	110.4	83.3	49.0	12.4	6.47	4.95	19.3	13.5
江 西 Jiangxi	4711	109.5	54.5	28.4	11.3	5.14	1.44	9.7	5.2
山 东 Shandong	4464	65.3	80.2	18.9	15.7	5.42	1.44	17.3	7.4
河 南 Henan	5986	68.9	65.7	3.7	9.6	3.76	0.99	23.0	3.9
湖 北 Hubei	4538	98.4	74.5	36.6	9.5	3.88	0.50	13.2	6.2
湖 南 Hunan	4482	99.5	47.3	22.3	8.8	3.25	0.68	13.8	6.5
广 东 Guangdong	3806	136.1	86.8	79.4	13.6	9.03	0.80	16.4	4.3
广 西 Guangxi	7015	97.9	84.3	54.4	10.0	5.54	0.36	10.5	5.6
海 南 Hainan	3164	80.6	74.6	33.4	14.8	0.83	0.20	19.9	11.6
重 庆 Chongqing	6165	95.4	75.6	17.9	10.3	6.21	0.44	8.5	4.4
四 川 Sichuan	5152	83.7	66.5	12.6	8.9	3.41	0.06	9.4	1.6
贵 州 Guizhou	4490	86.8	77.0	10.1	9.6	2.33	0.20	10.8	4.2
云 南 Yunnan	5235	88.3	80.8	11.4	9.2	3.47	0.35	4.9	2.6
陕 西 Shaanxi	4465	60.9	66.1	16.2	10.4	3.78	0.45	10.5	3.1
甘 肃 Gansu	3536	48.2	46.1	2.5	12.6	1.52	0.39	9.2	3.4
青 海 Qinghai	5001	75.1	40.1	0.0	9.5	0.14	0.02	6.2	2.1
宁 夏 Ningxia	3754	56.0	70.9	12.9	11.4	2.52	0.19	7.3	3.5
新 疆 Xinjiang	2920	90.8	72.7	5.0	21.7	0.18	1.93	16.6	10.8

3-2-10 乡基本情况(2010 年)

地区名称 Name of Regions		乡个数 (个) Number of Townships (unit)	建成区 面积 (公顷) Surface Area of Built-up Districts (hectare)	建成区 户籍人口 (万人) Registered Permanent Population (10,000 persons)	建成区 暂住人口 (万人) Temporary Population (10,000 persons)	规划建设管理		
						设有村镇 建设管理 机构的个数 (个) Number of Towns with Construction Management Institution (unit)	村镇建设 管理人员 (人) Number of Construction Management Personnel (person)	专职 人员 Full-time Staff
全 国	National Total	13735	751206	3236.76	252.81	8650	25123	14823
北 京	Beijing	13	799	1.69	1.10	11	56	26
天 津	Tianjin	19	5042	5.87	2.04	19	88	64
河 北	Hebei	965	67232	284.98	15.15	472	1206	757
山 西	Shanxi	615	26361	114.66	8.79	304	652	337
内 蒙 古	Inner Mongolia	177	14744	49.02	2.84	134	380	195
辽 宁	Liaoning	325	18453	66.04	3.14	321	503	400
吉 林	Jilin	175	13358	38.75	3.02	160	285	196
黑 龙 江	Heilongjiang	410	30503	86.79	4.70	391	590	422
上 海	Shanghai	2	165	0.38	0.58	2	21	14
江 苏	Jiangsu	88	10088	52.13	3.84	88	501	323
浙 江	Zhejiang	438	20840	95.54	21.22	299	725	398
安 徽	Anhui	336	31306	129.35	9.41	249	697	460
福 建	Fujian	312	13996	96.20	7.18	281	645	375
江 西	Jiangxi	622	39550	173.89	12.42	597	2072	1077
山 东	Shandong	181	19571	82.32	5.05	173	1091	662
河 南	Henan	930	95152	532.92	36.70	911	5008	3174
湖 北	Hubei	193	21693	88.31	10.14	165	1001	488
湖 南	Hunan	1008	60264	247.65	22.44	517	2142	1048
广 东	Guangdong	11	867	3.18	0.11	10	95	87
广 西	Guangxi	419	15265	102.92	4.17	285	492	337
海 南	Hainan	22	973	3.01	0.07	17	54	26
重 庆	Chongqing	269	7073	38.75	4.84	227	477	307
四 川	Sichuan	2445	49278	228.82	25.04	1027	1824	1092
贵 州	Guizhou	751	40011	169.55	10.09	475	736	480
云 南	Yunnan	686	31419	155.94	8.54	391	934	614
陕 西	Shaanxi	649	25982	104.54	11.47	349	748	356
甘 肃	Gansu	760	34198	113.65	7.26	320	882	457
青 海	Qinghai	233	5340	25.26	1.45	32	105	65
宁 夏	Ningxia	91	4449	15.76	0.94	73	152	95
新 疆	Xinjiang	590	47235	128.89	9.05	350	961	491

3-2-10 Summary of Townships （2010）

Planning and Administer			市政公用设施建设财政性资金收入（万元） Fiscal Revenue for Municipal Public Facilities Construction （10,000RMB）					地区名称
有总体规划的乡个数（个） Number of Townships with Master Plans （unit）	本年编制 Compiled This Year	本年规划编制投入（万元） Input in Planning This Year （10,000 RMB）	合计 Total	中央财政 Financial Allocation from Central Government Budegt	省级财政 Financial Allocation from Provincial Government Budegt	市（县）财政 City （County） Goverment Financial Allocation	本级财政 Local Financial Allocation	Name of Regions
8448	1254	68921	1092167	173073	188690	422627	307778	全 国
12	2	97	6624		2789	2516	1319	北 京
16	4	162	10341		1937	2517	5888	天 津
525	103	3497	25197	584	523	11050	13039	河 北
244	32	2885	27174	6690	5273	9462	5750	山 西
103	16	687	8836	627	292	4717	3200	内 蒙 古
260	11	586	17645	2411	2347	7269	5618	辽 宁
83	9	212	9919	2296	3258	2807	1558	吉 林
305	14	305	25866	464	4120	8938	12344	黑 龙 江
		40	4843	213	320	1310	3000	上 海
86	24	837	22974	40	1604	10740	10591	江 苏
276	16	3600	98415	4417	11357	53433	29210	浙 江
265	24	2794	68116	7508	14626	24548	21435	安 徽
262	44	1894	36517	6100	9606	11158	9652	福 建
575	19	1978	64609	4882	10503	22794	26430	江 西
171	31	3592	26987	2380	1264	6257	17086	山 东
820	260	14139	97439	11662	28983	17237	39558	河 南
178	21	3019	34997	2347	7022	17126	8502	湖 北
597	41	3034	65968	10846	10132	23777	21213	湖 南
7		21	599			379	220	广 东
221	31	683	18752	2110	3999	11069	1574	广 西
19		155	3249	250	1834	847	318	海 南
207	57	1455	15321	461	2069	7030	5761	重 庆
980	152	7939	124882	51421	16640	46012	10809	四 川
425	99	3518	52203	5398	7293	28958	10555	贵 州
469	71	4212	40076	9344	7683	16643	6406	云 南
404	38	3462	27451	2093	6084	12428	6846	陕 西
378	66	1640	47322	12908	6997	15383	12036	甘 肃
52	31	795	8057	7131	545	359	23	青 海
62	5	169	16639	9989	2349	2950	1351	宁 夏
446	33	1515	85149	8505	17242	42913	16489	新 疆

3-2-11 乡供水(2010年)

地区名称 Name of Regions		集中供水 的乡个数 (个) Number of Townships with Access to Piped Water (unit)	占全部乡 的比例 (%) Percentage of Total Rate (%)	公共供水 Public Water Supply			自备水源单位 Self-built Water Supply Facilities	
				设施个数 (个) Number of Public Water Supply Facilities (unit)	水厂个数 Waterwork	综合生产 能 力 (万立方米/ 日) Integrated Production Capacity (10,000 m³/day)	个数 (个) Number of Self-built Water Supply Facilities (unit)	综合生产 能 力 (万立方 米/日) Integrated Production Capacity (10,000 m³/day)
全 国	**National Total**	**10526**	**76. 6**	**12933**	**4954**	**584. 0**	**17210**	**248. 4**
北 京	Beijing	13	100. 0	32	12	1. 0	17	0. 6
天 津	Tianjin	18	94. 7	42	12	2. 7	52	1. 1
河 北	Hebei	610	63. 2	883	95	31. 4	1307	25. 8
山 西	Shanxi	577	93. 8	696	102	18. 9	706	16. 9
内 蒙 古	Inner Mongolia	117	66. 1	141	50	4. 7	99	2. 0
辽 宁	Liaoning	170	52. 3	309	78	12. 3	420	4. 6
吉 林	Jilin	126	72. 0	185	56	4. 0	146	1. 7
黑 龙 江	Heilongjiang	337	82. 2	346	129	13. 4	173	8. 2
上 海	Shanghai	2	100. 0	3	3	0. 9	1	
江 苏	Jiangsu	88	100. 0	143	112	15. 7	95	3. 0
浙 江	Zhejiang	405	92. 5	520	110	26. 2	957	13. 7
安 徽	Anhui	206	61. 3	324	203	35. 9	320	8. 0
福 建	Fujian	296	94. 9	398	237	25. 1	700	6. 8
江 西	Jiangxi	489	78. 6	624	315	33. 3	1066	9. 0
山 东	Shandong	173	95. 6	278	146	18. 0	475	10. 6
河 南	Henan	852	91. 6	867	292	39. 6	3767	44. 6
湖 北	Hubei	176	91. 2	288	187	25. 8	332	15. 4
湖 南	Hunan	661	65. 6	852	349	58. 5	1671	14. 6
广 东	Guangdong	6	54. 6	8	3	1. 3	10	0. 2
广 西	Guangxi	384	91. 7	381	221	14. 4	391	6. 1
海 南	Hainan	20	90. 9	21	4	0. 6	8	0. 1
重 庆	Chongqing	225	83. 6	292	204	9. 9	108	0. 8
四 川	Sichuan	1676	68. 6	1849	1003	52. 4	1428	9. 3
贵 州	Guizhou	661	88. 0	804	245	26. 5	642	6. 7
云 南	Yunnan	601	87. 6	758	167	33. 0	683	6. 8
陕 西	Shaanxi	492	75. 8	565	92	19. 6	613	6. 1
甘 肃	Gansu	436	57. 4	411	79	10. 6	353	13. 5
青 海	Qinghai	101	43. 4	114		2. 5	6	
宁 夏	Ningxia	77	84. 6	71	9	7. 0	68	1. 9
新 疆	Xinjiang	531	90. 0	728	439	39. 0	596	10. 2

3-2-11　Water Supply of Townships（2010）

年供水总量 （万立方米） Annual Supply of Water （10,000m³）	年生活 用水量 Annual Domestic Water Consumption	年生产 用水量 Annual Water Consumption for Production	供水管道 长　度 （公里） Length of Water Supply Pipelines （km）	本年新增 Added This Year	用水人口 （万人） Population with Access to Water （10,000 persons）	地区名称 Name of Regions
118013	**68069**	**40946**	**89776**	**7674**	**2290.6**	全　　国
136	91	44	171	5	2.7	北　京
1763	347	1324	672	102	7.7	天　津
8687	4197	4125	5229	247	189.3	河　北
5036	2037	2838	3656	146	99.8	山　西
1352	444	847	1522	116	20.8	内　蒙　古
1592	745	603	1867	111	28.0	辽　宁
1026	577	243	1313	97	21.8	吉　林
2391	1612	713	2820	181	65.1	黑　龙　江
34	21	13	17		0.5	上　海
3349	2049	1188	1974	200	52.1	江　苏
5576	3092	1857	4246	433	81.0	浙　江
3248	2023	1112	2931	478	64.7	安　徽
6127	3470	2106	3043	303	86.1	福　建
6707	4063	2138	3247	390	101.6	江　西
4521	1670	2413	3124	301	70.1	山　东
15508	9412	5152	6498	1119	374.4	河　南
4040	2633	1239	2319	386	73.4	湖　北
8862	4639	2785	4137	458	127.8	湖　南
551	142	108	68		2.9	广　东
4184	3223	749	2984	86	90.2	广　西
142	68	67	108	5	2.3	海　南
1934	1149	631	1860	176	33.0	重　庆
7526	5159	1827	7786	648	168.9	四　川
6342	4383	1585	5958	321	138.4	贵　州
6452	4283	1569	7298	400	133.0	云　南
3661	1705	1506	2975	165	76.7	陕　西
1693	979	565	2435	214	55.7	甘　肃
560	294	259	723	25	10.7	青　海
461	242	199	690	26	11.8	宁　夏
4553	3320	1139	8105	533	100.2	新　疆

3-2-12　乡燃气、供热、道路桥梁及防洪(2010 年)

3-2-12　Gas，Central Heating，Road，Bridge and Flood Control of Townships（2010）

地区名称 Name of Regions	用气人口 （万人） Population with Access to Gas （10,000 persons）	集中供热 （万平方米） Area of Centrally Heated District （10,000 m²）	道路长度 （公里） Length of Roads （km）	本年新增 Added This Year	道路面积 （万平方米） Surface Area of Roads （10,000 m²）	本年新增 Added This Year	道路照明灯盏数 （盏） Number of Road Lamps （unit）	桥梁座数 （座） Number of Bridges （unit）	防洪堤长度 （公里） Length of Flood Control Dikes （km）
全　国　National Total	662.2	1191	65638	5251	39215	3067	482305	27239	18030
北　京　Beijing	0.9	12	87	5	37	2	3093	25	15
天　津　Tianjin	4.8	94	220	10	151	17	5750	89	37
河　北　Hebei	72.0	150	5518	401	2926	189	53765	1137	1040
山　西　Shanxi	9.2	179	2597	141	1583	84	21476	774	485
内　蒙　古　Inner Mongolia	5.8	44	566	27	405	21	3975	259	295
辽　宁　Liaoning	8.6	147	1780	46	1013	25	9079	754	1103
吉　林　Jilin	4.3	50	1031	62	568	36	3607	334	277
黑　龙　江　Heilongjiang	9.1	29	3514	107	1942	65	8596	366	497
上　海　Shanghai	0.5		36		15		275	16	130
江　苏　Jiangsu	37.6		1462	154	900	80	12046	1134	259
浙　江　Zhejiang	61.4	42	2316	244	1200	128	38717	1775	1791
安　徽　Anhui	41.3		2684	409	1653	237	21091	1988	1291
福　建　Fujian	50.7		2280	157	1282	92	27243	1331	572
江　西　Jiangxi	52.9		3506	322	2112	188	23165	1537	1244
山　东　Shandong	16.5	147	2250	233	1368	145	23488	1919	824
河　南　Henan	20.9	22	8123	887	5467	562	95597	3773	1720
湖　北　Hubei	36.1		1516	215	937	139	10659	491	632
湖　南　Hunan	60.3	29	3804	337	2373	205	17182	1675	1143
广　东　Guangdong	2.6		98	4	45	2	640	28	26
广　西　Guangxi	58.3	3	1692	107	1075	61	9124	420	160
海　南　Hainan	1.0		61	5	46	8	564	28	24
重　庆　Chongqing	7.8		698	56	448	41	7995	292	122
四　川　Sichuan	32.0		3863	214	2259	133	30537	1749	569
贵　州　Guizhou	18.1	21	2645	231	1715	130	13482	759	735
云　南　Yunnan	18.7		2366	175	1512	99	11426	953	416
陕　西　Shaanxi	18.8	35	2339	213	1226	93	8159	662	553
甘　肃　Gansu	3.0	52	2668	252	1521	141	5624	613	698
青　海　Qinghai	0.0	1	483	19	254	12	498	151	18
宁　夏　Ningxia	2.2	70	378	25	189	15	1113	71	91
新　疆　Xinjiang	6.8	66	5057	193	2991	118	14339	2136	1262

3-2-13 乡排水和污水处理 (2010 年)

3-2-13 Drainage and Wastewater Treatment of Townships (2010)

地区名称 Name of Regions		污水处理厂 个数（个） Number of Wastwater Treatment Plants (unit)	污水处理厂 处理能力（万立方米/日） Treatment Capacity (10,000 m³/day)	污水处理装置 个数（个） Number of Wastwater Treatment Facilities (unit)	污水处理装置 处理能力（万立方米/日） Treatment Capacity (10,000 m³/day)	排水管道 长度（公里） Length of Drainage Piplines (km)	本年新增 Added This Year	排水暗渠 长度（公里） Length of Drains (km)	本年新增 Added This Year
全 国	National Total	123	7.38	1219	10.58	13907	1766	9526	1132
北 京	Beijing	8	0.08	10	0.07	27	1	19	
天 津	Tianjin	2	0.60	2	0.60	100	33	29	2
河 北	Hebei	4	0.02	4	0.02	659	54	513	40
山 西	Shanxi	1	0.01	2	0.01	515	28	269	20
内 蒙 古	Inner Mongolia	1	0.01	6	0.01	33	12	34	11
辽 宁	Liaoning	1	0.02	2	0.02	274	27	193	10
吉 林	Jilin					97	8	43	6
黑 龙 江	Heilongjiang					113	23	112	10
上 海	Shanghai	2	0.05	5		15		6	
江 苏	Jiangsu	3	0.25	3	0.25	441	57	167	32
浙 江	Zhejiang	29	1.96	1010	4.46	774	128	399	60
安 徽	Anhui	5	0.62	3	0.51	864	158	580	93
福 建	Fujian	5	0.12	8	0.15	638	54	268	28
江 西	Jiangxi	5	0.14	22	0.12	1346	132	686	82
山 东	Shandong	1	0.02	2	0.04	636	114	426	83
河 南	Henan	5	0.17	7	0.13	2247	266	1329	209
湖 北	Hubei	4	0.49	7	0.20	505	95	336	62
湖 南	Hunan	5	1.67	7	0.19	1175	153	785	80
广 东	Guangdong			1	0.05	39	1	40	
广 西	Guangxi			1	0.04	535	35	311	14
海 南	Hainan					5		3	
重 庆	Chongqing	3	0.05	7	0.65	193	21	246	29
四 川	Sichuan	20	0.61	81	2.04	880	118	799	90
贵 州	Guizhou	3	0.07	4	0.13	381	36	551	30
云 南	Yunnan	1	0.04	1	0.04	588	51	504	29
陕 西	Shaanxi	5	0.27	11	0.17	385	68	597	70
甘 肃	Gansu					279	50	240	37
青 海	Qinghai					2		5	
宁 夏	Ningxia	2	0.01	2	0.01	89	11	23	2
新 疆	Xinjiang	8	0.09	11	0.68	72	31	14	4

3-2-14 乡园林绿化及环境卫生 (2010 年)

3-2-14 Landscaping and Environmental Sanitation of Townships （2010）

地区名称 Name of Regions		园林绿化（公顷）Landscaping （hectare）				环境卫生 Environmental Sanitation		
		绿化覆盖 面　积 Green Coverage Area	绿地面积 Area of Parks and Green Space	本年新增 Added This Year	公园绿地 面　积 Public Green Space	生活垃圾 中 转 站 （座） Number of Garbage Transfer Station （unit）	环卫专用 车辆设备 （辆） Number of Special Vehicles for Environ- mental Sanitation （unit）	公共厕所 （座） Number of Latrines （unit）
全　国	National Total	95905	36728	2405	3063	7982	14490	27467
北　京	Beijing	226	66	2	6	5	39	84
天　津	Tianjin	507	83	38	5	26	254	245
河　北	Hebei	5919	2209	83	135	511	1155	1509
山　西	Shanxi	5173	1813	91	88	466	925	1482
内 蒙 古	Inner Mongolia	1197	592	11	51	14	106	456
辽　宁	Liaoning	1680	486	34	32	138	176	723
吉　林	Jilin	673	328	17	12	92	164	287
黑 龙 江	Heilongjiang	1523	615	82	33	77	390	1214
上　海	Shanghai	60	17		1	8	36	13
江　苏	Jiangsu	2176	1398	77	195	74	431	530
浙　江	Zhejiang	1683	921	60	92	463	1062	2091
安　徽	Anhui	4793	1961	97	172	278	712	1079
福　建	Fujian	2699	1883	288	512	197	681	923
江　西	Jiangxi	3829	2070	203	268	618	713	1428
山　东	Shandong	3378	1440	80	125	92	449	654
河　南	Henan	21873	3671	431	565	723	2775	3054
湖　北	Hubei	2873	1350	225	50	158	239	422
湖　南	Hunan	8293	3931	146	184	338	819	1435
广　东	Guangdong	142	37	1	3	7	11	27
广　西	Guangxi	1605	851	24	39	116	337	534
海　南	Hainan	193	113	1	1	22	42	18
重　庆	Chongqing	604	309	36	19	162	136	241
四　川	Sichuan	4605	777	31	15	2016	1343	2303
贵　州	Guizhou	4314	1671	35	36	283	445	1172
云　南	Yunnan	1537	814	36	58	161	284	2361
陕　西	Shaanxi	2733	792	108	52	482	251	1072
甘　肃	Gansu	3140	1157	26	47	209	162	666
青　海	Qinghai	328	111	1	1	35	8	54
宁　夏	Ningxia	323	155	27	3	28	134	254
新　疆	Xinjiang	7828	5107	117	266	183	211	1136

3-2-15 乡房屋 (2010 年)

地区名称 Name of Regions		住宅 Residential Building						
		本年建房 户 数 （户） Number of Households of Building Housing This Year （unit）	在新址上 新 建 New Constr- ruction on New Site	年末实有 建筑面积 （万平方米） Total Floor Space of Buildings （year-end） （10,000m²）	混合结构 以 上 Mixed Strucure and Above	本年竣工 建筑面积 （万平方米） Floor Space Completed This Year （10,000m²）	混合结构 以 上 Mixed Strucure and Above	人均住宅 建筑面积 （平方米） Per Capita Floor Space （m²）
全 国	National Total	269134	128672	96863.2	65368.6	3513.3	3081.5	29.93
北 京	Beijing	14	4	48.6	33.3	0.1	0.1	28.84
天 津	Tianjin	875	631	264.2	172.3	11.6	7.2	45.00
河 北	Hebei	12288	4597	7906.9	4487.8	144.0	120.8	27.75
山 西	Shanxi	8824	3558	3268.4	1853.1	82.6	71.5	28.51
内 蒙 古	Inner Mongolia	3362	1190	1040.4	844.9	21.3	20.3	21.22
辽 宁	Liaoning	2508	1093	1515.1	602.2	39.9	28.9	22.94
吉 林	Jilin	2723	520	879.5	468.8	33.7	26.2	22.70
黑 龙 江	Heilongjiang	9634	718	1930.5	1626.0	82.5	82.5	22.24
上 海	Shanghai	6	2	14.6	13.0	0.9	0.9	38.78
江 苏	Jiangsu	9349	5311	1481.8	1172.1	113.3	111.1	28.42
浙 江	Zhejiang	7148	3770	4084.7	2912.1	140.4	137.6	42.76
安 徽	Anhui	10563	5923	3951.0	2889.6	125.4	102.7	30.55
福 建	Fujian	7518	4869	3739.6	2563.9	138.5	128.0	38.87
江 西	Jiangxi	12118	7285	5723.6	4495.2	196.7	191.2	32.91
山 东	Shandong	18970	10487	2329.8	1546.0	225.8	214.3	28.30
河 南	Henan	28726	12619	16156.4	12116.0	683.4	587.9	30.32
湖 北	Hubei	6351	4088	2873.1	2451.2	96.2	88.4	32.53
湖 南	Hunan	13558	8500	8143.7	6613.2	228.1	208.5	32.88
广 东	Guangdong	119	90	61.1	37.5	3.0	3.0	19.19
广 西	Guangxi	6856	3701	2931.3	1988.1	124.0	120.3	28.48
海 南	Hainan	528	496	70.8	36.7	7.1	6.3	23.54
重 庆	Chongqing	6704	4128	1349.8	1122.3	133.4	93.4	34.83
四 川	Sichuan	18292	10080	8125.3	5903.4	231.2	215.2	35.51
贵 州	Guizhou	15356	8085	4463.8	2971.6	168.7	158.6	26.33
云 南	Yunnan	10408	5726	4777.1	2167.4	117.1	88.1	30.63
陕 西	Shaanxi	9516	3837	3035.5	1790.1	57.3	52.2	29.04
甘 肃	Gansu	18682	7388	2746.8	1172.2	137.1	120.9	24.17
青 海	Qinghai	4163	1574	618.3	125.8	21.9	13.1	24.48
宁 夏	Ningxia	3636	2784	334.9	122.2	14.6	5.6	21.25
新 疆	Xinjiang	20339	5618	2996.6	1070.8	133.7	77.1	23.25

3-2-15　Building Construction of Townships（2010）

公共建筑　Public Building				生产性建筑　Industrial Building				地区名称
年末实有建筑面积（万平方米） Total Floor Space of Buildings（year-end）（10,000m²）	混合结构以　上 Mixed Strucure and Above	本年竣工建筑面积（万平方米） Floor Space Completed This Year（10,000m²）	混合结构以　上 Mixed Strucure and Above	年末实有建筑面积（万平方米） Total Floor Space of Buildings（year-end）（10,000m²）	混合结构以　上 Mixed Strucure and Above	本年竣工建筑面积（万平方米） Floor Space Completed This Year（10,000m²）	混合结构以　上 Mixed Strucure and Above	Name of Regions
21719. 5	16278. 8	912. 8	820. 7	13227. 0	9291. 3	918. 5	776. 7	全　　国
13. 7	9. 1	1. 4	0. 7	11. 0	10. 4	1. 0	0. 8	北　　京
47. 7	38. 4	1. 1	0. 5	314. 0	260. 0	98. 7	88. 0	天　　津
1360. 5	963. 1	41. 0	33. 7	1753. 6	1214. 0	117. 2	94. 4	河　　北
617. 6	452. 9	33. 7	27. 3	530. 2	382. 9	27. 3	17. 9	山　　西
219. 7	178. 0	7. 5	7. 3	103. 9	63. 4	2. 1	2. 0	内 蒙 古
494. 1	310. 5	22. 3	21. 8	283. 5	171. 8	24. 0	20. 9	辽　　宁
254. 1	166. 7	9. 1	8. 6	118. 4	82. 2	6. 6	5. 8	吉　　林
465. 5	371. 7	17. 5	17. 5	287. 5	241. 0	7. 4	7. 4	黑 龙 江
8. 6	8. 6	0. 5	0. 5	8. 2	8. 2	0. 2	0. 1	上　　海
505. 3	395. 1	24. 1	23. 4	416. 4	304. 2	42. 1	39. 6	江　　苏
469. 5	389. 1	19. 3	16. 5	584. 8	471. 0	30. 4	26. 6	浙　　江
890. 3	777. 2	53. 1	44. 9	624. 4	403. 2	52. 8	38. 1	安　　徽
992. 2	780. 7	26. 9	25. 0	639. 7	407. 2	25. 8	22. 4	福　　建
1396. 6	1096. 1	45. 8	43. 5	818. 2	506. 2	41. 1	31. 6	江　　西
777. 5	614. 6	54. 6	52. 0	779. 3	592. 5	87. 0	76. 5	山　　东
2398. 3	1875. 1	104. 4	99. 8	1772. 5	1357. 2	116. 5	104. 4	河　　南
694. 6	559. 0	30. 7	27. 8	328. 1	248. 1	29. 5	28. 5	湖　　北
1798. 8	1464. 6	59. 5	55. 0	1009. 4	763. 4	63. 3	54. 9	湖　　南
16. 0	12. 7	0. 4	0. 4	15. 2	11. 7	0. 4	0. 4	广　　东
979. 7	692. 9	25. 4	24. 5	332. 2	179. 3	11. 5	10. 4	广　　西
18. 0	11. 5	0. 6	0. 6	1. 3	0. 8	0. 0	0. 0	海　　南
344. 5	286. 1	11. 4	10. 3	131. 4	103. 5	9. 4	8. 9	重　　庆
1692. 3	1306. 4	76. 1	70. 4	487. 3	329. 3	15. 8	11. 0	四　　川
927. 6	759. 4	40. 3	37. 5	377. 9	315. 1	24. 1	20. 9	贵　　州
1300. 2	918. 9	49. 1	40. 7	379. 3	210. 4	9. 6	7. 6	云　　南
628. 8	485. 7	25. 8	22. 8	240. 0	164. 2	17. 8	10. 3	陕　　西
1136. 9	683. 6	73. 5	63. 7	539. 0	299. 9	37. 7	32. 7	甘　　肃
120. 7	60. 3	6. 3	5. 8	19. 0	10. 4	1. 3	1. 0	青　　海
181. 6	83. 5	5. 8	5. 6	63. 5	33. 6	9. 2	6. 0	宁　　夏
968. 7	527. 6	45. 8	32. 6	257. 8	146. 3	8. 7	7. 9	新　　疆

3-2-16　乡建设投入（2010 年）

地区名称 Name of Regions	合计 Total	房屋　Building				本年建设投入		
		小计 Input of House	住宅 Residential Building	公共建筑 Public Building	生产性建筑 Industrial Building	小计 Input of Municipal Public Facilities	供水 Water Supply	燃气 Gas Supply
全　国　National Total	5583115	4289281	2624478	882955	781848	1293834	212761	24109
北　京　Beijing	6049	3604	156	2111	1337	2445	310	80
天　津　Tianjin	176971	135773	32014	1971	101788	41198	4877	3880
河　北　Hebei	303315	262609	111332	36288	114989	40706	7043	767
山　西　Shanxi	137267	101068	60738	25396	14934	36199	6876	608
内 蒙 古　Inner Mongolia	47849	33536	20785	10436	2315	14313	2248	173
辽　宁　Liaoning	98988	82603	36726	22866	23011	16385	1908	98
吉　林　Jilin	56590	46139	30091	9965	6083	10451	1099	21
黑 龙 江　Heilongjiang	109251	84953	64382	14724	5847	24298	3598	216
上　海　Shanghai	5148	2390	570	1480	340	2758		140
江　苏　Jiangsu	188737	150969	97562	19406	34001	37768	4350	555
浙　江　Zhejiang	211469	133569	90181	20646	22742	77900	12355	303
安　徽　Anhui	283297	202944	104682	50112	48150	80353	15567	455
福　建　Fujian	213833	162410	106145	28175	28090	51423	8572	947
江　西　Jiangxi	241747	157162	106240	29561	21361	84585	9920	2055
山　东　Shandong	347365	297429	181281	49188	66960	49936	6860	2258
河　南　Henan	753467	630186	462666	81040	86480	123281	22199	799
湖　北　Hubei	156012	117560	72369	25389	19802	38452	7527	344
湖　南　Hunan	339219	254289	152740	54218	47331	84930	14380	878
广　东　Guangdong	3685	1325	688	454	183	2360	13	
广　西　Guangxi	132732	114789	80824	22767	11198	17943	2810	276
海　南　Hainan	6530	5896	5574	322		634	70	13
重　庆　Chongqing	136825	103339	84631	9822	8886	33486	6825	346
四　川　Sichuan	457636	294402	184990	91893	17519	163234	19890	3119
贵　州　Guizhou	220143	169881	115495	35043	19343	50262	10578	4965
云　南　Yunnan	207125	164802	106055	50022	8725	42323	6012	25
陕　西　Shaanxi	136144	97770	56816	28863	12091	38374	4292	643
甘　肃　Gansu	289700	252339	121396	92244	38699	37361	3950	60
青　海　Qinghai	45923	41709	29646	10243	1820	4214	505	
宁　夏　Ningxia	48256	34393	15307	8102	10984	13863	376	40
新　疆　Xinjiang	221842	149443	92396	50208	6839	72399	27751	45

3-2-16　Construction Input of Township（2010）

计量单位：万元　Measurement Unit：10,000 RMB

| Construction Input of This Year | | | | | | | | | 地区名称 |
| 市政公用设施　Municipal Public Facilities | | | | | | | | | |
集中 供热 Central Heating	道路 桥梁 Road and Bridge	排水 Drainage	污水处理 Wastewater Treatment	防洪 Flood Control	园林 绿化 Lands- caping	环境 卫生 Environ- mental Sanitation	垃圾处理 Garbage Treatment	其他 Other	Name of Regions
13440	519538	111721	22626	76518	99257	91808	31653	144682	全　　国
440	643	210	120	111	294	152	67	205	北　　京
2317	15702	4154	30	50	9336	575	95	307	天　　津
317	20523	3183	396	1351	2804	1824	320	2894	河　　北
1759	12662	2084	191	829	6271	1955	421	3155	山　　西
461	5830	478	7	194	2870	756	106	1303	内　蒙　古
713	5693	1516	494	1851	1168	1430	680	2008	辽　　宁
660	4684	716		1474	515	767	132	515	吉　　林
375	10658	1344		55	2170	2814	80	3068	黑　龙　江
					608	260	109	1750	上　　海
80	20856	3022	654	734	2239	1574	592	4358	江　　苏
709	23386	11335	5861	11990	7455	6200	2733	4167	浙　　江
1	37012	6650	696	2306	4494	3567	1620	10301	安　　徽
25	18320	3983	1164	6128	5206	4631	2822	3611	福　　建
37	38168	6311	242	8436	6818	4494	1873	8346	江　　西
768	20300	5059	370	1785	4854	3911	996	4141	山　　东
774	44847	8612	556	4787	12359	11913	3459	16991	河　　南
386	14240	5551	752	4043	2350	2516	982	1495	湖　　北
18	36875	4954	536	4859	5273	5837	1610	11856	湖　　南
	1583	625		29	34	35	20	41	广　　东
	9298	1203	200	795	1311	926	369	1324	广　　西
	435	3		3	23	68	8	19	海　　南
23	11140	6097	3664	2168	1936	1549	850	3402	重　　庆
94	67882	18829	4961	8721	6451	21680	8378	16568	四　　川
254	19846	2294	236	1218	1639	2223	772	7245	贵　　州
4	19410	2417	29	1975	2250	1472	414	8758	云　　南
750	15318	4665	398	2441	2965	2577	494	4723	陕　　西
359	19454	3762	422	2243	1537	1908	611	4088	甘　　肃
	2477	79	11	75	307	148	26	623	青　　海
419	1974	847	191	42	1733	1795	371	6637	宁　　夏
1697	20322	1738	445	5825	1987	2251	643	10783	新　　疆

3-2-17 镇乡级特殊区域市政公用设施水平(2010 年)

3-2-17 Level of Municipal Public Facilities of Built – up Area of Special District at Township Level（2010）

地区名称 Name of Regions		人口密度 （人/平方公里） Population Density（person/km²）	人均日生活用水量（升） Per Capita Daily Water Consumption（liter）	用水普及率（％） Water Coverage Rate（％）	燃气普及率（％） Gas Coverage Rate（％）	人均道路面积（平方米） Road Surface Area Per Capita（m²）	排水管道暗渠密度（公里/平方公里） Density of Drains（km/km²）	人均公园绿地面积（平方米） Public Recreational Green Space Per Capita（m²）	绿化覆盖率（％） Green Coverage Rate（％）	绿地率（％） Green Space Rate（％）
全 国	**National Total**	**4059**	**86.7**	**85.0**	**45.7**	**13.3**	**4.59**	**2.58**	**19.2**	**12.0**
河 北	Hebei	3692	78.9	85.5	47.3	13.8	3.16	0.03	5.1	1.4
山 西	Shanxi	4351	75.5	80.2	1.2	9.7	2.02	0.79	17.2	9.2
内 蒙 古	Inner Mongolia	3008	79.5	62.6	5.6	9.4	2.59	2.07	16.7	8.1
辽 宁	Liaoning	2959	81.2	59.6	29.7	14.8	1.88	0.50	4.1	1.6
吉 林	Jilin	2154	44.6	74.6	7.8	10.9	1.00		4.8	0.8
黑 龙 江	Heilongjiang	4127	77.4	92.6	34.5	11.9	4.04	3.96	23.7	13.6
上 海	Shanghai	2378	81.3	99.1	94.2	32.5	5.77	0.20	24.0	19.5
江 苏	Jiangsu	5204	111.4	92.1	87.0	25.2	15.11	2.17	19.1	13.5
浙 江	Zhejiang	3982	95.9	32.0	31.9	19.6	8.74	1.03	8.8	4.1
安 徽	Anhui	5302	99.0	67.7	32.1	12.3	8.16	3.47	22.7	8.7
福 建	Fujian	7141	101.4	97.5	88.6	16.7	6.84	7.41	28.5	26.2
江 西	Jiangxi	4352	80.2	57.9	57.9	13.9	5.61	2.55	7.9	5.1
山 东	Shandong	5602	66.0	100.0	55.0	26.4	18.50	6.97	31.4	20.8
河 南	Henan	5941	58.2	22.7	0.0	8.7	1.53	1.28	23.7	2.6
湖 北	Hubei	4433	104.0	85.0	50.6	11.1	5.96	1.47	14.4	9.6
湖 南	Hunan	5474	118.5	50.9	19.2	8.7	2.78	0.26	23.4	16.1
广 东	Guangdong	4687	101.1	74.1	81.2	13.2	6.33	5.80	16.0	9.1
广 西	Guangxi	3977	104.5	94.0	80.9	13.2	6.62	0.14	7.2	3.2
海 南	Hainan	4790	89.4	85.8	72.7	10.3	3.52	1.85	22.0	16.1
贵 州	Guizhou	9407	109.5	94.6	9.1	3.1	3.64	0.58	20.0	1.8
云 南	Yunnan	5765	86.3	54.6	12.6	10.6	3.68	0.93	4.7	2.4
陕 西	Shaanxi	5734	46.7	93.6	29.9	5.3	5.71		20.0	5.7
甘 肃	Gansu	4278	78.3	100.0		19.5			11.1	11.1
青 海	Qinghai	6532	31.8	66.5		13.2			14.4	14.4
宁 夏	Ningxia	3862	87.8	74.0	20.4	14.0	2.94	3.94	16.5	4.5
新 疆	Xinjiang	2836	75.8	72.8	22.2	19.4	0.10	1.81	13.0	10.1

3-2-18 镇乡级特殊区域基本情况（2010 年）

地区名称 Name of Regions		镇乡级 特殊区域 个 数 （个） Number of Special District at Township Level （unit）	建成区 面 积 （公顷） Surface Area of Built-up Districts （hectare）	建成区 户籍人口 （万人） Registered Permanent Population （10,000 persons）	建成区 暂住人口 （万人） Temporary Population （10,000 persons）	规划建设管理		
						设有村镇 建设管理 机构的个数 （个） Number of Towns with Construction Management Institution （unit）	村镇建设 管理人员 （人） Number of Construction Management Personnel （person）	专职 人员 Full-time Staff
全 国	National Total	721	104434	369.65	54.24	548	3524	2293
河 北	Hebei	30	1846	6.38	0.44	21	60	47
山 西	Shanxi	3	175	0.68	0.08	2	2	2
内 蒙 古	Inner Mongolia	45	2468	6.41	1.01	34	110	79
辽 宁	Liaoning	30	2143	6.17	0.18	30	50	35
吉 林	Jilin	3	502	0.90	0.18	3	5	4
黑 龙 江	Heilongjiang	178	41065	155.69	13.77	155	977	606
上 海	Shanghai	9	9917	12.18	11.40	8	44	27
江 苏	Jiangsu	11	1253	5.53	0.99	8	68	31
浙 江	Zhejiang	4	487	0.64	1.30	2	9	3
安 徽	Anhui	27	1510	7.29	0.71	22	178	81
福 建	Fujian	5	168	1.18	0.03	3	5	4
江 西	Jiangxi	38	2701	10.87	0.89	31	106	56
山 东	Shandong	2	226	1.24	0.03	2	6	6
河 南	Henan	6	363	1.95	0.20	6	28	15
湖 北	Hubei	87	21330	81.07	13.50	78	775	537
湖 南	Hunan	29	709	3.76	0.12	11	42	31
广 东	Guangdong	14	1101	2.82	2.34	12	37	29
广 西	Guangxi	5	347	1.27	0.11	3	8	6
海 南	Hainan	63	8855	37.76	4.66	47	788	593
贵 州	Guizhou	1	55	0.49	0.02	1	4	4
云 南	Yunnan	30	1771	9.70	0.51	10	89	23
陕 西	Shaanxi	2	35	0.18	0.02			
甘 肃	Gansu	1	9	0.04	—	1	2	
青 海	Qinghai	2	7	0.03	0.02			
宁 夏	Ningxia	20	1828	5.99	1.07	17	66	34
新 疆	Xinjiang	76	3561	9.44	0.66	41	65	40

3-2-18　Summary of Special District at Township Level（2010）

Planning and Administer			市政公用设施建设财政性资金收入（万元） Fiscal Revenue for Municipal Public Facilities Construction（10,000RMB）					地区名称
有总体规划的镇乡级特殊区域个数（个） Number of Special District at Township Level with Master Plans（unit）	本年编制 Compiled This Year	本年规划编制投入（万元） Input in Planning this Year（10,000 RMB）	合计 Total	中央财政 Financial Allocation from Central Government Budget	省级财政 Financial Allocation from Provincial Government Budget	市（县）财政 City（County）Goverment Financial Allocation	本级财政 Local Financial Allocation	Name of Regions
466	76	6040	464365	106026	21533	54796	282010	全　国
17	1	85	2728			2604	124	河　北
		16						山　西
24	2	20	2066	272	410	91	1293	内 蒙 古
20	1	10	7525	2339	1844	2807	536	辽　宁
2		1	269		80		189	吉　林
135	49	1238	271546	93976	2683	3582	171305	黑 龙 江
7		168	88653	50	2000	9534	77069	上　海
9	2	105	3721		270	1660	1791	江　苏
4			55				55	浙　江
20	3	125	2676		385	1839	452	安　徽
3			40			25	15	福　建
28	1	128	2596	1	89	914	1593	江　西
2	1	8	1216				1216	山　东
5		15	10			3	7	河　南
75	8	3613	46998	1921	3545	26347	15185	湖　北
8	1	31	673	93	88	211	280	湖　南
8		55	1474		83	382	1009	广　东
2			53			53		广　西
34	1	372	22405	6664	7652	2467	5622	海　南
1			15			5	10	贵　州
7	1		582	165	270	86	61	云　南
								陕　西
								甘　肃
		2						青　海
16	2	16	4214	154	1029	484	2547	宁　夏
39	3	32	4851	391	1105	1703	1651	新　疆

3-2-19 镇乡级特殊区域供水(2010年)

地区名称 Name of Regions		集中供水 的镇乡级 特殊区域 个 数 (个) Number of Special District at Township Level with Access to Piped Water (unit)	占全部镇乡 级 特 殊 区域的比例 (%) Percentage of Total Rate (%)	公共供水 Public Water Supply			自备水源单位 Self-built Water Supply Facilities	
				设施个数 (个) Number of Public Water Supply Facilities (unit)	水厂个数 Waterwork	综合生产 能 力 (万立方 米/日) Integrated Production Capacity (10,000 m³/day)	个数 (个) Number of Self-built Water Supply Facilities (unit)	综合生产 能 力 (万立方 米/日) Integrated Production Capacity (10,000 m³/day)
全 国	National Total	605	83.9	906	402	102.75	1128	34.50
河 北	Hebei	24	80.0	37	1	1.02	32	1.48
山 西	Shanxi	3	100.0	2	2	0.08	3	0.01
内 蒙 古	Inner Mongolia	30	66.7	40	13	0.97	21	0.64
辽 宁	Liaoning	20	66.7	38	15	2.44	26	0.69
吉 林	Jilin	2	66.7	2	2	0.06		
黑 龙 江	Heilongjiang	146	82.0	230	120	28.20	73	4.36
上 海	Shanghai	9	100.0	4	3	3.15		
江 苏	Jiangsu	11	100.0	19	4	7.34	7	0.29
浙 江	Zhejiang	4	100.0	4	3	1.38	1	0.02
安 徽	Anhui	23	85.2	26	14	3.87	8	0.23
福 建	Fujian	4	80.0	5	3	0.24	3	0.03
江 西	Jiangxi	31	81.6	35	17	1.51	31	0.72
山 东	Shandong	2	100.0	12	1	0.18	46	0.01
河 南	Henan	3	50.0	8	4	0.03	11	0.02
湖 北	Hubei	83	95.4	105	77	36.05	70	18.46
湖 南	Hunan	21	72.4	19	10	0.99	73	0.19
广 东	Guangdong	11	78.6	9	2	1.17	18	0.11
广 西	Guangxi	5	100.0	10	4	0.41	1	0.20
海 南	Hainan	62	98.4	149	54	4.90	585	2.64
贵 州	Guizhou	1	100.0	1		0.06		
云 南	Yunnan	27	90.0	57	7	2.60	53	0.79
陕 西	Shaanxi	2	100.0	2		0.07		
甘 肃	Gansu	1	100.0	1		0.01		
青 海	Qinghai	1	50.0	1				
宁 夏	Ningxia	18	90.0	23	4	2.74	30	2.84
新 疆	Xinjiang	61	80.3	67	42	3.31	36	0.77

3-2-19 Water Supply of Special District at Township Level（2010）

年供水总量 （万立方米） Annual Supply of Water （10,000m³）	年生活 用水量 Annual Domestic Water Consumption	年生产 用水量 Annual Water Consumption for Production	供水管道 长 度 （公里） Length of Water Supply Pipelines （km）	本年新增 Added This Year	用水人口 （万人） Population with Access to Water （10,000 persons）	地区名称 Name of Regions
28617	11398	14872	12242	759	360. 41	全　　国
663	168	492	203	10	5. 83	河　　北
42	17	25	11		0. 61	山　　西
343	135	200	327	18	4. 65	内 蒙 古
193	112	77	159	17	3. 78	辽　　宁
15	13	2	10		0. 81	吉　　林
6492	4433	2036	4411	311	156. 86	黑 龙 江
8010	693	5819	498	6	23. 38	上　　海
832	244	565	228	10	6. 00	江　　苏
227	22	203	54		0. 62	浙　　江
717	196	439	266	11	5. 42	安　　徽
89	43	40	58	4	1. 17	福　　建
375	199	169	292	16	6. 81	江　　西
39	31	5	30	7	1. 27	山　　东
11	10	1	20		0. 49	河　　南
6947	3048	3462	2229	178	80. 34	湖　　北
141	85	54	88	1	1. 97	湖　　南
539	141	398	176	6	3. 82	广　　东
113	50	55	66	18	1. 30	广　　西
1629	1187	284	1629	86	36. 39	海　　南
21	20	2	10		0. 49	贵　　州
330	175	94	430	16	5. 57	云　　南
5	3	1	6		0. 19	陕　　西
1	1	0. 12	3		0. 04	甘　　肃
			1		0. 03	青　　海
574	167	391	306	14	5. 23	宁　　夏
270	203	59	731	32	7. 35	新　　疆

3-2-20 镇乡级特殊区域燃气、供热、道路桥梁及防洪(2010年)

3-2-20 Gas, Central Heating, Road, Bridge and Flood Control of Special District at Township Level (2010)

地区名称 Name of Regions		用气人口 （万人） Population with Access to Gas （10,000 persons）	集中供热 （万平方米） Area of Centrally Heated District （10,000 m²）	道路长度 （公里） Length of Roads （km）	本年新增 Added This Year	道路面积 （万平方米） Surface Area of Roads （10,000 m²）	本年新增 Added This Year	道路照明灯盏数 （盏） Number of Road Lamps （unit）	桥梁座数 （座） Number of Bridges （unit）	防洪堤长度 （公里） Length of Flood Control Dikes （km）
全 国	National Total	193.6	3168	8299	596	5616	475	106608	2548	1584
河 北	Hebei	3.2	23	214	16	94	9	2334	112	91
山 西	Shanxi			9		7		82		
内 蒙 古	Inner Mongolia	0.4	68	120	7	70	4	5228	92	48
辽 宁	Liaoning	1.9	14	131	4	94	5	1725	48	115
吉 林	Jilin	0.1	8	28		12		208	10	50
黑 龙 江	Heilongjiang	58.5	2959	3093	133	2021	95	41560	129	163
上 海	Shanghai	22.2		633	21	767	18	15235	432	50
江 苏	Jiangsu	5.7		188	29	164	80	2868	55	44
浙 江	Zhejiang	0.6		36	2	38	2	467	41	5
安 徽	Anhui	2.6		203	20	98	14	1868	53	238
福 建	Fujian	1.1		27	3	20	1	388	7	13
江 西	Jiangxi	6.8		270	18	164	9	2033	43	75
山 东	Shandong	0.7	3	45	12	33	21	560	4	6
河 南	Henan			31	4	19	3	162	25	3
湖 北	Hubei	47.8		1559	169	1051	112	15907	601	394
湖 南	Hunan	0.7	1	59	5	34	4	406	37	3
广 东	Guangdong	4.2		134	3	68	2	2351	33	31
广 西	Guangxi	1.1		35	8	18	4	331	9	
海 南	Hainan	30.8		821	99	437	53	7332	248	52
贵 州	Guizhou			3		2		60		
云 南	Yunnan	1.3		180	6	108	4	1253	44	13
陕 西	Shaanxi	0.1		2		1		18		
甘 肃	Gansu			1		1				
青 海	Qinghai			1		1				
宁 夏	Ningxia	1.4	80	167	17	99	14	2070	66	52
新 疆	Xinjiang	2.2	11	309	21	196	18	2162	459	137

3-2-21 镇乡级特殊区域排水和污水处理(2010 年)

3-2-21 Drainage and Wastewater Treatment of Special District at Township Level（2010）

地区名称 Name of Regions		污水处理厂		污水处理装置		排水管道 长　度 （公里）	本年 新增	排水暗渠 长　度 （公里）	本年 新增
		个数 （个） Number of Wastewater Treatment Plants （unit）	处理能力 （万立方 米/日） Treatment Capacity （10,000 m³/day）	个数 （个） Number of Wastwater Treatment Facilities （unit）	处理能力 （万立方 米/日） Treatment Capacity （10,000 m³/day）	Length of Drainage Piplines （km）	Added This Year	Length of Drains （km）	Added This Year
全　国	National Total	22	12.54	28	2.86	3551	481	1238	168
河　北	Hebei	1	1.00	2	1.02	37	2	21	
山　西	Shanxi							3	
内 蒙 古	Inner Mongolia	2	0.42	2	0.85	63		1	
辽　宁	Liaoning	1				27	2	13	4
吉　林	Jilin							5	1
黑 龙 江	Heilongjiang	4	0.25	6	0.21	1186	286	474	61
上　海	Shanghai			1	0.20	523	7	49	
江　苏	Jiangsu	2	5.03	2	0.03	170	25	19	5
浙　江	Zhejiang					41		1	
安　徽	Anhui	3	0.08	2	0.03	58	7	65	12
福　建	Fujian					9	3	2	
江　西	Jiangxi	2		2		106	8	46	9
山　东	Shandong					10	3	31	22
河　南	Henan					6			
湖　北	Hubei	3	5.16	6	0.07	968	118	303	40
湖　南	Hunan					15		5	
广　东	Guangdong	1	0.15			66	6	4	
广　西	Guangxi					11		12	
海　南	Hainan	2	0.03	3	0.03	165	8	146	10
贵　州	Guizhou					1		1	
云　南	Yunnan					41	2	25	2
陕　西	Shaanxi			1	0.01	1		1	
甘　肃	Gansu								
青　海	Qinghai								
宁　夏	Ningxia	1	0.42	1	0.42	43	3	10	2
新　疆	Xinjiang					4	1		

3-2-22 镇乡级特殊区域园林绿化及环境卫生（2010 年）

3-2-22 Landscaping and Environmental Sanitation of
Special District at Township Level （2010）

地区名称 Name of Regions		园林绿化（公顷）Landscaping （hectare）				环境卫生 Environmental Sanitation		
		绿化覆盖面积 Green Coverage Area	绿地面积 Area of Parks and Green Space	本年新增 Added This Year	公园绿地面积 Public Green Space	生活垃圾中转站（座） Number of Garbage Transfer Station （unit）	环卫专用车辆设备（辆） Number of Special Vehicles for Environmental Sanitation （unit）	公共厕所（座） Number of Latrines （unit）
全　　国	**National Total**	**20060**	**12535**	**1971**	**1094**	**993**	**2253**	**6087**
河　　北	Hebei	95	25	1		13	79	174
山　　西	Shanxi	30	16		1		1	10
内 蒙 古	Inner Mongolia	413	199		15		28	115
辽　　宁	Liaoning	88	34	5	3	6	25	54
吉　　林	Jilin	24	4				3	7
黑 龙 江	Heilongjiang	9721	5575	1708	671	333	1212	2874
上　　海	Shanghai	2380	1934	47	5	16	100	94
江　　苏	Jiangsu	239	169	22	14	33	22	161
浙　　江	Zhejiang	43	20		2	3	13	36
安　　徽	Anhui	342	132	9	28	32	42	232
福　　建	Fujian	48	44	2	9	2	5	14
江　　西	Jiangxi	214	138	7	30	39	31	100
山　　东	Shandong	71	47	2	9			6
河　　南	Henan	86	10		3	2	7	14
湖　　北	Hubei	3080	2049	113	139	150	398	916
湖　　南	Hunan	166	114	3	1	25	13	33
广　　东	Guangdong	176	100	1	30	2	7	14
广　　西	Guangxi	25	11	2		20	3	34
海　　南	Hainan	1952	1424	34	78	273	163	712
贵　　州	Guizhou	11	1					
云　　南	Yunnan	83	43	2	10	6	10	218
陕　　西	Shaanxi	7	2	1				2
甘　　肃	Gansu	1	1					1
青　　海	Qinghai	1	1					
宁　　夏	Ningxia	301	83	3	28	7	69	164
新　　疆	Xinjiang	463	360	10	18	31	22	102

3-2-23 镇乡级特殊区域房屋（2010年）

地区名称 Name of Regions		住宅 Residential Building						
		本年建房户数（户）Number of Households of Building Housing This Year (unit)	在新址上新建 New Constr-uction on New Site	年末实有建筑面积（万平方米）Total Floor Space of Buildings (year-end) (10,000m²)	混合结构以上 Mixed Strucure and Above	本年竣工建筑面积（万平方米）Floor Space Completed This Year (10,000m²)	混合结构以上 Mixed Strucure and Above	人均住宅建筑面积（平方米）Per Capita Floor Space (m²)
全　国	National Total	151477	70057	10775.50	9227.45	1274.08	1248.34	29.15
河　北	Hebei	444	224	182.34	124.33	15.46	14.34	28.57
山　西	Shanxi	23	4	15.26	10.98	0.40	0.40	22.31
内 蒙 古	Inner Mongolia	326	119	148.37	127.53	2.67	2.23	23.15
辽　宁	Liaoning	280	17	159.53	97.34	3.15	2.65	25.87
吉　林	Jilin	42	27	18.50	13.90	0.47	0.47	20.46
黑 龙 江	Heilongjiang	123960	52939	4143.28	4110.71	972.21	972.21	26.61
上　海	Shanghai			910.60	841.46	44.60	44.60	74.77
江　苏	Jiangsu	408	346	199.45	142.55	26.05	26.05	36.09
浙　江	Zhejiang	110	110	19.11	18.37	0.18	0.18	30.09
安　徽	Anhui	4219	1280	242.32	188.68	6.78	6.39	33.23
福　建	Fujian	71	22	45.63	37.97	0.86	0.86	38.82
江　西	Jiangxi	345	174	388.17	322.88	5.89	5.31	35.71
山　东	Shandong	2000	2000	56.64	40.42	18.00	18.00	45.75
河　南	Henan	465	107	52.48	44.29	1.50	1.44	26.86
湖　北	Hubei	7430	5862	2407.64	1934.30	80.58	75.08	29.70
湖　南	Hunan	266	186	133.74	114.74	2.43	2.41	35.59
广　东	Guangdong	177	171	90.99	72.34	5.35	0.35	32.31
广　西	Guangxi	243	222	37.33	23.04	3.06	3.06	29.31
海　南	Hainan	5106	3382	825.62	536.15	52.52	43.63	21.86
贵　州	Guizhou	30	10	11.31	11.00	0.60	0.60	22.88
云　南	Yunnan	3053	1411	250.40	165.93	15.71	14.49	25.82
陕　西	Shaanxi	4	2	3.32	2.36	0.04	0.04	18.37
甘　肃	Gansu			1.20				31.17
青　海	Qinghai	2		0.58	0.58			22.83
宁　夏	Ningxia	1457	996	189.34	145.67	7.84	7.44	31.61
新　疆	Xinjiang	1016	446	242.35	99.93	7.73	6.11	25.67

3-2-23　Building Construction of Special District at Township Level（2010）

公共建筑 Public Building				生产性建筑 Industrial Building				地区名称
年末实有建筑面积（万平方米） Total Floor Space of Buildings（year-end）（10,000m²）	混合结构以上 Mixed Strucure and Above	本年竣工建筑面积（万平方米） Floor Space Completed This Year（10,000m²）	混合结构以上 Mixed Strucure and Above	年末实有建筑面积（万平方米） Total Floor Space of Buildings（year-end）（10,000m²）	混合结构以上 Mixed Strucure and Above	本年竣工建筑面积（万平方米） Floor Space Completed This Year（10,000m²）	混合结构以上 Mixed Strucure and Above	Name of Regions
2366.52	2130.43	121.66	118.09	4514.43	3971.06	309.69	266.03	全　国
30.02	24.16	1.28	0.92	63.50	46.11	9.02	7.98	河　北
7.05	3.10			7.10	2.05	0.10	0.10	山　西
53.74	42.04	0.68	0.55	28.10	19.33	1.57	1.37	内　蒙　古
61.00	42.48	1.59	1.59	92.28	69.40	1.40		辽　宁
4.03	3.75	0.18	0.18	5.50	3.60	0.10	0.10	吉　林
929.38	912.80	71.21	71.21	630.90	610.00	63.10	63.10	黑　龙　江
244.52	241.34	11.12	11.12	1625.05	1569.89	92.24	82.24	上　海
65.43	52.84	0.68	0.68	92.59	85.45	25.65	25.65	江　苏
1.15	1.10	0.10	0.10	43.90	30.10	18.40	11.60	浙　江
21.33	17.31	0.54	0.54	64.54	24.10	1.25	0.65	安　徽
8.85	8.12			11.64	9.42	0.10	0.10	福　建
43.56	33.81	2.02	1.50	54.82	33.31	10.18	3.61	江　西
14.02	14.02	0.92	0.92	831.20	831.20	3.50	3.50	山　东
7.82	7.60	0.13	0.13	5.29	4.14	0.30	0.26	河　南
503.43	448.16	24.42	23.62	641.02	402.01	63.89	47.96	湖　北
32.97	28.07	0.41	0.40	28.89	18.46	0.69	0.67	湖　南
18.47	16.64	0.81	0.15	64.25	59.09	10.30	10.21	广　东
9.03	2.82	0.28	0.28	9.89	8.04	2.74	2.74	广　西
213.03	151.83	2.50	1.67	120.11	72.16	1.45	0.66	海　南
1.00	1.00	0.10	0.10	1.20	1.20			贵　州
23.76	15.41	0.58	0.37	21.34	12.74	0.43	0.25	云　南
2.45	2.40			2.65	2.58			陕　西
2.75	1.25			2.30				甘　肃
								青　海
32.38	30.01	1.40	1.36	47.60	45.88	3.00	3.00	宁　夏
35.35	28.37	0.71	0.70	18.77	10.80	0.28	0.28	新　疆

3-2-24 镇乡级特殊区域建设投入（2010年）

地区名称		本年建设投入							
		合计	房屋 Building				小计	供水	燃气
			小计	住宅	公共建筑	生产性建筑			
Name of Regions		Total	Input of House	Residential Building	Public Building	Industrial Building	Input of Municipal Public Facilities	Water Supply	Gas Supply
全　国	**National Total**	**2013197**	**1523381**	**1097692**	**121623**	**304066**	**489816**	**38115**	**12248**
河　北	Hebei	32504	29018	19820	920	8278	3486	303	154
山　西	Shanxi	324	316	276		40	8		1
内　蒙　古	Inner Mongolia	7756	4976	2785	689	1502	2780	801	
辽　宁	Liaoning	13072	5180	2032	2028	1120	7892	275	
吉　林	Jilin	893	623	478	84	61	270	1	
黑　龙　江	Heilongjiang	996904	820971	719096	58744	43131	175933	16020	2328
上　海	Shanghai	292253	260966	110626	25258	125082	31287	5361	3614
江　苏	Jiangsu	156237	61306	23538	620	37148	94931	402	14
浙　江	Zhejiang	26866	8206	126	80	8000	18660	45	
安　徽	Anhui	14185	10477	9235	306	936	3708	176	460
福　建	Fujian	877	560	520		40	317	54	
江　西	Jiangxi	16887	10846	3059	1386	6401	6041	687	7
山　东	Shandong	30053	28130	21600	1530	5000	1923	25	
河　南	Henan	1813	1702	1425	67	210	111	20	
湖　北	Hubei	243487	161276	84722	21743	54811	82211	8408	5223
湖　南	Hunan	3804	2731	1782	456	493	1073	68	
广　东	Guangdong	15515	13861	6681	990	6190	1654	111	
广　西	Guangxi	18068	4261	2394	171	1696	13807	295	
海　南	Hainan	78458	58464	54795	2793	876	19994	3411	76
贵　州	Guizhou	416	390	310	80		26		
云　南	Yunnan	16301	15460	14432	546	482	841	188	
陕　西	Shaanxi	22	21	21			1		
甘　肃	Gansu								
青　海	Qinghai								
宁　夏	Ningxia	35829	16596	12109	2313	2174	19233	960	371
新　疆	Xinjiang	10673	7044	5830	819	395	3629	504	

3-2-24 Construction Input of Special District at Township Level (2010)

计量单位：万元　Measurement Unit：10,000 RMB

Construction Input of This Year									地区名称
市政公用设施　Municipal Public Facilities									
集中供热 Central Heating	道路桥梁 Road and Bridge	排水 Drainage	污水处理 Wastewater Treatment	防洪 Flood Control	园林绿化 Lands-caping	环境卫生 Environ-mental Sanitation	垃圾处理 Garbage Treatment	其他 Other	Name of Regions
50857	**220326**	**41163**	**9043**	**7933**	**54693**	**19306**	**4029**	**45175**	全　　国
211	1783	334	125	19	312	289	88	81	河　　北
								7	山　　西
130	888			584	75	297	2	5	内 蒙 古
127	5602	94		2	1209	123	69	460	辽　　宁
1	1	20		3	154	50		40	吉　　林
44157	41077	17189	124	37	22917	7528	607	24680	黑 龙 江
	9589	4733	2837	12	5696	1965	980	317	上　　海
3	82179	516	94	406	11032	274	131	105	江　　苏
	4053	5018	2000	5000	2001	2502	1	41	浙　　江
	2301	203	20	65	232	128	28	143	安　　徽
	136	30		25	6	17	13	49	福　　建
	1998	389	41	188	2261	242	144	269	江　　西
	555	1170	16	3	130	22	4	18	山　　东
	82				2	6		1	河　　南
5164	33531	7008	1284	991	6169	3241	1113	12476	湖　　北
	380	43		1	82	81	21	418	湖　　南
	225	350		236	78	119	72	535	广　　东
	13125	5			300	48	48	34	广　　西
	8420	2608	1968	87	1112	725	127	3555	海　　南
		10				11		5	贵　　州
	255	75		24	98	71	14	130	云　　南
					1				陕　　西
									甘　　肃
									青　　海
784	13003	1272	534	169	575	1253	535	846	宁　　夏
280	1143	96		81	251	314	32	960	新　　疆

3-2-25 村庄人口及面积（2010年）

地区名称 Name of Regions		村庄现状 用地面积 （公顷） Area of Villages （hectare）	行政村 个　数 （个） Number of Administrative Villages（unit）	自然村 个　数 （个） Number of Natural Villages （unit）	按人口分组	
					200人以下 Under 200 （persons）	200～600人 200～600 （persons）
全　国	National Total	13991998	563542	2729820	1311448	899847
北　京	Beijing	97181	3832	4197	945	1392
天　津	Tianjin	72622	3392	2177	75	730
河　北	Hebei	854243	42338	57143	15174	16168
山　西	Shanxi	376895	27799	45786	17147	14021
内　蒙　古	Inner Mongolia	223596	10729	39773	16814	16300
辽　宁	Liaoning	489056	11152	52420	14734	24713
吉　林	Jilin	391145	8933	36923	9669	17376
黑　龙　江	Heilongjiang	502852	9400	36127	5883	18882
上　海	Shanghai	83691	1673	26968	17901	7089
江　苏	Jiangsu	728154	15075	152817	76789	51899
浙　江	Zhejiang	366586	24329	89197	44548	28899
安　徽	Anhui	780384	16495	229034	129991	66814
福　建	Fujian	250799	12613	65917	29676	22339
江　西	Jiangxi	498450	17150	163632	93674	50204
山　东	Shandong	1197145	68870	88168	10234	34003
河　南	Henan	999811	44399	196664	86425	59051
湖　北	Hubei	559659	26647	155115	78735	46106
湖　南	Hunan	919321	39699	162437	104901	31043
广　东	Guangdong	917356	18203	150495	68099	55292
广　西	Guangxi	510272	14734	183821	87146	60189
海　南	Hainan	117553	3878	17597	8643	6271
重　庆	Chongqing	210907	8984	71052	23489	35149
四　川	Sichuan	757090	45673	276032	176307	84404
贵　州	Guizhou	451344	16942	97648	40979	31212
云　南	Yunnan	491316	13155	138749	72487	46032
陕　西	Shaanxi	414862	24698	73166	33115	24945
甘　肃	Gansu	336894	15695	81426	35680	33672
青　海	Qinghai	53670	4047	6601	2553	2640
宁　夏	Ningxia	64778	2335	13485	4792	7251
新　疆	Xinjiang	245117	8724	13291	4510	4629
新疆兵团	Xinjiang Produc- tion and Constru- ction Corps	29248	1949	1962	333	1132

3-2-25 Population and Area of Villages （2010）

Grouped by Population		村庄户籍人口（万人）	村庄暂住人口（万人）	地区名称
600~1000 人 600~1000 （persons）	1000 人以上 Above 1000 （persons）	Registered Permanent Population （10,000 persons）	Temporary Population （10,000 persons）	Name of Regions
344522	174003	76879.47	2859.31	全　国
964	896	323.42	215.11	北　京
597	775	291.46	45.88	天　津
11930	13871	4349.90	56.81	河　北
8325	6293	1955.78	76.52	山　西
4572	2087	1269.15	57.73	内 蒙 古
7959	5014	1834.32	50.37	辽　宁
6685	3193	1339.45	27.87	吉　林
6901	4461	1794.78	33.86	黑 龙 江
1826	152	283.03	293.17	上　海
15826	8303	3639.71	291.84	江　苏
10081	5669	2240.12	382.13	浙　江
24599	7630	4435.84	65.77	安　徽
9663	4239	1843.67	94.66	福　建
14763	4991	2919.68	66.59	江　西
26344	17587	5542.98	132.89	山　东
33603	17585	6598.20	92.47	河　南
20058	10216	3448.14	61.42	湖　北
17081	9412	4308.57	73.86	湖　南
18208	8896	4321.94	397.93	广　东
25263	11223	3840.04	38.81	广　西
2072	611	516.23	11.90	海　南
9469	2945	2066.48	43.96	重　庆
10229	5092	5839.73	53.14	四　川
20278	5179	2727.27	39.07	贵　州
14510	5720	3279.06	43.58	云　南
9612	5494	2235.36	46.99	陕　西
8143	3931	1827.64	14.74	甘　肃
907	501	318.15	7.29	青　海
1113	329	375.21	6.48	宁　夏
2580	1572	1001.33	26.90	新　疆
361	136	112.83	9.57	新疆兵团

3-2-26 村庄规划及整治 (2010 年)

地区名称 Name of Regions		村庄规划		
		行政村　Administrative Village		占 全 部 行政村比例 （%） Percentage of Tatol （%）
		有建设规划的 行政村个数 （个） Number of Administrative Villages with Construction Plan （unit）	本年编制 Compiled This Year	
全　国	**National Total**	**269849**	**40986**	**47. 88**
北　京	Beijing	2958	646	77. 19
天　津	Tianjin	2439	218	71. 90
河　北	Hebei	16905	3463	39. 93
山　西	Shanxi	6829	1057	24. 57
内 蒙 古	Inner Mongolia	3384	139	31. 54
辽　宁	Liaoning	4769	444	42. 76
吉　林	Jilin	2617	267	29. 30
黑 龙 江	Heilongjiang	4228	412	44. 98
上　海	Shanghai	816	161	48. 77
江　苏	Jiangsu	13229	1032	87. 75
浙　江	Zhejiang	16818	1993	69. 13
安　徽	Anhui	10588	3327	64. 19
福　建	Fujian	8233	793	65. 27
江　西	Jiangxi	14944	663	87. 14
山　东	Shandong	48495	6550	70. 42
河　南	Henan	26234	4799	59. 09
湖　北	Hubei	19631	4730	73. 67
湖　南	Hunan	9157	1032	23. 07
广　东	Guangdong	7064	1196	38. 81
广　西	Guangxi	3678	192	24. 96
海　南	Hainan	803	117	20. 71
重　庆	Chongqing	3334	532	37. 11
四　川	Sichuan	11933	2234	26. 13
贵　州	Guizhou	1902	538	11. 23
云　南	Yunnan	3800	1171	28. 89
陕　西	Shaanxi	12217	1760	49. 47
甘　肃	Gansu	4610	534	29. 37
青　海	Qinghai	1994	445	49. 27
宁　夏	Ningxia	1674	89	71. 69
新　疆	Xinjiang	3321	281	38. 07
新疆兵团	Xinjiang Produc- tion and Constru- ction Corps	1245	171	63. 88

3-2-26 Planning and Rehabilitation of Villages（2010）

Planning of Villages			村庄整治 Rehabilitation of Villages	地区名称
自然村 Natural Village			各级各类村庄 整治个数合计 （个）	
有建设规划的 自然村个数 （个） Number of Natural Villages with Construction Plan （unit）	本年编制 Compiled This Year	占 全 部 自然村比例 （%） Percentage of Tatol （%）	Tatol Number of Villages Rehabilitated （unit）	Name of Regions
525239	69102	19.24	152043	全　　国
1280	278	30.50	2802	北　　京
1082	80	49.70	1428	天　　津
11414	2409	19.97	5295	河　　北
1850	300	4.04	4738	山　　西
4661	272	11.72	1871	内 蒙 古
6146	450	11.72	3415	辽　　宁
6612	605	17.91	3698	吉　　林
7458	827	20.64	2436	黑 龙 江
5530	194	20.51	856	上　　海
45704	3647	29.91	7123	江　　苏
32489	3561	36.42	13241	浙　　江
33535	7404	14.64	6786	安　　徽
8077	778	12.25	6009	福　　建
91141	5145	55.70	8578	江　　西
43888	6160	49.78	27966	山　　东
48301	7621	24.56	6364	河　　南
49168	8090	31.70	9491	湖　　北
9747	1388	6.00	3923	湖　　南
25155	3453	16.71	4800	广　　东
15712	762	8.55	2283	广　　西
2365	241	13.44	1353	海　　南
7013	1120	9.87	1766	重　　庆
11255	4001	4.08	7938	四　　川
3379	1153	3.46	2457	贵　　州
14320	4643	10.32	4016	云　　南
23534	2976	32.17	5749	陕　　西
5554	675	6.82	2236	甘　　肃
299	79	4.53	621	青　　海
5543	464	41.10	1046	宁　　夏
2197	182	16.53	1170	新　　疆
830	144	42.30	588	新疆兵团

3-2-27 村庄公共设施（一）（2010 年）

地区名称 Name of Regions		年生活用水量 （万立方米） Annual Domestic Water Consumption （10,000m³）	用水人口 （万人） Population with Access to Water （10,000persons）	用水普及率 （%） Water Coverage Rate （%）	人均日生活用水量 （升） Per Capita Daily Water Consumption （liter）
全　国	**National Total**	**1156897**	**43135.60**	**54.10**	**73.48**
北　京	Beijing	14998	492.98	91.54	83.35
天　津	Tianjin	8825	301.23	89.30	80.27
河　北	Hebei	64430	3329.16	75.55	53.02
山　西	Shanxi	28182	1592.80	78.37	48.47
内 蒙 古	Inner Mongolia	8410	576.47	43.45	39.97
辽　宁	Liaoning	21600	823.45	43.69	71.86
吉　林	Jilin	9838	443.27	32.42	60.81
黑 龙 江	Heilongjiang	22169	947.24	51.80	64.12
上　海	Shanghai	21429	552.54	95.89	106.26
江　苏	Jiangsu	102616	3596.81	91.49	78.16
浙　江	Zhejiang	60840	1976.22	75.36	84.35
安　徽	Anhui	36977	1594.66	35.42	63.53
福　建	Fujian	49003	1347.07	69.50	99.66
江　西	Jiangxi	26077	846.43	28.34	84.41
山　东	Shandong	117550	4816.12	84.85	66.87
河　南	Henan	60353	3093.17	46.23	53.46
湖　北	Hubei	37585	1455.44	41.47	70.75
湖　南	Hunan	39155	1340.94	30.60	80.00
广　东	Guangdong	124664	2893.62	61.31	118.03
广　西	Guangxi	52382	1693.84	43.67	84.73
海　南	Hainan	13034	396.67	75.11	90.02
重　庆	Chongqing	20906	753.69	35.71	75.99
四　川	Sichuan	40688	1370.36	23.25	81.35
贵　州	Guizhou	31711	1314.47	47.52	66.10
云　南	Yunnan	63851	1892.10	56.95	92.46
陕　西	Shaanxi	32757	1457.68	63.87	61.57
甘　肃	Gansu	15521	932.07	50.59	45.62
青　海	Qinghai	5985	256.95	78.95	63.82
宁　夏	Ningxia	4994	212.06	55.56	64.52
新　疆	Xinjiang	16698	726.81	70.69	62.94
新疆兵团	Xinjiang Produc- tion and Constru- ction Corps	3670	109.28	89.28	92.02

3-2-27 Public Facilities of Villages I （2010）

本年新增供水管道长度 （公里） Length of Water Supply Pipelines Added This Year （km）	本年新增排水管道沟渠长度 （公里） Length of Drains Added This Year （km）	本年新增铺装道路长度 （公里） Length of Paved Roads Added This Year （km）	地区名称 Name of Regions
102052. 44	**33198. 81**	**108027. 02**	全　　国
955. 79	669. 92	1551. 10	北　　京
1182. 52	213. 54	572. 28	天　　津
4569. 84	650. 01	3336. 35	河　　北
1994. 64	404. 21	1723. 08	山　　西
3261. 06	48. 35	1337. 84	内　蒙　古
2407. 35	591. 41	2548. 51	辽　　宁
1638. 20	215. 38	1603. 59	吉　　林
3458. 37	368. 55	2190. 98	黑　龙　江
299. 78	241. 14	617. 37	上　　海
7568. 88	2083. 97	6103. 64	江　　苏
5550. 38	2477. 81	3719. 65	浙　　江
4580. 98	2084. 22	5752. 86	安　　徽
2473. 61	657. 16	2126. 92	福　　建
2248. 46	1947. 02	4592. 27	江　　西
11697. 45	5581. 52	8994. 26	山　　东
5702. 63	1757. 30	7846. 79	河　　南
4554. 22	2847. 74	8767. 95	湖　　北
3841. 38	1046. 99	5659. 68	湖　　南
3342. 43	1415. 93	4352. 13	广　　东
3220. 01	475. 24	2927. 24	广　　西
635. 11	165. 76	664. 87	海　　南
4062. 47	1698. 72	5443. 27	重　　庆
4668. 37	2001. 90	8947. 27	四　　川
3438. 21	404. 67	2106. 41	贵　　州
4291. 80	944. 34	3903. 85	云　　南
3540. 48	1332. 22	3837. 72	陕　　西
3400. 96	312. 74	2452. 81	甘　　肃
427. 92	204. 00	1356. 49	青　　海
768. 86	195. 35	1093. 68	宁　　夏
1946. 82	125. 80	1665. 72	新　　疆
323. 46	35. 90	230. 44	新疆兵团

3-2-28 村庄公共设施（二）（2010年）

地区名称 Name of Regions		集中供水的行政村 Administrative Villages With Access to Piped Water		对生活污水进行处理的行政村 Natural Villages with Domestic Wastewater Treated	
		个数 （个） Number （unit）	比例 （%） Rate （%）	个数 （个） Number （unit）	比例 （%） Rate （%）
全　国	**National Total**	**294749**	**52.3**	**33807**	**6.0**
北　京	Beijing	3195	83.4	832	21.7
天　津	Tianjin	2868	84.6	485	14.3
河　北	Hebei	27002	63.8	776	1.8
山　西	Shanxi	18821	67.7	645	2.3
内蒙古	Inner Mongolia	4366	40.7	172	1.6
辽　宁	Liaoning	5175	46.4	288	2.6
吉　林	Jilin	4008	44.9	315	3.5
黑龙江	Heilongjiang	6260	66.6	10	0.1
上　海	Shanghai	1648	98.5	813	48.6
江　苏	Jiangsu	13643	90.5	2954	19.6
浙　江	Zhejiang	17218	70.8	7673	31.5
安　徽	Anhui	5558	33.7	875	5.3
福　建	Fujian	9021	71.5	761	6.0
江　西	Jiangxi	6093	35.5	917	5.4
山　东	Shandong	58119	84.4	6607	9.6
河　南	Henan	18037	40.6	898	2.0
湖　北	Hubei	10700	40.2	1011	3.8
湖　南	Hunan	7812	19.7	783	2.0
广　东	Guangdong	9251	50.8	1832	10.1
广　西	Guangxi	5194	35.3	112	0.8
海　南	Hainan	2246	57.9	99	2.6
重　庆	Chongqing	3855	42.9	465	5.2
四　川	Sichuan	8122	17.8	2648	5.8
贵　州	Guizhou	7668	45.3	333	2.0
云　南	Yunnan	7802	59.3	276	2.1
陕　西	Shaanxi	13059	52.9	750	3.0
甘　肃	Gansu	6529	41.6	107	0.7
青　海	Qinghai	2354	58.2	24	0.6
宁　夏	Ningxia	1214	52.0	83	3.6
新　疆	Xinjiang	6256	71.7	111	1.3
新疆兵团	Xinjiang Production and Construction Corps	1655	84.9	152	7.8

3-2-28　Public Facilities of Villages Ⅱ　(2010)

有生活垃圾收集点的行政村 Natural Villages with Domestic Garbge Collected		对生活垃圾进行处理的行政村 Natural Villages with Domestic Garbge Treated		地区名称
个数 （个） Number （unit）	比例 （%） Rate （%）	个数 （个） Number （unit）	比例 （%） Rate （%）	Name of Regions
212025	**37.6**	**117095**	**20.8**	全　　国
3593	93.8	2917	76.1	北　　京
2437	71.9	1833	54.0	天　　津
11363	26.8	3353	7.9	河　　北
17345	62.4	3933	14.2	山　　西
1093	10.2	326	3.0	内 蒙 古
4300	38.6	1920	17.2	辽　　宁
2728	30.5	1085	12.2	吉　　林
4982	53.0	141	1.5	黑 龙 江
1623	97.0	1323	79.1	上　　海
10440	69.3	8574	56.9	江　　苏
19493	80.1	16061	66.0	浙　　江
4028	24.4	2443	14.8	安　　徽
9835	78.0	7166	56.8	福　　建
9438	55.0	6012	35.1	江　　西
36775	53.4	24558	35.7	山　　东
12553	28.3	4401	9.9	河　　南
7863	29.5	3771	14.2	湖　　北
5816	14.7	3246	8.2	湖　　南
9037	49.7	6323	34.7	广　　东
3513	23.8	1187	8.1	广　　西
1119	28.9	667	17.2	海　　南
1757	19.6	1034	11.5	重　　庆
10740	23.5	6975	15.3	四　　川
3137	18.5	1308	7.7	贵　　州
2876	21.9	1257	9.6	云　　南
7431	30.1	2608	10.6	陕　　西
2311	14.7	548	3.5	甘　　肃
363	9.0	200	4.9	青　　海
976	41.8	419	17.9	宁　　夏
1744	20.0	968	11.1	新　　疆
1316	67.5	538	27.6	新疆兵团

3-2-29 村庄房屋(2010 年)

地区名称		住宅 Residential Building					
Name of Regions		本年建房户数(户) Number of Households of Building Housing This Year (unit)	在新址上新建 New Constr-uction on New Site	年末实有建筑面积(万平方米) Total Floor Space of Buildings (year-end) (10,000m²)	混合结构以上 Mixed Strucure and Above	本年竣工建筑面积(万平方米) Floor Space Completed This Year (10,000m²)	混合结构以上 Mixed Strucure and Above	人均住宅建筑面积(平方米) Per Capita Floor Space (m²)
全 国	National Total	4042449	1674423	2425889.6	1505017.5	45647.1	39872.1	31.55
北 京	Beijing	17241	3180	14377.5	10560.8	209.8	176.4	44.45
天 津	Tianjin	13086	6203	8917.2	5545.7	108.1	89.6	30.59
河 北	Hebei	140301	54812	121329.1	68010.6	1451.9	1176.7	27.89
山 西	Shanxi	83623	30707	53028.3	34882.1	865.0	737.9	27.11
内 蒙 古	Inner Mongolia	62347	21347	28528.8	24715.1	364.8	335.4	22.48
辽 宁	Liaoning	51084	11622	42009.4	15988.4	532.2	349.2	22.90
吉 林	Jilin	98255	12236	28489.6	12386.4	724.9	415.1	21.27
黑 龙 江	Heilongjiang	220531	14547	35700.0	27013.2	1914.2	1914.2	19.89
上 海	Shanghai	11489	4387	14861.7	13560.6	202.9	201.8	52.51
江 苏	Jiangsu	145613	72561	149911.7	103671.7	2005.9	1906.6	41.19
浙 江	Zhejiang	98597	48479	113701.5	85738.4	2005.6	1976.0	50.76
安 徽	Anhui	196468	101402	134099.4	86889.8	2363.2	2052.1	30.23
福 建	Fujian	51648	25914	66652.1	41560.9	991.5	931.4	36.15
江 西	Jiangxi	127421	65319	109014.3	76437.4	1988.8	1917.7	37.34
山 东	Shandong	486718	239280	170571.8	101890.1	4846.5	4249.9	30.77
河 南	Henan	183853	62665	200044.1	139022.4	2496.0	2330.5	30.32
湖 北	Hubei	127135	66410	119084.8	85702.6	1838.6	1710.9	34.54
湖 南	Hunan	120047	69161	150977.3	114557.2	1887.3	1780.0	35.04
广 东	Guangdong	118693	70479	118248.7	76599.5	2280.3	2030.6	27.36
广 西	Guangxi	234301	104821	96676.1	54041.3	3159.7	2908.5	25.18
海 南	Hainan	33231	14341	10729.4	2810.6	377.7	291.1	20.78
重 庆	Chongqing	91124	47957	84758.6	59452.2	1737.2	1289.8	41.02
四 川	Sichuan	299168	144173	213988.7	131900.3	3305.1	2979.7	36.64
贵 州	Guizhou	206599	97049	66889.4	33773.1	1698.7	1497.3	24.53
云 南	Yunnan	186950	88774	120156.3	28849.4	2035.2	1336.3	36.64
陕 西	Shaanxi	122993	59364	70384.8	42264.9	1202.9	1140.9	31.49
甘 肃	Gansu	242935	52993	43509.1	15446.7	1513.8	1251.9	23.81
青 海	Qinghai	43300	16076	7074.5	2078.1	257.2	171.9	22.24
宁 夏	Ningxia	30844	11777	8389.6	1373.2	167.7	65.5	22.36
新 疆	Xinjiang	180335	49790	20883.8	6737.3	998.3	606.6	20.86
新疆兵团	Xinjiang Produc-tion and Constru-ction Corps	16519	6597	2902.3	1557.4	116.2	50.6	25.72

3-2-29 Building Construction of Villages （2010）

公共建筑 Public Building				生产性建筑 Industrial Building				地区名称
年末实有建筑面积（万平方米） Total Floor Space of Buildings（year-end）（10,000m²）	混合结构以上 Mixed Strucure and Above	本年竣工建筑面积（万平方米） Floor Space Completed This Year（10,000m²）	混合结构以上 Mixed Strucure and Above	年末实有建筑面积（万平方米） Total Floor Space of Buildings（year-end）（10,000m²）	混合结构以上 Mixed Strucure and Above	本年竣工建筑面积（万平方米） Floor Space Completed This Year（10,000m²）	混合结构以上 Mixed Strucure and Above	Name of Regions
105318.3	**74161.3**	**4112.8**	**3696.2**	**164331.7**	**124391.4**	**9030.3**	**7613.3**	全　国
1966.6	1863.6	35.2	33.7	4763.3	4262.0	82.8	64.0	北　京
539.4	430.9	35.9	33.9	3072.1	2582.8	135.2	100.1	天　津
4510.1	3014.0	134.2	113.0	8787.7	6353.4	543.4	433.5	河　北
4958.7	3471.2	171.6	147.9	5250.1	3590.4	206.9	172.7	山　西
1240.6	897.4	51.6	47.5	1181.7	818.3	42.3	37.7	内蒙古
2217.7	1317.0	42.1	36.7	3961.4	2664.9	330.8	282.5	辽　宁
757.6	419.4	22.5	17.8	1270.2	726.7	42.3	29.2	吉　林
1626.3	1402.0	29.5	29.5	1840.6	1635.9	98.2	98.2	黑龙江
886.5	859.3	27.3	27.3	5915.5	5674.3	183.9	182.9	上　海
5364.1	3929.4	262.8	253.4	18077.4	15796.1	1259.2	1173.7	江　苏
4830.3	4177.8	211.3	209.3	19346.8	16427.4	886.3	846.7	浙　江
5144.0	3460.5	283.6	258.9	4619.6	3186.4	335.6	277.0	安　徽
4684.5	3459.0	120.0	107.9	6404.2	4768.2	386.9	344.5	福　建
5035.7	3929.8	179.4	169.8	4075.5	2930.9	213.6	129.7	江　西
11602.7	8251.4	594.5	550.1	16903.5	12861.3	1359.9	1095.5	山　东
6626.8	4787.5	249.1	207.1	9235.4	7066.1	472.8	349.8	河　南
4746.2	3712.5	219.9	198.8	4123.0	3052.8	465.5	427.4	湖　北
4724.0	3687.0	195.0	185.2	4387.3	3636.9	271.9	244.5	湖　南
6972.0	5647.0	175.2	158.7	14072.7	10973.8	625.1	489.0	广　东
3537.3	2212.3	99.5	96.8	2052.4	1127.6	116.1	96.7	广　西
517.8	320.0	70.0	27.0	289.5	118.0	14.6	9.6	海　南
2202.1	1663.4	91.4	86.9	3681.3	2592.9	116.9	105.4	重　庆
3429.8	2077.2	169.5	154.6	5912.2	3089.1	236.4	172.2	四　川
2826.8	1884.8	145.5	126.2	1307.3	925.3	119.3	92.4	贵　州
6475.5	2526.8	182.7	158.1	4468.8	1588.8	142.1	86.5	云　南
2988.1	2098.0	102.4	91.7	3896.1	3176.5	132.9	105.2	陕　西
2598.0	1315.6	123.9	98.6	2853.0	1303.6	92.4	68.6	甘　肃
292.6	161.7	13.0	11.8	149.4	120.2	27.0	26.4	青　海
356.4	189.5	14.2	10.1	438.6	212.0	24.3	18.1	宁　夏
1429.2	857.6	49.2	38.0	1497.6	745.2	42.4	33.6	新　疆
231.1	137.9	11.2	10.1	497.8	384.0	23.5	20.1	新疆兵团

3-2-30 村庄建设投入（2010 年）

地区名称 Name of Regions			本年建设投入			
				房屋　Building		
		合计 Total	小计 Input of House	住宅 Residential Building	公共建筑 Public Building	生产性建筑 Industrial Building
全　国	National Total	**56916164**	**45862012**	**34118002**	**3809089**	**7934921**
北　京	Beijing	885341	389007	269689	45855	73463
天　津	Tianjin	436101	332672	134432	72790	125450
河　北	Hebei	1789041	1593403	1076235	112838	404330
山　西	Shanxi	1093374	863103	607078	124878	131147
内 蒙 古	Inner Mongolia	604720	408311	305458	61565	41288
辽　宁	Liaoning	1144343	947643	487755	51430	408458
吉　林	Jilin	837084	688559	618177	23237	47145
黑 龙 江	Heilongjiang	1794175	1576434	1478373	24139	73922
上　海	Shanghai	1081682	773484	217374	49994	506116
江　苏	Jiangsu	4127853	3128530	1696648	268157	1163725
浙　江	Zhejiang	3495077	2694472	1624896	211797	857779
安　徽	Anhui	2701984	2240861	1697501	247975	295385
福　建	Fujian	1527616	1198388	768261	110572	319555
江　西	Jiangxi	1630426	1309255	1089260	108067	111928
山　东	Shandong	7151985	5886125	4152099	569343	1164683
河　南	Henan	2721325	2121631	1587854	185092	348685
湖　北	Hubei	2280833	1776212	1298675	163134	314403
湖　南	Hunan	2016412	1552813	1214552	153451	184810
广　东	Guangdong	2855704	2240623	1623211	191263	426149
广　西	Guangxi	2219924	2050494	1894355	82330	73809
海　南	Hainan	378690	325088	306087	13965	5036
重　庆	Chongqing	1785759	1379762	1213865	74370	91527
四　川	Sichuan	3807101	3058980	2635512	226676	196792
贵　州	Guizhou	1499244	1359854	1118260	121639	119955
云　南	Yunnan	2235769	1862185	1525622	192252	144311
陕　西	Shaanxi	1405890	1130813	921800	99497	109516
甘　肃	Gansu	1648443	1510182	1310542	116839	82801
青　海	Qinghai	379517	333807	287041	29790	16976
宁　夏	Ningxia	328295	234789	192918	16518	25353
新　疆	Xinjiang	901655	766752	679906	45921	40925
新疆兵团	Xinjiang Production and Construction Corps	150801	127780	84566	13715	29499

3-2-30　Construction Input of Villages（2010）

计量单位：万元　Measurement Unit：10,000 RMB

| Construction Input of This Year | | | | | | | | 地区名称 |
| 市政公用设施　Municipal Public Facilities | | | | | | | | |
小计 Input of Municipal Public Facilities	供水 Water Supply	道路桥梁 Road and Bridge	排水 Drainage	防洪 Flood Control	园林绿化 Landscaping	环境卫生 Environmental Sanitation	其他 Other	Name of Regions
11054152	**1940801**	**5280598**	**920856**	**583921**	**755722**	**646009**	**926245**	全　国
496334	78954	184312	43057	9133	58643	71717	50518	北　京
103429	23844	27299	5487	421	13266	9887	23225	天　津
195638	31266	114531	11306	4100	7821	10837	15777	河　北
230271	30411	121252	9714	5787	31606	16519	14982	山　西
196409	27817	56327	6391	1110	88078	4769	11917	内 蒙 古
196700	36318	92265	11687	17940	8796	12396	17298	辽　宁
148525	36375	69974	5343	11509	5196	7043	13085	吉　林
217741	25791	130245	3943	1839	14069	14531	27323	黑 龙 江
308198	31818	106497	87562	11545	22018	26260	22498	上　海
999323	183922	425603	93741	49725	90217	70379	85736	江　苏
800605	163459	284215	94242	78079	54454	73414	52742	浙　江
461123	73831	246182	30688	39783	20204	16483	33952	安　徽
329228	61066	157070	24477	20117	18019	24407	24072	福　建
321171	38517	169347	23401	29167	23191	15253	22295	江　西
1265860	155539	580297	120919	62902	137061	74907	134235	山　东
599694	262071	260514	17716	8249	12651	13267	25226	河　南
504621	140240	220055	49989	19805	15790	17688	41054	湖　北
463599	50065	299570	17500	19431	11428	11119	54486	湖　南
615081	63253	232917	106157	109625	32226	44446	26457	广　东
169430	30266	112969	9608	5961	2420	2347	5859	广　西
53602	7055	32066	4011	1782	1087	2259	5342	海　南
405997	73432	234324	21684	7212	19765	10109	39471	重　庆
748121	92258	432834	61422	23459	29389	45175	63584	四　川
139390	22928	68353	6085	2972	2297	9742	27013	贵　州
373584	73125	202469	21021	21665	13370	13718	28216	云　南
275077	47683	161738	19917	10510	9096	11494	14639	陕　西
138261	37313	72140	6205	2758	2333	2755	14757	甘　肃
45710	6848	32327	1408	726	829	2005	1567	青　海
93506	7971	65287	3225	748	4877	5875	5523	宁　夏
134903	22640	78367	1730	4221	3861	3745	20339	新　疆
23021	4725	9252	1220	1640	1664	1463	3057	新疆兵团

主要指标解释

城市和县城部分

人口密度
指城区内的人口疏密程度。计算公式：

$$人口密度 = \frac{城区人口 + 城区暂住人口}{城区面积}$$

人均日生活用水量
指每一用水人口平均每天的生活用水量。计算公式：

$$人均日生活用水量 = \frac{居民家庭用水量 + 公共服务用水量}{用水人口} \div 报告期日历日数 \times 1000 升$$

用水普及率
指报告期末城区内用水人口与总人口的比率。计算公式：

$$用水普及率 = \frac{城区用水人口}{城区人口 + 城区暂住人口} \times 100\%$$

燃气普及率
指报告期末城区内使用燃气的人口与总人口的比率。计算公式：

$$燃气普及率 = \frac{城区用气人口}{城区人口 + 城区暂住人口} \times 100\%$$

人均道路面积
指报告期末城区内平均每人拥有的道路面积。计算公式：

$$人均道路面积 = \frac{城区道路面积}{城区人口 + 城区暂住人口}$$

路网密度
指报告期末城区（建成区）内道路分布的稀疏程度。计算公式：

$$路网密度 = \frac{道路长度}{城区（建成区）面积}$$

排水管道密度
指报告期末城区（建成区）内的排水管道分布的疏密程度。计算公式：

$$排水管道密度 = \frac{排水管道长度}{城区（建成区）面积}$$

污水处理率
指报告期内污水处理总量与污水排放总量的比率。计算公式：

$$污水处理率 = \frac{污水处理总量}{污水排放总量} \times 100\%$$

污水处理厂集中处理率
指报告期内通过污水处理厂处理的污水量与污水排放总量的比率。计算公式：

$$污水处理厂集中处理率 = \frac{污水处理厂处理的污水量}{污水排放总量} \times 100\%$$

人均公园绿地面积
指报告期末城区内平均每人拥有的公园绿地面积。计算公式：

$$人均公园绿地面积 = \frac{城区公园绿地面积}{城区人口 + 城区暂住人口}$$

建成区绿化覆盖率

指报告期末建成区内绿化覆盖面积与区域面积的比率。计算公式：

$$建成区绿化覆盖率 = \frac{建成区绿化覆盖面积}{建成区面积} \times 100\%$$

建成区绿地率

指报告期末建成区内绿地面积与建成区面积的比率。计算公式：

$$建成区绿地率 = \frac{建成区绿地面积}{建成区面积} \times 100\%$$

生活垃圾处理率

指报告期内生活垃圾处理量与生活垃圾产生量的比率。计算公式：

$$生活垃圾处理率 = \frac{生活垃圾处理量}{生活垃圾产生量} \times 100\%$$

生活垃圾无害化处理率

指报告期内生活垃圾无害化处理量与生活垃圾产生量的比率。计算公式：

$$生活垃圾无害化处理率 = \frac{生活垃圾无害化处理量}{生活垃圾产生量} \times 100\%$$

在统计时，由于生活垃圾产生量不易取得，用清运量代替。

市区面积

指城市行政区域内的全部土地面积（包括水域面积）。地级以上城市行政区不包括市辖县（市）。

城区面积

指城市的城区包括：（1）街道办事处所辖地域；（2）城市公共设施、居住设施和市政公用设施等连接到的其他镇（乡）地域；（3）常住人口在3000人以上独立的工矿区、开发区、科研单位、大专院校等特殊区域。

连接是指两个区域间可观察到的已建成或在建的公共设施、居住设施、市政设施和其他设施相连，中间没有被水域、农业用地、园地、林地、牧草地等非建设用地隔断。

对于组团式和散点式的城市，城区由多个分散的区域组成，或有个别区域远离主城区，应将这些分散的区域相加作为城区。

城区人口

指划定的城区（县城）范围的人口数。按公安部门的户籍统计为准。

暂住人口

指离开常住户口地的市区或乡、镇，到本市居住一年以上的人员。一般按公安部门的暂住人口统计为准。

建成区面积

城市行政区内实际已成片开发建设、市政公用设施和公共设施基本具备的区域。对核心城市，它包括集中连片的部分以及分散的若干个已经成片建设起来，市政公用设施和公共设施基本具备的地区；对一城多镇来说，它包括由几个连片开发建设起来的，市政公用设施和公共设施基本具备的地区组成。因此建成区范围，一般是指建成区外轮廓线所能包括的地区，也就是这个城市实际建设用地所达到的范围。

城市建设用地面积

指城市用地中除水域与其他用地之外的各项用地面积，即居住用地、公共设施用地、工业用地、仓储用地、对外交通用地、道路广场用地、市政公用设施用地、绿地和特殊用地九大类用地。

城市维护建设资金

指用于城市维护和建设的资金，资金来源包括城市维护建设税、公用事业附加、中央和地方财政拨款、国内贷款、债券收入、利用外资、土地出让转让收入、资产置换收入、市政公用企事业单位自筹资金、国家和省规定收取的用于城市维护建设的行政事业性收费、集资收入以及其他收入。资金支出包括固定资产投资支出、维护支出和其他支出。

本年鉴中仅统计了用于城市维护和建设的财政性资金。

城市维护建设税

指依据《中华人民共和国城市维护建设税暂行条例》开征的一种地方性税种。现行的征收办法是以纳税人实际缴纳的增值税、消费税、营业税税额为计税依据，与增值税、消费税、营业税同时缴纳。根据纳税人所在地不同执行不同的纳税率：市区的税率为百分之七；县城、镇的税率为百分之五；不在市区、县城或镇的税率为百分之一。

城镇公用事业附加

指在部分公用事业产品（服务）价外征收的用于城市维护建设的附加收入。包括工业用电、工业用水附加，公共汽车、电车、民用自来水、民用照明用电、电话、煤气、轮渡等附加。

固定资产投资

指建造和购置市政公用设施的经济活动，即市政公用设施固定资产再生产活动。市政公用设施固定资产再生产过程包括固定资产更新（局部更新和全部更新）、改建、扩建、新建等活动。新的企业财务会计制度规定，固定资产局部更新的大修理作为日常生产活动的一部分，发生的大修理费用直接在成本费用中列支。按照现行投资管理体制及有关部门的规定，凡属于养护、维护性质的工程，不纳入固定资产投资统计。对新建和对现有市政公用设施改造工程，应纳入固定资产统计。

新增固定资产

指报告期内交付使用的固定资产价值。包括报告期内建成投入生产或交付使用的工程投资和达到固定资产标准的设备、工具、器具的投资及有关应摊入的费用。

新增生产能力（或效益）

指通过固定资产投资活动而增加的设计能力。计算新增生产能力（或效益）是以能独立发挥生产能力（或效益）的工程为对象。当工程建成，经有关部门验收鉴定合格，正式移交投入生产，即应计算新增生产能力（或效益）。

供水设计综合生产能力

指按供水设施取水、净化、送水、出厂输水干管等环节设计能力计算的综合生产能力。包括在原设计能力的基础上，经挖、革、改增加的生产能力。计算时，以四个环节中最薄弱的环节为主确定能力。

供水管道长度

指从送水泵至用户水表之间所有管道的长度。在同一条街道埋设两条或两条以上管道时，应按每条管道的长度计算。

供水总量

指报告期供水企业（单位）供出的全部水量。包括有效供水量和漏损水量。

有效供水量指水厂将水供出厂外后，各类用户实际使用到的水量。包括售水量和免费供水量。售水量指收费供应的水量。免费供水量指无偿供应的水量。

漏损水量指在供水过程中由于管道及附属设施破损而造成的漏水量、失窃水量以及水表失灵少计算的水量。

按用水用途可分为生产运营用水、公共服务用水、居民家庭用水和消防及其他特殊用水四类。

生产运营用水指在城市范围内生产、运营的农、林、牧、渔业、工业、建筑业、交通运输业等单位在生产、运营过程中的用水。

公共服务用水指为城市社会公共生活服务的用水。包括行政事业单位、部队营区和公共设施服务、社会服务业、批发零售贸易业、旅馆饮食业等单位的用水。

居民家庭用水指城市范围内所有居民家庭的日常生活用水。包括城市居民、农民家庭、公共供水站用水。

消防及其他特殊用水指城市灭火以及除居民家庭、公共服务、生产运营用水范围以外的各种特殊用水。包括消防用水、深井回灌用水、其他用水。

新水取用量

指取自任何水源被第一次利用的水量。新水量就一个城市来说，包括城市供水企业新水量和社会各单位的新水量。

用水重复利用量

指各用水单位在生产和生活中，循环利用的水量和直接或经过处理后回收再利用的水量之和。

节约用水量

指报告期新节水量，通过采用各项节水措施（如改进生产工艺、技术、生产设备、用水方式、换装节水器具、加强管理等）后，用水量和用水效益产生效果，而节约的水量。

人工煤气生产能力

指报告期末燃气生产厂制气、净化、输送等环节的综合生产能力，不包括备用设备能力。一般按设计能力计算，如果实际生产能力大于设计能力时，应按实际测定的生产能力计算。测定时应以制气、净化、输送三个环节中最薄弱的环节为主。

供气管道长度

指报告期末从气源厂压缩机的出口或门站出口至各类用户引入管之间的全部已经通气投入使用的管道长度。不包括煤气生产厂、输配站、液化气储存站、灌瓶站、储配站、气化站、混气站、供应站等厂（站）内的管道。

供气总量

指报告期燃气企业（单位）向用户供应的燃气数量。包括销售量和损失量。

汽车加气站

指专门为燃气机动车（船舶）提供压缩天然气、液化石油气等燃料加气服务的站点。

供热能力

指供热企业（单位）向城市热用户输送热能的设计能力。

供热总量

指在报告期供热企业（单位）向城市热用户输送全部蒸汽和热水的总热量。

供热管道长度

指从各类热源到热用户建筑物接入口之间的全部蒸汽和热水的管道长度。不包括各类热源厂内部的管道长度。

城市道路

指城市供车辆、行人通行的，具备一定技术条件的道路、桥梁、隧道及其附属设施。城市道路由车行道和人行道等组成。在统计时只统计路面宽度在3.5米（含3.5米）以上的各种铺装道路，包括开放型工业区和住宅区道路在内。

道路长度

指道路长度和与道路相通的桥梁、隧道的长度，按车行道中心线计算。

道路面积

指道路面积和与道路相通的广场、桥梁、隧道的面积（统计时，将人行道面积单独统计）。

人行道面积按道路两侧面积相加计算，包括步行街和广场，不含人车混行的道路。

桥梁

指为跨越天然或人工障碍物而修建的构筑物。包括跨河桥、立交桥、人行天桥以及人行地下通道等。

道路照明灯盏数

指在城市道路设置的各种照明用灯。一根电杆上有几盏即计算几盏。统计时，仅统计功能照明灯，不统计景观照明灯。

防洪堤长度

指实际修筑的防洪堤长度。统计时应按河道两岸的防洪堤相加计算长度，但如河岸一侧有数道防洪堤时，只计算最长一道的长度。

污水排放总量

指生活污水、工业废水的排放总量，包括从排水管道和排水沟（渠）排出的污水量。

（1）可按每条管道、沟（渠）排放口的实际观测的日平均流量与报告期日历日数的乘积。

（2）有排水测量设备的，可按实际测量值计算。

（3）如无观测值，也可按当地供水总量乘以污水排放系数确定。

城市分类污水排放系数

城市污水分类	污水排放系数
城市污水	0.7 ~ 0.8
城市综合生活污水	0.8 ~ 0.9
城市工业废水	0.7 ~ 0.9

排水管道长度

指所有排水总管、干管、支管、检查井及连接井进出口等长度之和。

污水处理量

指污水处理厂（或污水处理装置）实际处理的污水量。包括物理处理量、生物处理量和化学处理量。

污水处理厂干污泥产生量

指报告期内污水处理厂在污水处理过程中干污泥的最终产生量。干污泥是指污水处理过程中分离出来的固体，含水率85%以下。

污水处理厂干污泥处置量

指报告期内经过污泥消化、调理、浓缩、脱水等手段进行处理后，采用土地填埋、焚烧等方法对污泥进行最终安全处置的量。

绿化覆盖面积

指城市中的乔木、灌木、草坪等所有植被的垂直投影面积。包括公园绿地、防护绿地、生产绿地、附属绿地、其他绿地的绿化种植覆盖面积、屋顶绿化覆盖面积以及零散树木的覆盖面积。乔木树冠下重迭的灌木和草本植物不能重复计算。

绿地面积

指报告期末用作园林和绿化的各种绿地面积。包括公园绿地、生产绿地、防护绿地、附属绿地和其他绿地的面积。

公园绿地

城市中向公众开放的、以游憩为主要功能，有一定的游憩设施和服务设施，同时兼有健全生态、美化景观、防灾减灾等综合作用的绿化用地。它是城市建设用地、城市绿地系统和城市市政公用设施的重要组成部分。

公园

指常年开放的供公众游览、观赏、休憩、开展科学、文化及休闲等活动，有较完善的设施和良好的绿化环境、景观优美的公园绿地。包括综合性公园、儿童公园、文物古迹公园、纪念性公园、风景名胜公园、动物园、植物园、带状公园等。不包括居住小区及小区以下的游园。统计时只统计市级和区级的综合公园、专类公园和带状公园。

国家级风景名胜区

风景名胜区指风景名胜资源集中、自然环境优美、具有一定规模和游览条件，供人游览、观赏、休息和进行科学文化活动的地域。国家级风景名胜区指经国务院审定公布的风景名胜区。

风景名胜区面积

指经政府审定批准所确定的风景名胜区规划面积。

供游览面积

指报告期末风景名胜区内实际可供游人游览的面积。

道路清扫保洁面积

指报告期末对城市道路和公共场所（主要包括城市行车道、人行道、车行隧道、人行过街地下通道、道路附属绿地、地铁站、高架路、人行过街天桥、立交桥、广场、停车场及其他设施等）进行清扫保洁的面积。一天清扫保洁多次的，按清扫保洁面积最大的一次计算。

生活垃圾、粪便清运量

指报告期收集和运送到各生活垃圾、粪便处理场（厂）和生活垃圾、粪便最终消纳点的生活垃圾、粪便的数量。统计时仅计算从生活垃圾、粪便源头和从生活垃圾转运站直接送到处理场和最终消纳点的清运量，对于二次中转的清运量不要重复计算。

公共厕所

指供城市居民和流动人口使用，在道路两旁或公共场所等处设置的厕所。分为独立式、附属式和活动式三种类型。统计时只统计独立式和活动式，不统计附属式公厕。

独立式公共厕所按建筑类别应分为三类，活动式公共厕所按其结构特点和服务对象应分为组装厕所、单体厕所、汽车厕所、拖动厕所和无障碍厕所五种类别。

市容环卫专用车辆设备

指用于环境卫生作业、监察的专用车辆和设备，包括用于道路清扫、冲洗、洒水、除雪、垃圾粪便清运、市容监察以及与其配套使用的车辆和设备。如：垃圾车、扫路机（车）、洗路车、洒水车、真空吸粪车、除雪机、装载机、推土机、压实机、垃圾破碎机、垃圾筛选机、盐粉撒布机、吸泥渣车和专用船舶等。对于长期租赁的车辆及设备也统计在内。

村镇部分

人口密度

指建成区范围内的人口疏密程度。计算公式：

$$人口密度 = 建成区人口/建成区面积$$

用水普及率

指报告期末建成区（村庄）用水人口与建成区（村庄）人口的比率。按建成区、村庄分别统计。计算公式：

$$建成区用水普及率 = 建成区用水人口/建成区人口 + 建成区暂住人口 \times 100\%$$
$$村庄用水普及率 = 村庄用水人口/村庄人口 \times 100\%$$

燃气普及率

指报告期末建成区使用燃气的人口与建成区人口的比率。计算公式：

$$燃气普及率 = 用气人口/（建成区人口 + 建成区暂住人口）\times 100\%$$

人均道路面积

指报告期末建成区范围内平均每人拥有的道路面积。计算公式：

$$人均道路面积 = 道路面积/（建成区人口 + 建成区暂住人口）$$

排水管道密度

指报告期末建成区范围内排水管道分布的疏密程度。计算公式：

$$排水管道密度 = 排水管道长度/建成区面积$$

人均公园绿地

指报告期末建成区范围内平均每人拥有的公园绿地面积。计算公式：

$$人均公园绿地面积 = 公园绿地面积/（建成区人口 + 建成区暂住人口）$$

绿化覆盖率

指报告期末建成区范围内绿化覆盖面积与建成区面积的比率。计算公式：

$$绿化覆盖率 = 绿化覆盖面积/建成区面积 \times 100\%$$

绿地率

指报告期末镇（乡）建成区范围内绿地面积与建成区面积的比率。计算公式：

$$绿地率 = 绿地面积/建成区面积 \times 100\%$$

人均日生活用水量

指用水人口平均每天的生活用水量。计算公式：

人均日生活用水量＝报告期生活用水量/用水人口/报告期日历天数×1000升

建成区

指行政区域内实际已成片开发建设、市政公用设施和公共设施基本具备的区域。建成区面积以镇人民政府建设部门（或规划部门）提供的范围为准。

村庄

指农村居民生活和生产的聚居点。

建成区（村庄）人口

指在其经常居住地的公安户籍管理机关登记了户籍的人口。

暂住人口

指在本地居住半年及以上的非本乡（镇）户籍的人。均以公安部门数据为准。

总体规划

指在镇（乡）行政区域范围内进行的布点规划及相应各项建设的整体部署，并经市（县）人民政府批准同意实施，报告期末仍处于有效期。

村庄建设规划

指在总体规划指导下，根据本地区经济发展水平，主要对住宅和供水、供电、道路、绿化、环境卫生以及生产配套设施建设的具体安排。村庄建设规划须经村民会议讨论同意，由乡级人民政府报县级人民政府批准。统计时要注意规划的有效期，如至本年年底，规划已过期，则按无规划统计。

本年规划编制投入

指本年各种规划编制工作的总投入。

本年市政公用设施建设财政性资金收入

指本年内收到的可用于市政公用设施建造和购置的各种财政性资金，包括中央财政拨款、省财政拨款、市（县）财政拨款、镇（乡）本级财政。

公共供水

指公共供水企业以公共供水管道及其附属设施向单位和居民的生活、生产和其他各项建设提供用水。公共供水设施包括正规的水厂和虽达不到水厂标准，但不是临时供水设施，水质符合标准的其他设施。

自建设施供水

指企事业单位、机关团体、部队等社会单位自办的独立供水设施，以其自行建设的供水管道及其附属设施主要向本单位的生活、生产和其他各项建设提供用水。

综合生产能力

指按供水设施取水、净化、送水、输水干管等环节设计能力计算的综合生产能力。计算时，以四个环节中最薄弱的环节为主确定能力。没有设计能力的按实际测定的能力计算。对于经过更新改造后，实际生产能力与设计能力相差很大的，按实际能力填报。

供水管道长度

指从送水泵至用户水表之间直径75mm以上所有供水管道的长度。不包括从水源地到水厂的管道、水源井之间的连络管、水厂内部的管道、用户建筑物内的管道和新安装尚未使用的管道。按单管计算，即：如在同一条街道埋设两条或两条以上管道时，应按每条管道的长度计算。

年生活用水量

指居民家庭与公共服务年用水量。包括饮食店、医院、商店、学校、机关、部队等单位生活用水量，以及生产单位装有专用水表计量的生活用量（不能分开者，可不计）。

年生产用水量

指生产运营单位在生产、运营过程中的年用水量。

用水人口

指由供水设施供给生活用水的人口数，包括学校、机关、部队的用水人口。

用气人口

指报告期末使用燃气（人工煤气、天然气、液化石油气）的家庭用户总人口数。可以本地居民平均每户人口数乘以燃气家庭用户数计算。

在统计液化气家庭用户数时，年平均用量低于90公斤的户数，忽略不计。

集中供热面积

指通过热网向建成区内各类房屋供热的房屋建筑面积。只统计供热面积达到1万平方米及以上的集中供热设施。

道路

指镇（乡）建成区范围内和村庄内有交通功能的各种道路和土路。在统计时只统计路面宽度在3.5米（含3.5米）以上的道路。

道路长度、面积的计算

道路长度包括道路长度和与道路相通的桥梁、隧道的长度。道路面积只包括路面面积和与道路相通的广场、桥梁、停车场的面积，不含隔离带和绿化带面积。

污水处理厂

指污水通过排水管道集中于一个或几个处所，并利用由各种处理单元组成的污水处理系统进行净化处理，最终使处理后的污水和污泥达到规定要求后排放水体或再利用的生产场所。

氧化塘是污水处理的一种工艺，严格按《氧化塘设计规范》运行管理的氧化塘应作为污水处理厂。

污水处理装置

指在厂矿区设置的处理工业废水和周边地区生活污水的小型集中处理设备，以及居住区、度假村中设置的小型污水处理装置。

污水处理能力

指污水处理设施每昼夜处理污水量的设计能力，没有设计能力的按实际能力计算。

年污水处理总量

指一年内各种污水处理设施处理的污水量，包括将本地的污水收集到外地的污水处理设施处理的量，其中污水处理厂处理的量计为集中处理量。

绿化覆盖面积

指建成区内的乔木、灌木、草坪等所有植被的垂直投影面积。包括各种绿地的绿化种植覆盖面积、屋顶绿化覆盖面积以及零散树木的覆盖面积，不包括植物未覆盖的水域面积。

绿地面积

指报告期末建成区内用作园林和绿化的各种绿地面积。包括公园绿地、生产绿地、防护绿地、附属绿地的面积。其中：公园绿地指向公众开放的、以游憩为主要功能，有一定游憩设施的绿地。

年生活垃圾处理量

指一年将建成区内的生活垃圾运到生活垃圾处理场（厂）进行处理的量，包括无害化处理量和简易处理量。

公共厕所数量

指在建成区范围内供居民和流动人口使用的厕所座数。统计时只统计独立的公厕，不包括公共建筑内附设的厕所。

住宅

指坐落在村镇范围内，上有顶、周围有墙，能防风避雨，供人居住的房屋。按照各地生活习惯，可供居住的帐篷、毡房、船屋等也包括在内，兼作生产用房的房屋可以算为住宅。包括厂矿、企业、医院、机关、学校的集体宿舍和家属宿舍，但不包括托儿所、病房、疗养院、旅馆等具有专门用途的房屋。

公共建筑

指坐落在村镇范围内的各类机关办公、文化、教育、医疗卫生、商业等公共服务用房。

生产性建筑

指坐落在村镇范围内的包括乡镇企业厂房、养殖厂、畜牧场等用房及各类仓库用房的建筑面积。

本年竣工建筑面积

指本年内完工的住宅（公共建筑、生产性建筑）建筑面积。包括新建、改建和扩建的建筑面积，未完工的在建房屋不要统计在内。统计时按镇（乡）建成区和村庄分开统计。

年末实有建筑面积

指本年年末，坐落在村镇范围内的全部住宅（公共建筑、生产性建筑）建筑面积。统计时按镇（乡）建成区和村庄分开统计。计算方法为：

$$年末实有房屋建筑面积 = 上年末实有 + 本年竣工 + 本年区划调整增加 -$$
$$本年区划调整减少 - 本年拆除（倒塌、烧毁等）$$

混合结构以上

指结构形式为混合结构及其以上（如钢筋混凝土结构、砖混结构）的房屋建筑面积。

Explanatory Notes on Main Indicators

Indicators in the statistics for Cities and County Seats

Population Density

It refers to the quality of being dense for population in a given zone. The calculation equation is:

$$\text{Population Density} = \frac{\text{Population in Urban Areas} + \text{Urban Temporary Population}}{\text{Urban Area}}$$

Daily Domestic Water Use Per Capita

It refers to average amount of daily water consumed by each person. The calculation equation is

Daily Domestic Water Use Per Capita = (Water Consumption by Households + Water Use for Public Service) ÷ Population with Access to Water Supply ÷ Calendar Days in Reported Period × 1000 liters

Water Coverage Rate

It refers to proportion of urban population supplied with water to urban population. The calculation equation is:

$$\text{Water Coverage} = \frac{\text{Urban Population with Access to Water Supply}}{\text{Urban Permanent Population} + \text{Urban Temporary Population}} \times 100\%$$

Gas Coverage Rate

It refers to the proportion of urban population supplied with gas to urban population. The calculation equation is:

$$\text{Gas Coverage} = \frac{\text{Urban Population with Access to Gas}}{\text{Urban Permanent Population} + \text{Urban Temporary Population}} \times 100\%$$

Surface Area of Roads Per Capita

It refers to the average surface area of roads owned by each urban resident at the end of reported period. The calculation equation is:

$$\text{Surface Area of Roads Per Capita} = \frac{\text{Surface Area of Roads in Given Urban Areas}}{\text{Urban Permanent Population} + \text{Urban Temporary Population}}$$

Density of Road Network

It refers to the extent which roads cover given urban areas (built-up districts) at the end of reported period. The calculation equation is:

$$\text{Density of Road Network} = \frac{\text{Length of Roads}}{\text{Floor Area of Given Built Districts}}$$

Density of Drainage Pipelines

It refers to the extent which drainage pipelines cover given urban areas (built districts) at the end of reported period. The calculation equation is:

$$\text{Density of Drainage Pipelines} = \frac{\text{Length of Drainage Pipelines}}{\text{Floor Area of Given Urban Areas (Built Districts)}}$$

Wastewater Treatment Rate

It refers to the proportion of the quantity of wastewater treated to the total quantity of wastewater discharged at the end of reported period. The calculation equation is:

$$\text{Wastewater Treatment Rate} = \frac{\text{Quantity of Wastewater Treated}}{\text{Quantity of Wastewater Discharged}} \times 100\%$$

Centralized Treatment Rate of Wastewater Treatment Plants

It refers to the proportion of the quantity of wastewater treated in wastewater treatment plants to the total quantity of wastewater discharged at the end of reported period. The calculation equation is:

$$\text{Centralized Treatment Rate of Wastewater Treatment Plants} =$$

$$\frac{\text{Quantity of wastewater treated in wastewater treatment facility}}{\text{Quantity of wastewater discharged}} \times 100\%$$

Public Recreational Green Space Per Capita

It refers to the average public recreational green space owned by each urban dweller in given areas. The calculation equation is:

$$\text{Public Recreational Green Space Per Capita} =$$

$$\frac{\text{Public green space in given urban areas}}{\text{Urban Permanent Population + Urban Temporary Population}} \times 100\%$$

Green Coverage Rate of Built Districts

It refers to the ratio of green coverage area of built districts to surface area of built districts at the end of reported period. The calculation equation is:

$$\text{Green Coverage Rate of Built Districts} = \frac{\text{Green Coverage Area of Built Districts}}{\text{Area of Built Districts}} \times 100\%$$

Green Space Rate of Built Districts

It refers to the ratio of area of parks and green land of built districts to the area of built up districts at the end of reported period. The calculation equation is:

$$\text{Green Space Rate of Built Districts} = \frac{\text{Area of parks and green land of built districts}}{\text{Area of Built Districts}} \times 100\%$$

Domestic Garbage Treatment Rate

It refers to the ratio of quantity of domestic garbage treated to quantity of domestic garbage produced at the end of reported period. The calculation equation is:

$$\text{Domestic Garbage Treatment Rate} = \frac{\text{Quantity of Domestic Garbage Treated}}{\text{Quantity of Domestic Garbage Produced}} \times 100\%$$

Domestic Garbage Harmless Treatment Rate

It refers to the ratio of quantity of domestic garbage treated harmlessly to quantity of domestic garbage produced at the end of reported period. The calculation equation is:

$$\text{Domestic Garbage Harmless Treatment Rate} = \frac{\text{Quantity of Domestic Garbage Treated Harmlessly}}{\text{Quantity of Domestic Garbage Produced}} \times 100\%$$

Urban District Area

It refers to the total land area (including water area) under jurisdiction of cities.

Urban Area

Urban area of a city includes: (1) areas administered by neighborhood office; (2) other towns (villages) connected to city public facilities, residential facilities and municipal utilities; (3) Independent Industrial and Mining District, Development Zones, special areas like research institutes, universities and colleges with permanent residents of 3000 above.

Towns (villages) connected to city public facilities, residential facilities and municipal utilities means that towns and urban centers are connected with public facilities, residential facilities and municipal utilities that are constructed or under construction, and not cut off by non-construction land like water area, agricultural land, parks, woodland or pasture.

As to conurbation or cities organized in scattered form, urban area should include the separated or decentralized area.

Urban Permanent Population

It refers to permanent residents in urban areas, which are in compliance with the number of permanent residents registered in public security authorities.

Temporary Population

Temporary population includes people who leave permanent address, and live for over one year in a place, which are in compliance with the number of temporary residents registered in public security authorities.

Area of Built District

It refers to large scale developed quarters within city jurisdiction with basic public facilities and utilities. For a nucleus city, the built-up district consists of large-scale developed quarters with basic public facilities and utilities, which are either centralized or decentralized. For a city with several towns, the built- up district consists of several developed quarters attached in succession with basic public facilities and utilities. Range of built-up district is the area encircled by the limits of the built-up district, i. e. the range within which the actual developed land of this city exists.

Area of Urban Land for Construction Purpose

It refers to area of land except water area and land for other purposes, including land for residential development, public facilities, industrial use, storage use, transportation use, roads and squares, utilities facilities, green land and for special purpose.

Urban Maintenance and Construction Fund

It refers to fund used for urban construction and maintenance, including urban maintenance and construction tax, extra-charges for public utilities, financial allocation from the central government and local governments, domestic loan, securities revenue, foreign investment, revenue from land transfer and assets replacement, self-raised fund by municipal utilities, charges by administrative and institutional units for urban maintenance and construction, pooled revenue and other revenues.

Urban Maintenance and Construction Tax

It is one of local taxes imposed according to *Temporary Regulations of People's Republic of China on Urban Maintenance and Construction Tax*. It is levied based on actual value-added tax, consumption tax and business tax paid by a taxpayer. It is also paid with value-added tax, consumption tax and business tax at the same time. Different rates apply different places. The rate comes to 7% in urban areas, 5% in counties and towns and 1% beyond these places.

Extra Charge from Urban Utilities

It is additional revenue obtained from additional fees imposed on provision of products and service of such urban utilities as power generation, water supply for the industry, operation of public bus and trolley bus, taped water supply, electricity for lightening, telephone operation, gas and ferry etc. for the purpose of urban construction and maintenance.

Investment in Fixed Assets

It is the economic activities featuring construction and purchase of fixed assets, i. e. it is an essential means for social reproduction of fixed assets. The process of reproducing fixed assets includes fixed assets renovation (part and full renovation), reconstruction, extension and new construction etc. According to the new industrial financial accounting system, cost of major repairs for part renovation of fixed assets is covered by direct cost. According to the current investment management and administrative regulations, any repair and maintenance works are not included in statistics as investment in fixed assets. Innovation projects on current municipal service facilities should be included in statistics.

Newly Added Fixed Assets

They refer to the newly increased value of fixed assets, including investment in projects completed and put into operation in the reported period, and investment in equipment, tools, vessels considered as fixed assets as well as relevant expenses should be included in.

Newly Added Production Capacity (or Benefits)

It refers to newly added design capacity through investment in fixed assets. Newly added production capacity or benefits is calculated based on projects which can independently produce or bring benefits once projects are put into operation.

Integrated Water Production Design Capacity

It refers to a comprehensive capacity based on the design capacity of components of the process, including water collection, purification, delivery and transmission through mains. The integrated capacity also includes added capacity through reform and renovation of water system based on the original design capacity. In calculation, the capacity of weakest component is the principal determining capacity.

Length of Water Pipelines

It refers to the total length of all pipes from the pumping station to individual water meters. If two or more pipes line in parallel in a same street, the length of water pipelines is the length sum of each line.

Total Quantity of Water Supplied

It refers to the total quantity of water delivered by water suppliers during the reported period, including accounted water and unaccounted water.

Accounted water refers to the actual quantity of water delivered to and used by end users, including water sold and free. Water sold refers to the quantity of water billed. Free water refers to water supplied without charge.

Unaccounted water refers to sum of water leakage, theft water due to degeneration of water pipes and accessories as well as non-billed water due to malfunction of water meters.

Water supplied are classified into four types due to different purposes: water for production and operation, water for public service, water for domestic use, water for fire control and other special purposes.

Water for production and operation refers to the quantity of water used by units in sectors of agriculture, forestry, animal husbandry, industry, construction, and transportation for production and operation within cities.

Water for public service refers to water used for public services by units in administration, military, utilities, retails, hotel and food services etc.

Water for domestic use refers to daily water quantity consumed by all urban households, such as urban dwellers, farmers. It also includes water used by public water supply stations.

Water for fire control and other special purposes refers to water used for fire control within cities and other specific purposes, including deep-well recharge, other than for domestic, public service, production and operation purposes.

Quantity of Fresh Water Used

It refers to the quantity of water obtained from any water source for the fist time. As for a city, it includes the quantity of fresh water used by urban water suppliers and customers in different industries and sectors.

Quantity of Recycled Water

It refers to the sum of water recycled, reclaimed and reused by customers.

Quantity of Water Saved

It refers to the water saved in the reported period through efficient water saving measures, e. g. improvement of production methods, technologies, equipment, water use behavior or replacement of defective and inefficient devices, or strengthening of management etc.

Integrated Gas Production Capacity

It refers to the combined capacity of components of the process such as gas production, purification and delivery with an exception of the capacity of backup facilities at the end of reported period. It is usually calculated based on the design capacity. Where the actual capacity surpluses the design capacity, integrated capacity should be calculated based on the actual capacity, mainly depending on the capacity of the weakest component.

Length of Gas Supply Pipelines

It refers to the length of pipes operated in the distance from a compressor's outlet or a gas station exit to pipes connected to individual households at the end of reported period, excluding pipes through coal gas production plant, delivery station, LPG storage station, bottled station, storage and distribution station, air mixture station and supply station.

Quantity of Gas Supplied

It refers to amount of gas supplied to end users by gas suppliers at the end of reported period. It includes sales amount and loss amount.

Gas Stations for Gas- Fueled Motor Vehicles

They are designated stations that provide such fuels as compressed natural gas, LPG to gas-fueled motor vehicles.

Heating Capacity

It refers to the design capacity of heat delivery by heat suppliers to urban customers.

Total Quantity of Heat Supplied

It refers to the total quantity of heat obtained from steam and hot water, which is delivered to urban users by heat suppliers during the reported period.

Length of Heating Pipelines

It refers to the total length of pipes for delivery of steam and hot water from heat sources to entries of buildings, excluding lines within heat sources.

Urban roads

They refer to roads, bridges, tunnels and auxiliary facilities that are provided to vehicles and passengers for transportation. Urban roads consist of drive lanes and sidewalks. Only paved roads with width with and above 3.5 m, including roads within on-limits industrial parks and residential communities are included in statistics.

Length of Roads

It refers to the length of roads and bridges and tunnels connected to roads. It is calculated based on the length of centerlines of traffic lanes.

Surface Area of Roads

It refers to surface area of roads and squares, bridges and tunnels connected to roads (surface area of sidewalks is calculated separately). Surface area of sidewalks is the area sum of each side of sidewalks including pedestrian streets and squares, excluding car-and-pedestrian mixed roads.

Bridges

They refer to constructed works that span natural or man-made barriers. They include bridges spanning over rivers, flyovers, overpasses and underpasses.

Number of Road Lamps

It refers to the sum of road lamps only for illumination, excluding road lamps for landscape lightening.

Length of Flood Control Dikes

It refers to actual length of constructed dikes, which sums up the length of dike on each bank of river. Where each bank has more than one dike, only the longest dike is calculated.

Quantity of Wastewater Discharged

It refers to the total quantity of domestic sewage and industrial wastewater discharged, including effluents of sewers, ditches, and canals.

(1) It is calculated by multiplying the daily average of measured discharges from sewers, ditches and canals with calendar days during the reported period.

(2) If there is a device to read actual quantity of discharge, it is calculated based on reading.

(3) If without such ad device, it is calculated by multiplying total quantity of water supply with wastewater drainage coefficient.

Category of urban wastewater	Wastewater drainage coefficient
Urban wastewater	0. 7 ~ 0. 8
Urban domestic wastewater	0. 8 ~ 0. 9
Urban industrial wastewater	0. 7 ~ 0. 9

Length of Drainage Pipelines

The total length of drainage pipelines is the length of mains, trunks, branches plus distance between inlet and outlet in manholes and junction wells.

Quantity of Wastewater Treated

It refers to the actual quantity of wastewater treated by wastewater treatment plants and other treatment facilities in a physical, or chemical or biological way.

Quantity of Dry Sludge Produced in Wastewater Treatment Plants

It refers to the final quantity of dry sludge produced in the process of wastewater treatment plants. Dry sludge is the solid mass with moisture below 85% , which is separated from the wastewater treatment process.

Quantity of Dry Sludge Treated in Wastewater Treatment Plants

It refers to total quantity of dry sludge that has been treated through land fill or incinerated after being digested, conditioned, densified and dewatered at reported period.

Green Coverage Area

It refers to the vertical shadow area of vegetation such as trees (arbors), shrubs and grasslands. It is the area sum of public recreational green space, shelter belt green land for production, attached green space and other green space, roof greening and scattered trees coverage. The coverage area of bushes and herbs under the shadow of trees should not be counted for repetitively.

Area of Green Space

It refers to the area of all spaces for parks and greening at the end of reported period, which includes area of public recreational green space, green land for production, shelter belt, attached green spaces, and other green space.

Public Recreational Green Space

It refers to green space with recreation and service facilities. It also serves some comprehensive functions such as improving ecology and landscape and preventing and mitigating disasters. It is an important part of urban construction land, urban green space system and urban service facilities.

Parks

They refer to places open to the public for the purposes of tourism, appreciation, relaxation, and undertaking scientific, cultural and recreational activities. They are fully equipped and beautifully landscaped green spaces. There are different kinds of parks, including general park, Children Park, park featuring historic sites and culture relic, memorial park, scenic park, zoo, botanic garden, and belt park.

Recreational space within communities is not included in statistics, while only general parks, theme parks and belt parks at city or district level are included in statistics.

State-level Scenic Spots and Historic Sites

Scenic spots and historic sites are areas boasting concentrated natural beauty and resources of historic interests, where people could tour, sightsee, rest or conduct scientific and cultural activities. State-level scenic spots and historic sites are scenic spots and historic sites approved and publicized by the State Council.

Area of Scenic Spots and Historic Sites

It is the planned area of scenic spots and historic sites that has been examined and approved by the state council.

Tourism Area

It is the actual area for tourists in scenic spots and historic sites at the end of the reported period.

Area of Roads Cleaned and Maintained

It refers to the area of urban roads and public places cleaned and maintained at the end of reported period, including drive lanes, sidewalks, drive tunnels, underpasses, green space attached to roads, metro stations, elevated roads, flyovers, overpasses, squares, parking areas and other facilities. Where a place is cleaned and maintained several times a day, only the time with maximum area cleaned is considered.

Quantity of Domestic Garbage and Soil Transferred

It refers to the total quantity of domestic garbage and soil collected and transferred to treatment grounds. Only quantity collected and transferred from domestic garbage and soil sources or from domestic garbage transfer stations to treatment grounds is calculated with exception of quantity of domestic garbage and soil transferred second time.

Latrines

They are used by urban residents and flowing population, including latrines placed at both sides of a road and public place. They usually consist of detached latrine movable latrine and attached latrine. Only detached latrines rather than latrines attached to public buildings are included in the statistics.

Detached latrine is classified into three types. Moveable latrine is classified into fabricated latrine, separated latrine, motor latrine, trail latrine and barrier-free latrine.

Specific Vehicles and Equipment for Urban Environment Sanitation

They refer to vehicles and equipment specifically for environment sanitation operation and supervision, including vehicles and equipment used to clean, flush and water the roads, remove snow, clean and transfer garbage and soil, environment sanitation monitoring, as well as other vehicles and equipment supplemented, such as garbage truck, road clearing truck, road washing truck, sprinkling car, vacuum soil absorbing car, snow remover, loading machine, bulldozer, compactor, garbage crusher, garbage screening machine, salt powder sprinkling machine, sludge absorbing car and special shipping. Vehicles and equipment for long-term lease are also included in the statistics.

Indicators in the Statistics for Villages and Small Towns

Population density

Population density is the measure of the population per unit area in built-up district.

Calculation equation is:

Population Density = Total Population in Built District/ Area of Built District

Water Coverage Rate

It refers to proportion of population supplied with water in built district (villages) to population in built district (villages) at the end of reported period. Statistics is made by built district and village respectively. The calculation equation is:

Water Coverage Rate in Built District = Population with Access to Water Supply in Built District/ Total Population in Built District × 100%

Water Coverage Rate in Villages = Population with Access to Water Supply in Villages/ Total Population in Villages × 100%

Gas Coverage Rate

It refers to the proportion of population supplied with gas in built district to urban population in built district at the end of reported period. The calculation equation is:

Gas Coverage Rate = Population Supplied with Gas in Built District/ Total Population in Built District × 100%

Surface Area of Roads Per Capita

It refers to the average surface area of roads owned by each urban resident in built district at the end of reported period. The calculation equation is:

Surface Area of Roads Per Capita = Surface Area of Roads/Total Population in Built District

Density of Drainage Pipelines

It refers to the extent which drainpipes cover built district at the end of reported period. The calculation equation is:

Density of Drainage Pipelines = Length of Drainage Pipelines /Floor Area of Built District

Public Recreational Green Space Per Capita

It refers to the average public recreational green space owned by each dwell in built district at the end of reported period. The calculation equation is:

Public Recreational Green Space Per Capita = Area of Public Recreational Green Space /Total Population in Built District

Green Coverage Rate

It refers to the ratio of green coverage area of built district to surface area of built district at the end of reported period. The calculation equation is:

Green Coverage Rate = Built District Green Coverage Area / Area of Built District × 100%

Green Space Rate

It refers to the ratio of area of parks and green land of built district to the area of built district at the end of reported period. The calculation equation is:

Green Space Rate = Built district Area of Parks and Green Space /Area of built district × 100%

Daily Domestic Water Use Per Capita

It refers to average amount of daily water consumed by each person. The calculation equation is:

Domestic Water Use Per Capita = Domestic Water Consumption / Population with Access to Water Supply/Calendar Days in Reported Period × 1000 liters

Built District

It refers to large scale developed quarters within city jurisdiction with basic public facilities and utilities, which is subject to area verified by local construction authorities or planning authorities.

Village

It refers to a collection of houses and other buildings in a country area where rural residents live and produce.

Population of Built Districts (villages)

It refers to the population who register with the public security authorities responsible for the district of their permanent residence.

Temporary Population

Temporary population includes people who leave permanent address, and live for half one year in a place, which are subject to the number of temporary residents registered with the public security authorities.

Master Planning

It addresses location, size, form, character and environment, and arrangement of facilities within local jurisdiction at town (village) level, which is approved by city (county) government and still validates at the end of reported period.

Villages Development Planning

It addresses, under guidance of master planning, detailed arrangement for residential buildings, water supply, power supply, roads, greening, environmental sanitation and supplementary facilities for production according to local economic development level. Development Planning in Villages must be discussed by village farmers, and approved by county government. Special attention should be given to planning validation in statistics.

Input in Planning Development this Year

It refers to total input in development of various kinds of planning this year.

Fiscal Appropriation for Municipal Service Facilities Development

It refers to various kinds of fiscal funds for purchase or construction of municipal service facilities received within this year, including appropriation from central government, provincial government, municipal/county and Town/village government.

Public Water Supply

It refers to water supply for production, domestic use as well as public service by public water suppliers through water supply pipes and accessories. Public water supply facilities include regular plants, and other facilities which are not temporary facilities and produce water in compliance with standards.

Water Supply by Self-Built Facilities

They refer to independent facilities operated by government agencies, organizations, enterprises and institutions, which supply water for own production, domestic use and services through water supply pipes and accessories.

Integrated Water Production Capacity

It refers to a comprehensive capacity based on the design capacity of components of the process, including water collection, purification, delivery and transmission through mains. In calculation, the capacity of weakest component is the principal determining capacity. Without design capacity, it is calculated based on capacity measured. If real production capacity differs widely from design capacity through renovation, real production capacity will be the basis for calculation.

Length of Water Pipelines

It refers to the total length of all pipes from the pumping station to individual water meters, excluding pipes from water resources to water plants, connection pipes between water resources wells, pipes within water plants and end-use buildings as well as pipes newly installed but not uses yet. If two or more pipes line in parallel in a same street, the length of water pipelines is the length sum of each line.

Yearly Domestic Water Use

It refers to amount of water consumed by households and public facilities, including domestic water use by restaurant, hospital, department store, school, government agency and army as well as water metered by special meters installed in industrial users for domestic use.

Yearly Water Consumption for Production

It refers to water consumed each year by industrial users for production and operation.

Population With Access to Water

It refers to quantity of people supplied with water supply facilities, including people in school, government agency and army.

Population with Access to Gas

It refers to total quantity of customers in households supplied with gas (including man-made gas, natural gas and LPG) at the end of reported period. It can be calculated by multiplying average members in each household by number of households supplied with gas.

When comes to number of households supplied with LPG, the households with yearly average use of LPG being below 90 kilograms are not included in statistics.

Area of Centrally Heated District

It refers to floor area of building stock in built-up districts supplied with centralized heating system. Only areas with centrally heated floor space of 10, 000 square meters and above are included in statistics.

Road

They refer to smooth prepared track or way along which wheeled vehicles can travel in built district at town level and villages. Roads whose width is 3. 5 meters or over are included in statistics.

Length and Surface Area of Road

It refers to the length of roads and bridges and tunnels connected to roads. It is calculated based on the length of centerlines of traffic lanes. Surface area of roads only includes surface area of roads and squares, bridges and tunnels connected to roads, excluding separation belt and green belt.

Wastewater Treatment Plant

It refers to places where wastewater is collected in one or a few places through drainage pipes, then purified and treated by wastewater treatment system with treated water and sludge being discharged or recycled in accordance with related standards and requirements.

Oxidation pond is one of techniques applied in wastewater treatment. Oxidation pond which is strictly operated in accordance with Oxidation Pond Design Standard should be employed as wastewater treatment plant.

Wastewater Treatment Facilities

They refer to small-size and centralized equipment and devices installed in plant or mining area to treat industrial wastewater and domestic wastewater in surrounding areas, as well as wastewater equipment and devices placed in residential areas.

Wastewater Treatment Capacity

It refers to design capacity for amount of wastewater treated every day and night by wastewater treatment facilities. If there is lack of design capacity, real capacity will be the determining factor for calculation.

Yearly Amount of Wastewater Treated

It refers to amount of wastewater treated by different wastewater treatment facilities within a year, including the amount of local wastewater collected and delivered to wastewater treatment facilities in other areas. The amount of wastewater treated in wastewater treatment plants are regarded as centralized treated amount.

Green Coverage Area

It refers to the vertical shadow area of vegetation such as trees (arbors), shrubs and grasslands. It is the area sum of green space, roof greening and scattered trees coverage. The surface area of water bodies which are not covered by green is not included.

Area of Green Space

It refers to the area of all spaces for parks and greening at the end of reported period, which includes area of public recreational green space, green land for production, shelter belt, and attached green spaces. Among which, Public Recreational Green Space refers green space equipped with recreational facilities and open to the public for recreational purposes.

Yearly Amount of Domestic Garbage Treated

It refers to amount of domestic garbage in built district which are delivered to domestic garbage treatment plants for harmless treatment or simplified treatment each year.

Number of Latrines

It refers to number of latrines for residents and floating population. Statistics only includes detached latrines, and latrines located within buildings are not included.

House

It refers to residential building with roof and wall that shelters people from external environment. In light of the local customs, houses also include tent, yurt and ship where people could live, building used for production in addition to habitation, and living quarters for workers and staff supplied by factories and mines, enterprises, hospitals, government agencies and schools. Nursery, ward, sanatorium, and hotel which are special purpose buildings are not included.

Public Building

It refers to buildings for government agencies, culture activities, healthcare, and business and commerce, which are located in towns and villages.

Building for Production

It refers to buildings for township enterprises, farms, stock farms, and warehouses located in towns and villages.

Floor Area of Buildings Completed this Year

It refers to floor area of buildings (public buildings and buildings for production) completed in this year, including floor area of new construction, renovation, and extension. On going construction is not included in statistics. Data are separately collected for the built-up districts of small towns and villages.

Real Floor Area of Buildings at the End of Year

It refers to floor area of total buildings (public buildings and buildings for production) located in towns and villages at the end of year. Calculation equation:

Real Floor Area of Buildings at the End of Year = Real Floor Area of Buildings at The End of Last Year + Added Floor Area of Buildings Due to District Readjustment This Year- Reduced Floor Area of Buildings Due to District Readjustment This Year-floor Area of Buildings Dismantled (collapsed or burned down) This Year.

Building with Mixed Structure

It refers to floor area of buildings with mixed structure, such as reinforced concrete structure, brick-and-concrete structure etc.